Die Wunderkammer

Die Kunst- und Naturalienkammer
der Franckeschen Stiftungen zu Halle

W0242154

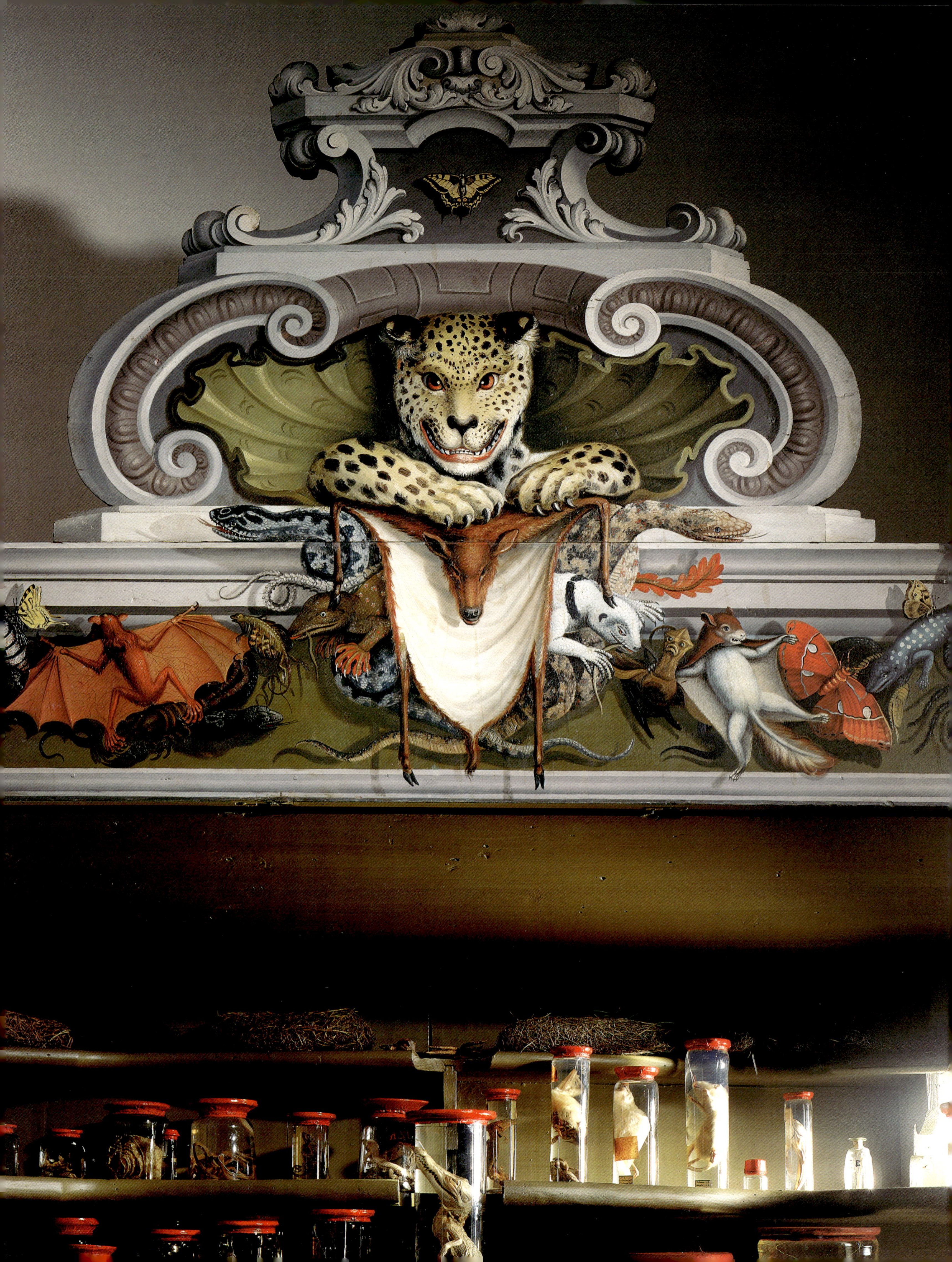

Thomas J. Müller-Bahlke
Photographien von Klaus E. Göltz

Die Wunderkammer

Die Kunst- und Naturalienkammer
der Franckeschen Stiftungen zu Halle (Saale)

Verlag der Franckeschen Stiftungen Halle/Saale 1998

Konzeption und Redaktion: Thomas J. Müller-Bahlke
Buchgestaltung und Photographie: Klaus E. Göltz

Die Photographien zur Geschichte der Kunst- und Naturalienkammer stammen aus dem Archiv der Franckeschen Stiftungen sowie von:
Uwe Jacobshagen, Halle (Seite 27 unten)
Gerhard Theato, München (Seite 112)

Lithographie: ScanColor Leipzig GmbH
Druck und Bindung: EBS, Verona

© 1998 der Texte by Thomas J. Müller-Bahlke
© 1998 der Photographien by Klaus E. Göltz
© dieser Ausgabe 1998 by
Verlag der Franckeschen Stiftungen Halle/Saale

Vertrieb der Buchhandelsausgabe über
fliegenkopf verlag, Halle (Saale)
ISBN 3-930195-39-9

Die Deutsche Bibliothek – CIP-Einheitsaufnahme
Müller-Bahlke, Thomas J.:
Die Wunderkammer : Die Kunst- und Naturalienkammer der Franckeschen Stiftungen zu Halle (Saale) / Thomas J. Müller-Bahlke ;
Photographien v. Klaus E. Göltz : fliegenkopf, 1998
ISBN 3-930195-39-9
NE: Göltz, Klaus E. [Photogr.]

Dieses Werk ist urheberrechtlich geschützt. Sämtliche Arten der Vervielfältigung oder der Wiedergabe dieses Werkes oder von Teilen hiervon – wie insbesondere der Nachdruck von Texten oder Bildern, der Vortrag, die Aufführung und die Vorführung – sind nur im Rahmen der gesetzlichen Bestimmungen zulässig. Dies gilt auch für alle sonstigen Arten der Nutzung, wie z. B. die Übersetzung, die Entnahme von Schaubildern, die Verfilmung und die Sendung. Zuwiderhandlungen werden verfolgt.

Zum Geleit

Vor 300 Jahren, am 13. Juli 1698, legte August Hermann Francke den Grundstein für sein Waisenhaus am östlichen Ende von Glaucha, der kleinen Amtsstadt vor Halle an der Saale. Drei Monate später, am 19. September 1698, stattete Kurfürst Friedrich III. von Brandenburg die entstehende Einrichtung mit einem Privileg aus, das dem pietistischen sozialpädagogischen Unternehmen eine rechtliche und wirtschaftliche Zukunft sichern sollte. Was damals gegen Ende des kriegerischen 17. Jahrhunderts Glaubensstärke und Menschenliebe begründet haben, überlebte, zwar mit Einschnitten und Veränderungen, dennoch als eine große bauliche Anlage die Zeiten. Es spricht für die Kraft und die Solidität der später nach ihrem Gründer genannten Franckeschen Stiftungen, daß sie nun – nach 300 Jahren – Schritt für Schritt wiederhergestellt werden können.

Mit dem Eintreffen Franckes in Glaucha im Januar 1692 hatte alles begonnen. Dreihundert Jahre später wurden die 1946 aufgehobenen Stiftungen 1992 wiederhergestellt. Die Aufbauarbeit der letzten sechs Jahre in Halle gleicht auch einer Wiederentdeckung einer verschütteten und vergessenen Geschichte. Jede Rekonstruktion eines der aus Franckes Zeiten stammenden historischen Bauwerke ist für uns ein Abenteuer. Francke hat aber nicht nur große und lange Gebäude hinterlassen, sondern auch Bücher, Manuskripte, Bilder und Sammlungen.

So gehört der Wiederaufbau der Kunst- und Naturalienkammer in der jungen Geschichte der Wiederentstehung der Franckeschen Stiftungen zu den großen Ereignissen der letzten Jahre, die wir seit 1992 erleben. Wir haben sie unserem Archivar Dr. Thomas Müller-Bahlke zu verdanken. Er entdeckte zusammen mit dem für die Aufarbeitung der Sammlungsschränke gewonnenen Restaurator Hans-Dieter Jach den ursprünglichen Raum im Dachgeschoß des historischen Waisenhauses, in dem die Kunst- und Naturalienkammer 1741 gestaltet worden war. Sein Vorgänger, Jürgen Storz, hat das große Verdienst, die vorzügliche Sammlung mehr oder weniger versteckt im Hauptgebäude bewahrt zu haben.

Im Oktober 1995 konnte die rekonstruierte und restaurierte Kunst- und Naturalienkammer der Franckeschen Stiftungen der Öffentlichkeit übergeben werden. Wir freuen uns sehr, daß nach drei Jahren der vorliegende Text- und Bildband erscheinen kann. Dr. Müller-Bahlke hat in gründlichen Archivstudien die Geschichte der Sammlung dargestellt und darüber hinaus eine Einführung in diese reizvolle und berühmte Sammlung gegeben. Gemeinsam mit dem Photographiker Klaus E. Göltz hat er das Buch gestaltet. Beiden möchte ich für ihre erfolgreiche Arbeit herzlich danken. Das Werk erscheint im Festjahr 1998 und ist ein gelungenes und schönes Beispiel für die Wiederentdeckungen in den Stiftungen in diesen Jahren.

Paul Raabe
Direktor der Franckeschen Stiftungen

Einleitung

Im Oktober 1995 wurde das Hauptgebäude der Franckeschen Stiftungen wiedereröffnet. Im Dachgeschoß ist seitdem die alte Kunst- und Naturalienkammer des Waisenhauses zu sehen. Dort, an ihrem ursprünglichen Standort im ehemaligen Schlafsaal der Waisenknaben, ist sie nach den originalen Vorlagen wieder aufgebaut worden. Auf diese Weise ist es möglich, eine Wunderkammer aus längst vergangenen Zeiten zu erleben und so die Vorläuferform heutiger Museen und wissenschaftlicher Sammlungen kennenzulernen.

Es ist ein außerordentlicher Glücksfall, daß die Sammlung bis in unsere Tage erhalten geblieben ist. Als die Franckeschen Stiftungen 1992 ihre Rechtspersönlichkeit wiedererlangten, war bereits der Plan gefaßt, das historische Waisenhaus von Grund auf zu sanieren. Daraus ergab sich die Chance, die Bestandteile der alten Naturalienkammer wieder zusammenzuführen und nach dem frühmodernen Museumskonzept im originalen Saal zu rekonstruieren. 1993 wurde einer der barocken Sammlungsschränke in Amtshilfe durch das Braunschweigische Landesmuseum restauriert und im Rahmen einer Wanderausstellung gezeigt. 1994 ermöglichten dann Fördermittel des Freundeskreises der Franckeschen Stiftungen und der Toto-Lotto GmbH Sachsen-Anhalt die vollständige Restaurierung aller Schränke. Parallel dazu fand die Erforschung der Sammlungsgeschichte anhand der Stiftungsarchivalien statt. Zusammen mit den Befunden des beauftragten Restaurators Horst-Dieter Jach kam so allmählich das ursprüngliche Erscheinungsbild der Kunst- und Naturalienkammer wieder zum Vorschein.

Mit der Präsentation dieser Kammer wird gleichzeitig die dritte unschätzbare Quellensammlung der Franckeschen Stiftungen neben Archiv und Hauptbibliothek wieder zugänglich gemacht. Die über 3000 Sammlungsgegenstände selbst sind im Laufe des Jahres 1995 vollständig neu inventarisiert und restauratorisch behandelt worden. Die genaue Aufnahme jedes Einzelobjektes war notwendig, um sich ein Gesamtbild von der Sammlung machen zu können. Denn aufgrund der extremen Heterogenität war es zuvor schwierig, einen aussagekräftigen Überblick zu erlangen. Nun steht aber fest, daß trotz Zu- und Abnahme im Laufe von drei Jahrhunderten diese einmalige Kollektion immer noch ganz vom 18. Jahrhundert geprägt ist. Daran ändern auch die Stücke aus dem 19. Jahrhundert nichts, die – obwohl zahlreich – den Charakter der Sammlung nicht nachhaltig verändert haben. Zu jedem Gegenstand gibt es heute eine umfassende Dokumentation, in der Material, Maße, Gewicht, Zustand und durchgeführte Restaurierungmaßnahmen festgehalten sind. Zusätzlich entstand eine Kartei für die systematische Erschließung jedes Exponats, die gleichzeitig als Fotokartei dient. Darauf aufbauend wurde 1997 damit begonnen, für die exakte Bestimmung jedes Exponats Fachleute hinzuzuziehen. Innerhalb eines Jahres konnte so vor allem mit Unterstützung zahlreicher Wissenschaftler der Martin-Luther-Universität Halle-Wittenberg fast die gesamte Naturaliensammlung neu katalogisiert werden. Die Arbeit wird nun bei den Artefakten fortgesetzt. Hierfür ist ebenfalls die Hinzuziehung zahlreicher Experten aus den unterschiedlichsten Disziplinen erforderlich. Bisher haben alle Wissenschaftler unentgeltlich zur Erschließung der Sammlung beigetragen. Ihnen sei an dieser Stelle herzlich gedankt. Die gesammelten Informationen werden in einer Datenbank zusammengeführt, der ein elektronisches Bildarchiv angegliedert ist. Die Betreuung der laufenden Erschließungsarbeiten, die Kontaktaufnahme mit den auswärtigen Fachleuten und deren Begleitung vor Ort sowie die Pflege von Sammlung und Datenbank liegt in den Händen von Renate Seiler und Monika Hübler. Durch ihr selbständiges Engagement ist die Erschließung der Sammlung schon weiter gediehen als erwartet. Die Resultate dieser Erschließung bilden den Grundstein für zukünftige Forschungen, denn eine systematische Beschäftigung mit den frühneuzeitlichen Sammlungsobjekten kann jetzt erst beginnen. Auf diese Weise wird neben der musealen auch die wissenschaftliche Absicht, die bei frühmodernen Wunderkammern eine wichtige Rolle spielte, wiederbelebt. Der Forschung wird hier ein unvergleichlicher Quellenfundus an die Hand gegeben, der die seltene Gelegenheit bietet, Erkenntnisse aus Bibliotheks- und Archivquellen anhand von zeitgenössischen Gegenständen zu ergänzen und zu vervollständigen.

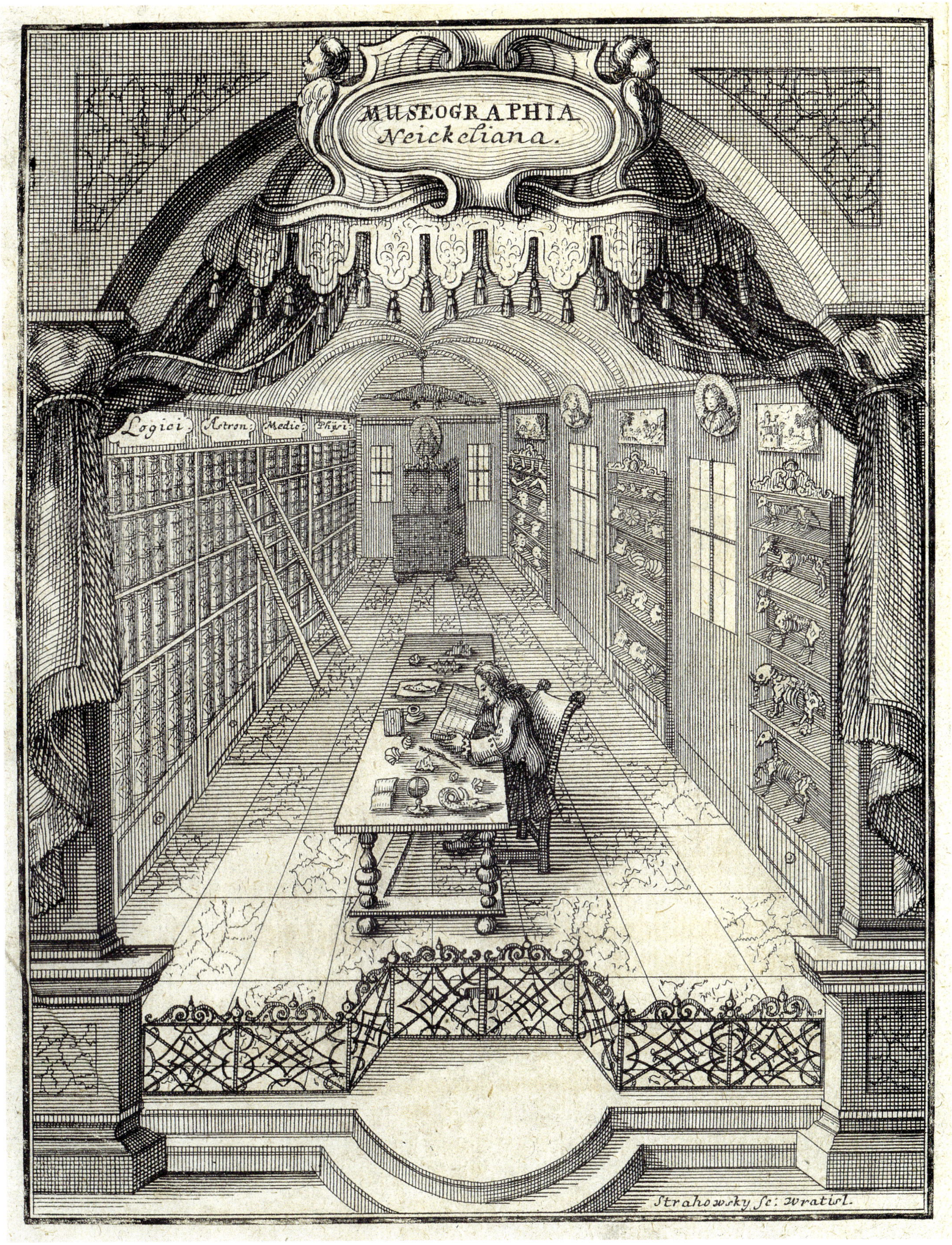

Frontispiz der *Museographia Neickeliana*, einem museumskundlichen Standardwerk von 1727

Der Wiederaufbau der Kunst- und Naturalienkammer glich zeitweise einer spannenden Entdeckungsreise – die im übrigen noch längst nicht abgeschlossen ist. Die erstaunlichste Feststellung dabei war, daß es sich hier offenbar um die einzige überhaupt erhaltene Wunderkammer aus der Barockzeit handelt, deren originale Grundkomponenten aus dem 18. Jahrhundert noch alle vorhanden sind und nun wieder zu einer Einheit zusammengefügt werden konnten. Mit diesen Komponenten sind gemeint:

Die Sammlungsgegenstände
Das Mobiliar der Kammer
Der Sammlungsraum
Das museumstheoretische Konzept.

Freilich wird man nie das originale Vorbild vollständig reproduzieren können. Dieser Anspruch wäre verfehlt und trüge den heutigen Gegebenheiten nicht Rechnung. Moderne Technik hat Einzug gehalten, vor allem zum Schutz und zum Erhalt der wertvollen Sammlung. Dennoch lohnte hier der Versuch, das Bild einer frühmodernen Wunderkammer zu rekonstruieren, um dem Besucher auf anschauliche Weise die ganzheitliche Weltsicht vergangener Zeiten vor Augen zu stellen. Die konsequent vernetzte Denkweise, die im Konzept dieses Kabinetts zum Ausdruck kommt, erscheint uns am Ausgang eines Jahrhunderts ausgeprägter Spezialisierung in vieler Hinsicht kühn und unrealistisch. Bedenkt man aber, daß die in der Aufklärung begonnene Entwicklung hin zu einem hochspezialisierten Denken und Handeln in unserer Zeit längst nicht mehr als der Weisheit letzter Schluß gilt, mutet dieser ganzheitliche Ansatz einer barocken Wunderkammer auf eine besondere Art modern und zukunftsweisend an.

Kunst- und Naturalienkammern waren im 17. und 18. Jahrhundert keine Seltenheit. Ihre Erscheinungsformen waren so vielfältig wie die Bezeichnungen, die man ihnen gab. Diesem Sprachgebrauch folgend, werden auch in diesem Katalog verschiedene Namen für frühmoderne enzyklopädische Sammlungen synonym Verwendung finden. In einem viel beachteten museumskundlichen Standardwerk von 1727 heißt es:

Die Teutschen haben auch unterschiedene Namen erdacht, womit sie ihre Curiositäten-Behältnisse zu benennen pflegen, als: Eine Schatz-Raritäten-Naturalien-Kunst-Vernunfft-Kammer, Zimmer oder Gemach.[1]

Wohlhabende Fürsten in ganz Europa legten Kuriositätenkabinette zu Repräsentations-, Bildungs- und Erbauungszwecken an. Aber auch im bürgerlichen Umfeld gab es zahlreiche Kunst- und Naturaliensammlungen. Wissenschaftler, besonders Mediziner und Pharmazeuten, traten als Besitzer bedeutender Naturaliensammlungen hervor. Üblicherweise umfaßte eine Raritätenkammer natürliche und künstliche Gegenstände aus möglichst vielen Bereichen. Denn das ideale Ziel bestand darin, in solch einem Kabinett das gesamte Universum als einen zusammenhängenden Organismus zu präsentieren und begreifbar zu machen. Zu Studienzwecken sollte in der eigenen Studierstube ein Nachbau des Kosmos entstehen, um hier eine Ordnung im Kleinen zu entwerfen, die als Erklärungsmuster für das Große gelten konnte. Auf diese Weise versuchte man der unfaßbaren Vielfalt des Universums Herr zu werden. In den theoretischen Abhandlungen zu diesem Thema wird immer wieder auf das biblische Vorbild der Arche Noah verwiesen, auf der sich die vollständigste aller Naturaliensammlungen befunden habe. So waren diesen barocken Sammlungen thematisch kaum Grenzen gesetzt. Alles was wertvoll war, merkwürdig erschien, Seltenheitswert besaß, einer Erklärung bedurfte oder eine nähere Untersuchung rechtfertigte, wurde in den Wunderkammern zusammengetragen – und doch keineswegs wahllos. Entscheidend war, daß man anhand dieser Sammlungen die Schöpfung kennen- und verstehen lernte. Und so verkehrt sich der erste Eindruck von einer frühneuzeitlichen Kuriositätenkammer in sein Gegenteil: Meint man zunächst durch ein heilloses Sammelsurium zu schreiten, so gewinnt die Sammlung bei näherer Betrachtung allmählich einen ganz und gar systematischen Charakter und bildet durch den Zusammenhang aller Einzelteile ein großes begehbares Gesamtexponat.

Der Besuch einer barocken Wunderkammer verlangt von dem heutigen Betrachter ein Umdenken. Man ist am Ende des 20. Jahrhunderts eine Museumslandschaft mit Präsentationen zu begrenzten und überschaubaren Themenstellungen gewohnt. In aller Regel werden dort Einzelobjekte zu einem bestimmten

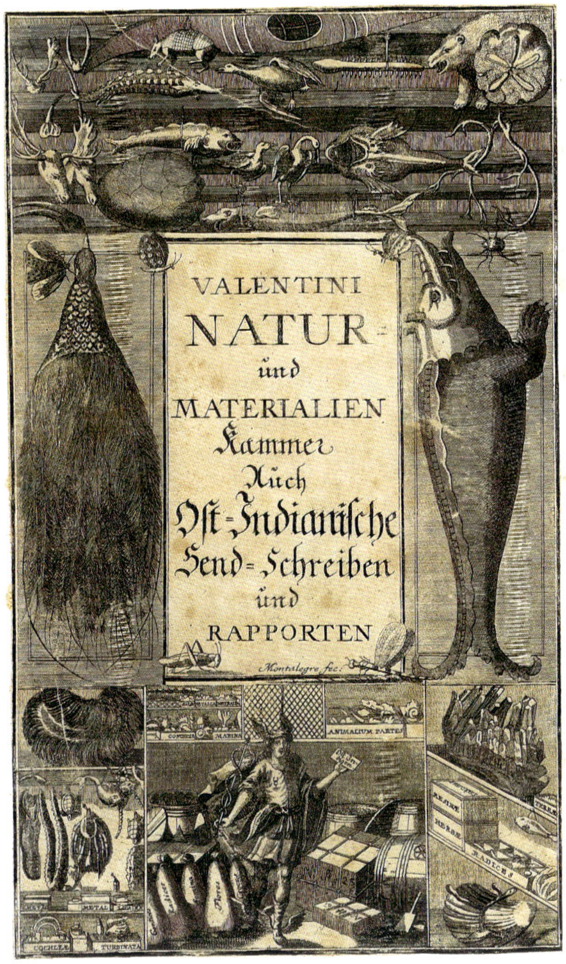

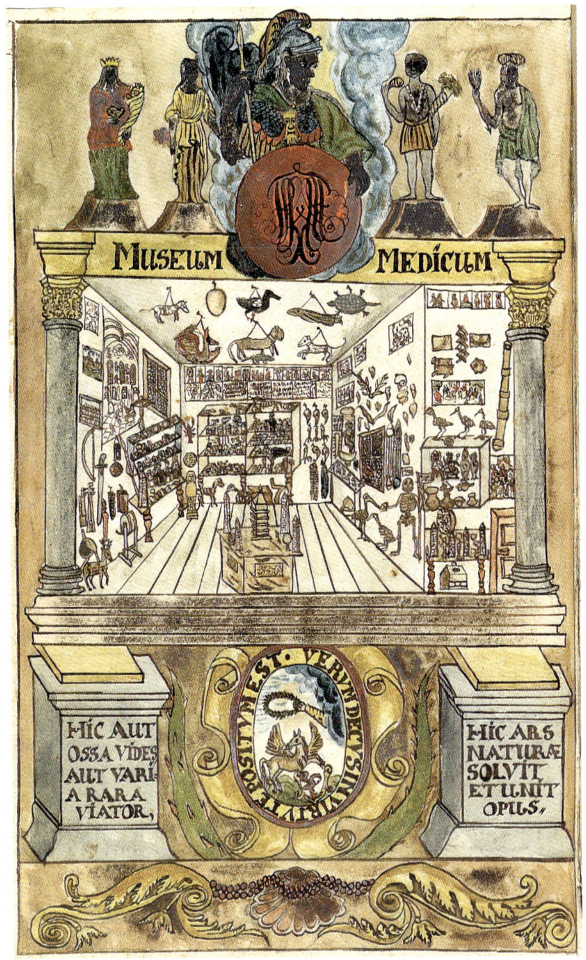

Frontispiz des *Museum Museorum* von Bernhard Valentini, einem viel beachteten museumskundlichen Band von 1704 und kolorierte Titelillustration des *Museum Medicum*, einem reich bebilderten handschriftlichen Katalog der Kuriositätensammlung Ferdinand Kneupers von 1714 aus dem Archiv der Franckeschen Stiftungen.

Thema ausgestellt. Die Vitrinen und das ganze Umfeld sind so gestaltet, daß das einzelne Exponat bestmöglich zur Geltung kommt. Darauf ist der Museumsbesucher eingestellt. Er widmet sich dem Einzelstück, das Auge schweift von der Erklärungstafel zum Ausstellungsobjekt und zurück. In einer barocken Kunst- und Naturalienkammer ist – fast – alles anders. Weil sie einem enzyklopädischen Anspruch folgt und das gesamte Universum einzufangen versucht, begreift sie alle Komponenten der Ausstellung als ein Beziehungsgeflecht. Nicht das Einzelstück steht im Vordergrund, sondern die Gesamtkomposition, die alles, vom Sammlungsgegenstand über das Aufbewahrungsmobiliar bis hin zum Ausstellungsraum und nicht zuletzt die museale Anordnung miteinbezieht. So tritt das einzelne Stück in der Kunst- und Naturalienkammer des Waisenhauses zurück und fügt sich gleichsam als ein Mosaikstein in die Gesamtschau. Die Sammlung setzt sich nicht aus mehreren tausend spektakulären Einmaligkeiten zusammen. Diese waren sicher stets die bevorzugten Sammelobjekte. Aber der universale Gedanke genoß Vorrang, so daß es hier um die Vielfalt der Dinge geht und nicht um deren individuellen Wert. Folgerichtig wird heute, wie im 18. Jahrhundert, auf eine Beschriftung im Inneren der Kammer vollständig verzichtet. Da dies in dem originalen Mobiliar nicht vorgesehen war, würde die nachträgliche Anbringung erklärender Texte auch den optischen Eindruck der Schau grundlegend verändern. Das bedeutet nicht, daß eine Kunst- und Naturaliensammlung ohne Erklärung auskommen wollte. Im Gegenteil: Sie wurde als sinnstiftend angesehen, aber vor allem in Form von begleitender Fachliteratur. Zusätzlich knüpfen sich natürlich an viele Exponate eigene Episoden, die Herkunft und Besonderheiten der Stücke schildern. In diesem Band werden einige davon zur Sprache kommen, um an ihnen den Charakter, das Umfeld und die Botschaft dieser Kunst- und Naturalienkammer zu erläutern.

Das Waysen-Haus zu Glaucha vor Halle

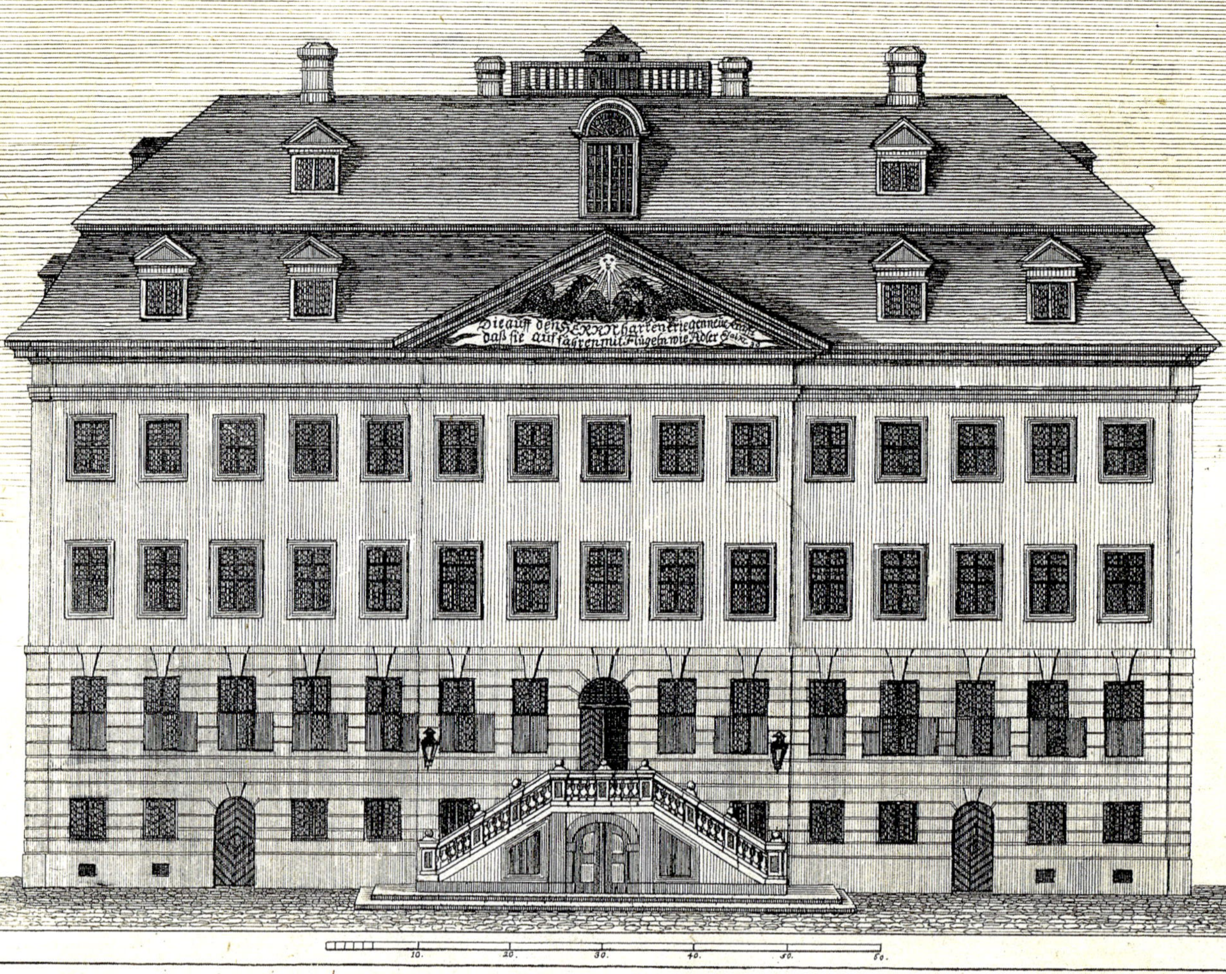

Seiten Prospect des Waysen-Hauses und Pædagogii-Regii.

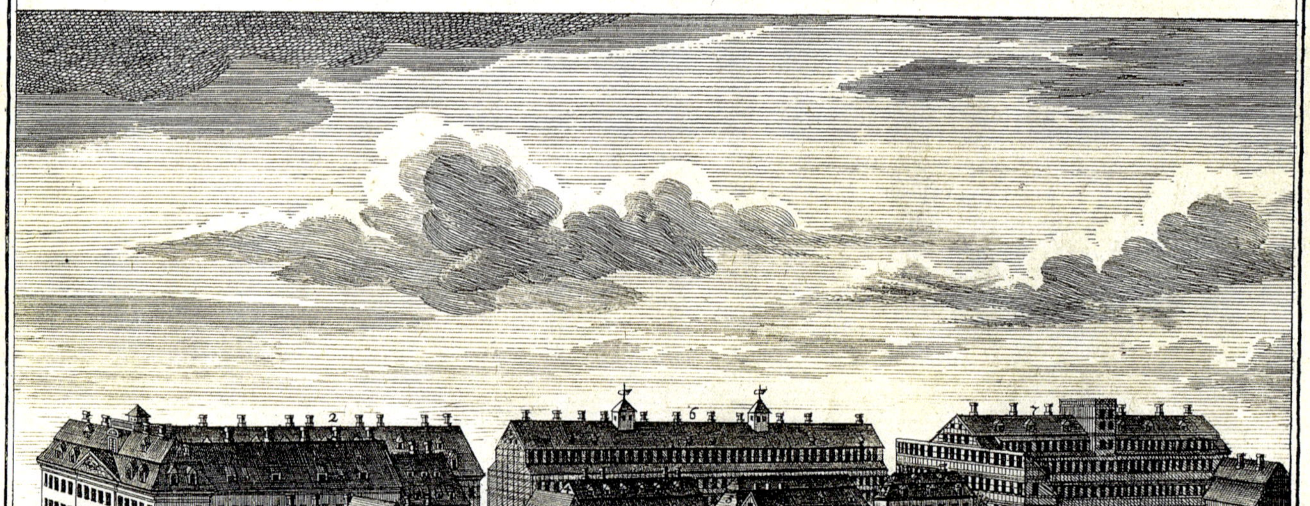

1. Das vordere und erste Gebæude des Waysen-Hauses so An̄: 1698. erbauet, in welchen die Apothecke Buchladen, Druckerey des Buchladens, die Classen der Lateinischen Schule und Naturalien-Saal, befindlich. 2. Das Seiten Gebæude zur Lincken Hand in welchem der Waysen-Knaben Wohn-Stuben, die Classen der Teutschen Schule, der Waysen-Mægdlein Wohn-Stuben, die Classen und Singe-Saal der Mægdlein befindlich 3. Das Seiten Gebæude zur Rechten Hand in welchem der große Singe-Saal, und Speise-Saal befindlich. 4. Das Cansteinische Biebel-Haus, in welchem die Biebel-Druckerey. 5. Die Bibliothec. 6. Das Lange-Seiten Gebæude in welchem Studiosi und Schüler wohnen. 7. Das Pædagogium-Regium. 8. Die Krancken-Pflege. 9. Das Brau und Back-Haus. 11. 11. Bücher-Magazine. 12. Scheunen und Stælle in der Meierey. 13. Speise-Haus. 14. Gærten.

Gründler delin: et sculp: Halæ. 1749.

Die Geschichte der Kunst- und Naturalienkammer im Waisenhaus

1698 – 1733

Zu Beginn gilt es gleich einen Irrtum aufzuklären, der sich aus einer Namensverwirrung ergeben hat. Gemeinhin ist die Sammlung als *Naturalienkammer des Halleschen Waisenhauses* bekannt geworden. Das führt zu zwei falschen Annahmen: Es handele sich erstens um eine rein naturkundliche Sammlung und zweitens sei diese im Waisenhaus angelegt und für die Waisenkinder unterhalten worden. Beides ist nicht richtig. Die Geschichte der Kunst- und Naturalienkammer beginnt im Pädagogium, Franckes vornehmster Schule. Für dieses Institut wurde sie angelegt, und in dessen Lehrpläne war sie hauptsächlich einbezogen. Als der größte Teil der Sammlung aus Platzgründen dann in das neu erbaute Waisenhaus umzog, bezeichnete Francke sie fortan als *die Naturalienkammer der Glauchischen Anstalten*. An ihrem Status änderte sich freilich deswegen nichts. Weiterhin wurde sie vornehmlich aus dem Etat des Pädagogiums unterhalten.[2] Aber aufgrund ihrer räumlichen Unterbringung galt sie nach außen hin bald als Sammlung des Waisenhauses, zumal *Das Waisenhaus* durchaus als Synonym für die ganzen Anstalten stand. – Auch handelte es sich nicht um eine reine Naturaliensammlung. Obwohl in der ersten Zeit die naturkundlichen Gegenstände überwogen, waren von Beginn an in der Sammlung auch Artefakten zu finden. Die Bezeichnung als Naturalienkammer ergab sich aus der Zielsetzung Franckes, sie für den naturgeschichtlichen Unterricht zu nutzen.[3] Die sprachliche Ungenauigkeit fiel bei der verwirrenden Vielzahl von zeitgenössischen Namen und synonymen Bezeichnungen für enzyklopädische Sammlungen nicht weiter auf.

Als Gründungszeugnis gilt ein Brief, den August Hermann Francke um 1698 an Kurfürst Friedrich III. von Brandenburg schrieb.[4] Darin unterbreitete er seinem Landesherrn den Plan, eine Naturaliensammlung eigens für den Schulunterricht anzulegen. Er bat ihn, zu diesem Zweck Doppelstücke aus der fürstlichen Raritätenkammer zur Verfügung zu stellen:

Durchlauchtigster, Großmächtigster Churfürst, Gnädigster Herr,
Ewr. Churfl. Durchl. melde hiemit in tieffster unterthänigkeit, welcher gestalt ich bey denen hieselbst zu Erziehung der Jugend gemachten Anstalten unter andern auch allerhand naturalia und rariora in regno animali, vegetabili et minerali colligiret, und wöchentlich eine Stunde dazu gesezet, da die Jugend von solchen colligirten naturalibus gründlich unterrichtet wird, davon einen nicht geringen Beytrag zu einer wohlgegründeten erudition hoffend. Wann nun in Ewr. Churfl. Durchl. naturalien- und raritaeten- Kammer ohne Zweiffel viele naturalia und rariora in duplo und überflüßig zu finden sind, die etwa ohne Schaden und merckl. Abgang von dero raritaeten- Kammer gemisset werden könten, Als habe in unterthänigster Zuversicht zu Ewr. Churfl. Durchl. hohen Mildigkeit unterthänigste Ansuchung hiemit thun wollen, Ew. Churfl. Durchl. möchten gnädigst geruhen mit solchem überfluß hiesige zur Erziehung der Jugend gemachte Anstalten gnädigst zu beehren. Wodurch Ew. Churfl. Durchl. nicht allein dero hohen Ruhm dero Landesherrl. Mildigkeit vermehren, sondern auch durch sothane gnädigste Beschenckung die studirende Jugend kräfftig ermuntern würden, das höchstnüzl. und zu Gottes sonderbaren Ehren zielende studium naturale emsig zu excoliren, und ich meines Ortes werde solche gnädigste Willfahrung, wie andere bißhero genoßene hohe Churfl. Gnade mit meinem unabläßigen Gebet zu ewiger Vergeltung dem Allerhöchsten befehlen, verharrend Ewr. Churfl. Durchl. unterthänigster Fürbitter bey Gott
Aug. Hermann Francke.

Diesem Wunsch entsprach Friedrich und ließ von den eigenen Sammlungsobjekten einige an Francke übersenden, unter anderem den Zahn eines Flußpferdes, mehrere Walpenisse und ein Straußenei. Damit war der Anfang gemacht, und Francke konnte bereits kurze Zeit später berichten, daß die Sammlung kräftig anwachse. Dafür rührte er die Werbetrommel, zeigte Besuchern die kleine Kollektion und ermunterte sie, weitere Objekte beizutragen.[5] Im Sommer 1698 tauchte die Sammlung erstmals in den Rechnungsbüchern des Pädagogiums auf. Unter der Rubrik *Außgabe zur Naturalien-Kammer* wurde am 9. Juni 1698 der Bau eines

Schrankes für drei Taler vermerkt. Sehr bald folgte ein weiterer Schrank. Das ist der früheste datierbare Beleg für das Bestehen einer Kunst- und Naturalienkammer in den Franckeschen Stiftungen. Und in der Tat ist das ein überraschend früher Zeitpunkt. Erst einen Monat später wurde der Grundstein für das Waisenhaus, das heutige Hauptgebäude, gelegt. Noch waren die Anstalten Franckes über mehrere, meist angemietete Häuser in Glaucha verteilt. So auch das Pädagogium, das in verschiedenen Bürgerhäusern untergebracht war[6] und erst 1713 auf dem Anstaltsgelände seine stattlichen Neubauten bezog, deren Mittelteil heute noch am östlichen Ende des Stiftungsgeländes zu sehen ist. Von 1698 stammt auch das erste Inventar der Sammlung mit über fünfzig Stücken.[7]

Von Beginn an waren die Naturalienschränke in einer eigenen Kammer zunächst bei den Stuben des Pädagogiums untergebracht.[8] Das war der Kern und Ausgangspunkt für das später weithin berühmte Kabinett. Aber die kleine Sammlung wuchs so rasch, daß sie nach Fertigstellung des neuen Waisenhauses 1701 dorthin umzog und einen besonderen Raum im Oberdach erhielt.[9] Um diese Zeit erschien auch die erste gedruckte *Specification, derer Sachen Welche zu der für die Glauchischen Anstalten angefangenen Naturalien-Cammer bis anhero verehret worden.* Hierin waren immerhin schon 153 Nummern aufgeführt. Das war gegenüber dem handschriftlichen Inventar aus der Anfangszeit bereits eine Verdreifachung.[10] In dem ersten gedruckten Katalog tauchten neben den Naturalien zahlreiche Artefakten auf: *Eine Mückenhaube aus Astracan, drey Moscowitische Nadel-Büchslein* und *ein Persianisch Schreib-Zeug* waren nur einige der Kuriositäten, die es dort zu sehen gab. Aber auch wunderliche Dinge aus der Region wurden aufgehoben, wie *Wolle / welche Anno 1698. bey Großleben nach dem grossen Gewässer hin und wieder auff denen Wiesen gefunden worden.* Und dieses frühe Inventar spiegelt bereits die weitgespannten Beziehungen wider, über die die Anstalten verfügten. Bis in die entferntesten Winkel der Erde besaßen die Halleschen Pietisten Kontakte. Das war gleichzeitig eine der günstigsten Voraussetzungen für die Anlegung einer florierenden Kunst- und Naturaliensammlung. Von überall her schickten Gönner, Mitstreiter und ehemalige Zöglinge Gegenstände für die Wunderkammer. 1701 berichtete Francke: *Es wird auf dem Waysen-Hause eine Naturalien-Kammer / der Jugend zum Besten / aus selbst / beliebigen Verehrungen guter Gönner gesammlet. Dieselbe ist nun in diesem Jahre mit manchen schönen und von andern mit sonderbarem Fleiß vorhin colligirten Stücken vermehret worden…*[11] Einige Jahre darauf bemerkte er: *Solte ich sonsten auch specificiren die Verehrungen an Victualien … item von Büchern für die angelegte Waysen-Hauses-Bibliothek / und von den vielen Sachen / so aus allen Theilen der Welt zur Naturalien-Cammer des Waysen-Hauses eingesendet worden.*[12] Auf diese Weise gelang es Francke, eine umfangreiche Sammlung mit vergleichsweise geringem Kostenaufwand zusammenzutragen. Für die Objekte mußten die Anstalten allenfalls die Fracht zahlen, viele kamen ganz kostenfrei nach Halle.

1718 erhielten die Anstalten eine besondere Teilsammlung, die dann später in die Kunst- und Naturalienkammer integriert wurde und hier einer eigenen Erwähnung bedarf. Es handelt sich dabei um die sogenannte *Mechanische Kammer* Christoph Semlers. Dieser war Oberdiakon an der St. Ulrichkirche in Halle und somit Amtskollege August Hermann Franckes, der 1715 das Amt des Hauptpfarrers dort übenommen hatte. Semler betätigte sich neben seinem Seelsorgerberuf als Tüftler, Erfinder und Pädagoge. Einen Namen machte er sich durch die Gründung der ersten Realschule zu Beginn des 18. Jahrhunderts. Deren pädagogische Neuerung bestand darin, daß erstmals der Realienunterricht im Mittelpunkt der Schulausbildung stand. Zu Anschauungszwecken stellte Semler eine Reihe von Modellen her, an denen die Schüler unterrichtet wurden. Nachbildungen von Gebäuden, Werkstätten und Laboratorien befanden sich darunter sowie mechanische Funktionsmodelle wie das einer Pulvermühle, eines Hammerwerks und einer Ramme. Die Mechanische Kammer diente vor allem der Einführung in die Berufskunde. Semler eröffnete seine neue Schule 1707, mußte sie aber bald darauf zunächst wieder schließen. Francke übernahm die Modellsammlung mit dem Plan, hiermit eine eigene Mechanische Schule einzurichten. Auch wenn das Vorhaben scheiterte, kamen die Modelle Semlers dennoch im Realienunterricht der Anstalten zum Einsatz.[13]

Mit der Zunahme der Kunst- und Naturalienkammer wuchs auch ihr Bekanntheitsgrad. Immer mehr Menschen kamen, um sich die Kuriositäten im Waisenhaus anzusehen. Es wurde eigens ein Student zum

Aufseher über die Sammlung ernannt, der die Besucher zu festgelegten Zeiten über das Gelände und durch die Naturalienkammer führte.[14] In den 1720er Jahren kamen täglich bis zu 60 Besucher.[15] Auch die Fachwelt nahm allmählich Notiz von der Sammlung. In einer Aufzählung der berühmtesten europäischen Kabinette von 1727 fand das hiesige immerhin Erwähnung: *Sonst wird auch in dem Hällischen Waysenhause eine Kunst-Kammer mehr und mehr angelegt und augmentiret, so aber zu dato noch von keiner grossen Weitläuftigkeit seyn soll.*[16] Aber die rasche Zunahme barg auch Probleme. Denn der vorgesehene Raum war bald zu klein, so daß sich die Aufstellung der Objekte auf andere Gemächer und die angrenzenden Gebäude auszudehnen begann.[17] Das diente nicht eben der Übersichtlichkeit, zumal eine fachgerechte Inventarisierung der Sammlung unterblieb. Lange Zeit wurden die einkommenden Objekte der Sammlung lediglich unsystematisch beigefügt. Dem ersten gedruckten Katalog war der entwaffnende Satz angehängt: *Man hat in dieser Specification noch keine gewisse Ordnung observiret / weil die Sachen bishero noch in keine classes vertheilet worden / welches künfftig geschehen soll / wenn sich der Vorrath vermehren wird.* Offenbar blieb es jahrzehntelang bei diesem Vorsatz, so daß die Unordnung durchaus den Gesamteindruck beeinträchtigte. Als der Arzt und Naturforscher Albrecht Haller in den 1720er Jahren während eines Aufenthaltes in Halle dem Waisenhaus eine Visite abstattete, notierte er in seinem Tagebuch: *Wir sahen dißmal die Apotheke, wo die essentia dulcis etc. gemacht wird, den Buchladen etc., darnach einen Saal, wo die jungen Leute in großer Menge examiniert wurden. Hierauf eine liederliche Naturalienkammer, wo Gemschenhörner und Seemäuse mit sind. Das artigste ist ein Pfennig, der bey Erbauung der Fundamente solte sein gefunden worden mit einer Aufschrift: Jehova deus illuminabit etc. Hierauff gingen wir auff eine Altane, wo man die Statt zimlich schön übersieht...*[18] Als der Wolfenbütteler Arzt Franz Ernst Brückmann, selbst ausgewiesener Fachmann auf dem Gebiet der Naturaliensammlungen, am 12. September 1723 eigens die Kammer der Anstalten besuchte, bemängelte er ebenfalls das Fehlen jeglicher Ordnung, obwohl er, im Gegensatz zu Haller, der Sammlung selbst durchaus Anerkennung zollte und vor allem ihre Vielfalt lobend hervorhob.[19]

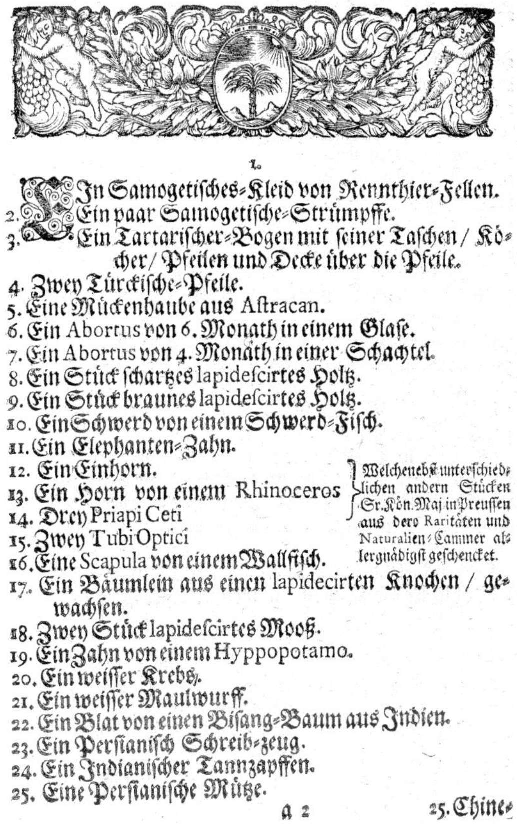

1.

Ein Samogetisches-Kleid von Rennthier-Fellen.
2. Ein paar Samogetische-Strümpffe.
3. Ein Tartarischer-Bogen mit seiner Taschen / Köcher / Pfeilen und Decke über die Pfeile.
4. Zwey Türckische-Pfeile.
5. Eine Mückenhaube aus Astracan.
6. Ein Abortus von 6. Monath in einem Glase.
7. Ein Abortus von 4. Monath in einer Schachtel.
8. Ein Stück schartzes lapidescirtes Holtz.
9. Ein Stück braunes lapidescirtes Holtz.
10. Ein Schwerd von einem Schwerd-Fisch.
11. Ein Elephanten-Zahn.
12. Ein Einhorn.
13. Ein Horn von einem Rhinoceros
14. Drey Priapi Ceti
15. Zwey Tubi Optici

Welche nebst unterschiedlichen andern Stücken Sr. Kön. Maj. in Preussen aus dero Raritäten und Naturalien-Cammer allergnädigst geschencket.

16. Eine Scapula von einem Wallfisch.
17. Ein Bäumlein aus einen lapidecirten Knochen / gewachsen.
18. Zwey Stück lapidescirtes Mooß.
19. Ein Zahn von einem Hyppopotamo.
20. Ein weisser Krebs.
21. Ein weisser Maulwurff.
22. Ein Blat von einen Bisang-Baum aus Indien.
23. Ein Persianisch Schreib-zeug.
24. Ein Indianischer Tannzapffen.
25. Eine Persianische Mütze.

A 2 25. Chine-

Erster gedruckter Katalog der Kunst- und Naturalienkammer.

Brückmanns Beschreibung fußte auf dem ersten gedruckten Katalog der Naturalienkammer. Aber die dort erfaßten Stücke bildeten nur den Sammlungskern in den Anstalten. Nahm der Besucher über die eigentliche – vergleichweise kleine – Kammer alles in den Blick, was die Anstalten an kuriosen, seltenen, sehenswerten und belehrenden Dingen zu bieten hatte, eröffnete sich ihm eine regelrechte Sammlungslandschaft von vortrefflicher Vielfalt. Kaum ein Bereich, kaum eine Facette zeitgenössischer Sammlungsideen blieb unberücksichtigt. Schon in einer Veröffentlichung von 1698 zur weiteren Ausgestaltung des Pädagogiums hatte Francke den Plan zur Anlegung mehrerer Sammlungen gleichzeitig vorgelegt und die Absicht geäußert, daß *...außer dem / was von der Mathesi und Mechanici schon erwehnet ist / angeleget [wird] (1) ein observatorium astronomicum, (2) eine Camera obscura, (3) eine Naturalien-Kammer / (4) eine Kammer von allerhand Instrumentis Mechanicis, (5) ein feiner Gartel (6) ein Collegium Musicum.*[20] Botanischer Garten und Observatorium waren reguläre Erscheinungen im Umfeld universaler Sammlungen. Bei Francke traten noch mathematische und physikalische, astronomische, numismatische und Modellsammlungen, wie die erwähnte Mechanische Kammer, hinzu. Er gründete eine Bibliothek, ließ eine Anatomiestube einrichten,[21] und in den erwerbenden Einrichtungen, wie der Verlagsdruckerei, der Apotheke und dem Medikamentenlabor, setzten sich die Kollektionen fort. Die einzelnen Sammlungen und Sammlungsteile waren nicht streng voneinander getrennt, sondern alles schien untrennbar ineinander verwoben, konzeptionell und in der Praxis: Die Naturaliensammlung enthielt auch Artefakten, auf der Bibliothek standen mechanische Modelle zur Vorführung, biblische Landschaftsmodelle waren teils im Waisenhaus, teils im Pädagogium aufgebaut. Dort veranstaltete man in der Anatomiestube auch Sektionen an Tierkörpern. Der Anstaltsarzt hielt Schulunterricht im botanischen Garten ab, und anhand von Ingredienzien aus der Waisenhaus-Apotheke wurden mit den Schülern Physikexperimente angestellt.[22] Das war außergewöhnlich und nicht nur in erzieherischer Hinsicht aufsehenerregend. Bei aller puritanischen Strenge, die in den Anstalten herrschte, entfaltete sich für die Bewohner der Schulstadt hierdurch auch eine anregende pädagogische Atmosphäre, in der das Lernen Spaß machen konnte. Hierin ist sicher ein wichtiger Grund für die enorme Anziehungskraft der Franckeschen Anstalten auf die studierende Jugend im ersten Drittel des 18. Jahrhunderts zu suchen, und die Kommentare namhafter Zeitgenossen bestätigen dies.[23] Die Naturalienkammer war also nur ein Teil der gesamten Sammlungstopographie in den Anstalten. Sie ragte deswegen immer heraus, weil sie als Schausammlung einem halböffentlichen Publikum zugänglich war und deswegen größere Bekanntheit erlangte, während die übrigen Sammlungen und Sammlungsteile in erster Linie für den internen Gebrauch bestimmt waren.

Diese universale Bildungsveranstaltung widersprach dem zeitgenössichen Sammlungsideal nur an dem entscheidenden Punkt einer fehlenden Systematik.[24] Das Gewirr aus Objekten und Kollektionen war unüberschaubar und folgte nicht den Grundsätzen frühmoderner Sammlungstechniken. Denn außer der Naturalienkammer, die mehrere Funktionen für die Anstalt ausübte, war fast alles ausschließlich auf schulische Zwecke gerichtet und verfolgte gar nicht den Anspruch, eine zusammengehörige große Sammlung zu bilden. Erst in der darauffolgenden Generation wurde aus den vielen Einzelteilen eine einheitliche Sammlung geschmiedet. Dem enzyklopädischen Bildungsansatz frühmoderner Kuriositätenkabinette kamen die vielfältigen Einrichtungen des älteren Francke in ihrer gegenseitigen Ergänzung freilich in gewisser Weise sehr viel näher als die Konzeptionen der Folgezeit.

1734–1834

Die Situation änderte sich zu Beginn der 1730er Jahre. Nachdem August Hermann Francke 1727 gestorben war, hatte sein Sohn Gotthilf August, zunächst gemeinsam mit Johann Anastasius Freylinghausen, Schwiegersohn und langjähriger Mitdirektor des Gründers, die Leitung der Anstalten übernommen. Der jüngere Francke setzte die Arbeit des Vaters in dessen Sinne fort. Zu dieser Zeit erlebten die Anstalten ihre wohlhabendste Phase. Die erwerbenden Einrichtungen, allen voran die Apotheke und Medikamentenexpedition, erwirtschafteten einen jährlichen Überschuß von mehreren tausend Talern, die Schulen standen in voller Blüte, und die Anstalten insgesamt erreichten den Zenit ihres Ansehens. Längst war der Rechtfertigungsdruck, unter dem die Halleschen Pietisten in den ersten Jahren gestanden hatten, einer selbstbewußten machtvollen Stellung innerhalb der lutherischen Kirche Preußens gewichen.

Der Wandel machte sich bemerkbar. Die regelmäßigen Publikationen, allen voran die *Segensvollen Fußstapfen*, in denen August Hermann Francke über Jahre hinweg öffentlich die Anstalten verteidigt und für seine vielfältigen Unternehmungen geworben hatte, waren scheinbar nicht mehr notwendig und längst eingestellt. Der jüngere Francke war fest in die etablierte Kirchenhierarchie eingebunden und brachte es dort bis zu höchsten Würden. Aber auch dem äußeren Erscheinungsbild der Anstalten war dieser Wandel anzusehen. Unter Gotthilf August Francke erlebte die Schulstadt in den 1730er und 40er Jahren einen zweiten regelrechten Bauboom. Vorbei war die Zeit, wo man in atemberaubender Schnelligkeit mit billigem Material Bauten von gewagten Dimensionen hochzog. Jetzt waren die Neubauten solide konstruiert und überwiegend aus festem Stein errichtet. Das konnten sich die Anstalten nun leisten, und sie zeigten es auch. In diese Phase um die Mitte des 18. Jahrhunderts fällt auch ein Umbau der Frontfassade des Waisenhauses. Dieser ohnehin schon beeindruckende Bau erfuhr eine repräsentative Umgestaltung. Die Freitreppe wurde großzügiger angelegt und über dem Tympanon mittig ein hohes halbrundes Dachfenster eingelassen, das der Fassade fast etwas Sakrales verlieh.

1734 zogen die Waisenkinder in ein neues Domizil um, so daß der alte Schlafsaal im Unterdach frei wurde. Dies war der größte zusammenhängende Raum im alten Waisenhaus, und man entschloß sich, dort nun alle in Frage kommenden Objekte und Teilsammlungen aus den Anstalten zusammenzuziehen und erstmals als geschlossenes Ensemble zu präsentieren.[25] Zu diesem Zweck wurde eigens der Altenburger Kunstmaler und Kupferstecher Gottfried August Gründler unter Vertrag genommen, der den Saal in den darauffolgenden fünf Jahren nach den modernsten museumskundlichen Erkenntnissen der Zeit umgestaltete. Ab 1736 ordnete er die Sammlung, katalogisierte sie, ließ 16 neue Sammlungsschränke bauen und arrangierte in dem zuvor renovierten und umgebauten Saal ein ansehnliches Museum. Durch die Zusammenführung aller Bestandteile wuchs die Sammlung von 1182 auf 4696 Stücke an. Hatten die Naturalien zuvor etwa ⅔ ausgemacht, überwogen nun die Artefakten mit 2870 Stücken deutlich.[26]

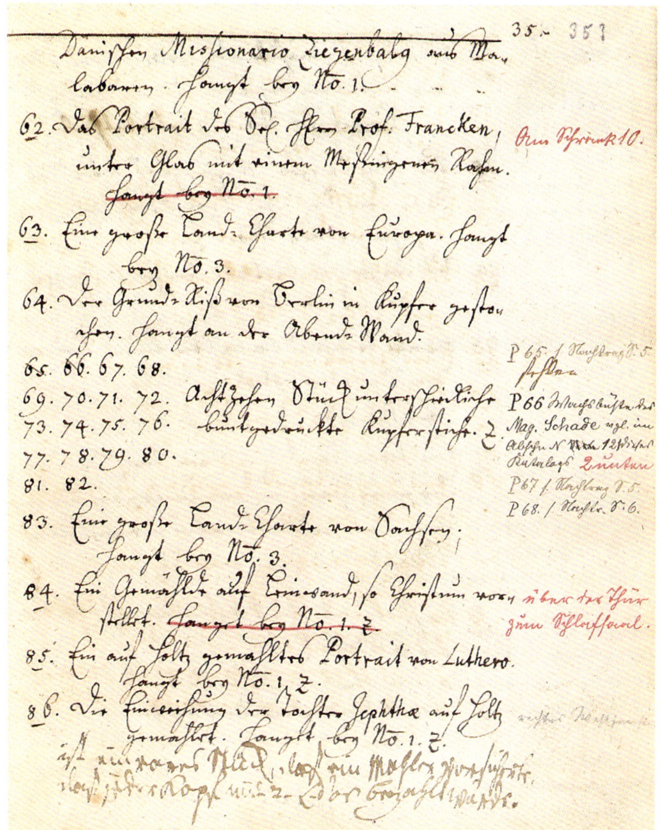

Handschriftlicher Gesamtkatalog der Kunst- und Naturalienkammer des Waisenhauses von Gottfried August Gründler aus dem Jahr 1741

Gründler hatte eine schwierige Aufgabe zu lösen. Er fand ein buntes Sammelsurium von allen erdenklichen Gegenständen vor, dem keinerlei Ordnung innewohnte. Diese sollte er nachträglich für eine Sammlung herstellen, die recht unsystematisch zusammengetragen worden war. Der Anstaltsleitung war die Komplexität dieser Aufgabe offenbar bewußt. Gründler wurde mit einem monatlichen Gehalt von zehn Talern, nebst Aufwartung und einem Tagelöhner als Assistenten ausgestattet.[27] Unter diesen Konditionen arbeitete er, bis der Ökonomieinspektor der Anstalten, Ludwig Johann Cellarius, zum Jahresbeginn 1741 dem entstehenden Naturaliensaal einen Besuch abstattete. Dort stellte er fest, daß die Gegenstände mittlerweile in die Schränke eingeräumt und diese zum Teil bereits mit Inventarlisten versehen waren. Deswegen schlug er Direktor Francke vor, Gründlers Beschäftigungsverhältnis zu beenden. Aus den diesbezüglichen Notizen des Rats Cellarius wird deutlich, daß er die Kosten, die Gründler verursachte, ohnehin nicht für notwendig hielt. Als nüchtern denkender Verwaltungschef der Anstalten hegte er für solcherlei schöngeistige Eskapaden offenbar wenig Sympathie. Jedenfalls konstatierte er gegenüber Francke, Gründler habe doch bisher *…vor seinen Gehalt wohl wenig gethan.*[28] Francke stimmte der Vertragsbeendigung zu, mahnte allerdings an, vorher die Inventarien fertigstellen zu lassen, da er sicher gehen wollte, daß Gründler seine reichen Kenntnisse den Anstalten hinterließ und nicht für sich behielt. So antwortete er Cellarius: *Ob auch H. Grundler die Treue haben werde, alles zu zeigen, bin auch besorget. Vorneml. wird gut seyn, daß er den Catalogus verfertige.*[29]

Es wird deutlich, daß offenbar kein gedeihliches Miteinander mehr zwischen den Anstalten und Gründler herrschte. Die Gründe dafür bleiben im Dunkel. Ob es daran lag, daß Gründler mit seiner Arbeit dort unter dem Dach nicht fertig zu werden schien, oder ob die Waisenhausdirektion entsetzt war über die prächtige Ausgestaltung der Schränke, die nun eher in ein vornehmes Umfeld paßten als in das nüchterne Ambiente der pietistischen Sozialeinrichtungen, läßt sich nur erahnen. Jedenfalls beendete Gründler wenige Monate später seine Arbeit.

Am 5. August 1741 übergab er die Kunst- und Naturalienkammer samt einem Inventarverzeichnis, das offenbar aus zweimal 16 Heften bestand, in denen in doppelter Ausführung der Inhalt der Schränke verzeichnet stand. Anschließend wurde in jeden Schrank das dazugehörige Verzeichnis gelegt. Vermutlich bewahrte man die Zweitexemplare zusammen an einem anderen Ort auf. Zusätzlich fertigte Gründler einen Gesamtkatalog an.[30] Dieses Büchlein in der sauberen Handschrift Gründlers hat sich erhalten.

Jeder der 4696 Gegenstände ist darin erfaßt und einem der 16 Schränke zugeordnet. Zahlreichen Objekten fügte er im Katalog außerdem eine Beschreibung bei, kurz: Gründler hatte in fünf Jahren eine bemerkenswerte Arbeit geleistet. Aber er war nicht fertig geworden. Wohl hatte er die Ordnung der Sammlung abschließen können, indessen blieb die Gestaltung der Sammlungsschränke unvollendet. So erhielten vier der insgesamt 16 Schränke keine kunstvolle Bemalung. Bis heute unterscheiden sie sich von den farbenprächtig verzierten Schränken durch ihre schlichte einheitlich graue Fassung. Bei genauem Hinsehen beendete er nicht einmal die Arbeit an den farbigen Schränken. So fehlen in fünf von acht Bekrönungen die Abschlußornamente. Lediglich der Steinschrank I.A., der Tierschrank IV.D. und der Conchylienschrank VI.F. weisen im Bekrönungsgipfel ein entsprechendes Motiv auf, am Pflanzenschrank II.B. sowie bei den Schränken auf der Nordseite sind die dafür vorgesehenen Felder leer geblieben.

Mit der alten Naturalienkammer aus den Anfangsjahren der Anstalten war diese großartige Schau nun kaum noch vergleichbar. Vor allem hatten sich die Schwerpunkte ihrer Zweckbestimmung verlagert. August Hermann Francke hatte sie noch eigens für den Unterricht geplant und ihr einen festen Platz im Lehrplan des Pädagogiums zugewiesen. Fast ein halbes Jahrhundert später fanden nur noch wenige Schüler ihren Weg in die Sammlung. Offenbar erst auf massives Drängen der Pädagogiumszöglinge wurde 1752 ein halbherziger Versuch gemacht, die Kammer wieder regelmäßig in den Schulbetrieb einzubinden. Im Februar jenes Jahres notierte der zuständige Protokollant zu einem Vorschlag Franckes: *Aus den Anmerkungen Ew. Hochw. bei den Bericht von der vorigen Woche, haben wir dero gütige Erlaubnis zum rechten Gebrauch der Naturalien Kammer des W. H. mit vieler Danckbarkeit ersehen. Wir haben viel darüber gedacht, wie es doch möglich zu machen wäre, daß wir wöchentlich die 2 Stunden, deren Ew. Hochwürden gedencken, von den übrigen Lectionibus abbrechen u. sie auf die angezeigte Weise, unsern Scholaren nützlich machen könten? Es hat sich seit mehreren Jahren die innerliche Einrichtung der Lectionum sehr verändert...*[31]

Wenig später kaufte das Pädagogium dann eine eigene kleine Naturaliensammlung für Unterrichtszwecke an,[32] so daß der Naturaliensaal des Waisenhauses gar nicht mehr als Klassenzimmer gebraucht wurde. Seit Gründler diente er vielmehr erfolgreich als Museum, genauer gesagt schrieb Gründlers Konzeption in konsequenter Weise den Trend fort, die Kammer immer weniger für schulische und immer mehr für museale Schauzwecke zu nutzen, eine Entwicklung, die bereits zu einem frühen Zeitpunkt unter August Hermann Francke eingesetzt hatte. Zwar bestand auch noch kurz nach der Eröffnung 1741 die Absicht, den Pädagogiumsschülern die Sammlung in ihrer neuen Form bekannt zu machen, aber ob dies auch wirklich geschah, ist ungewiß.[33] Die Pädagogiumslehrpläne späterer Jahre erwähnten den Naturaliensaal des Waisenhauses jedenfalls nur noch ganz am Rande.[34]

Dennoch wuchs die Sammlung in der Folgezeit weiter. Sie war sicherlich eine der ansehnlichsten Kuriositätenkammern in der Region und bildete eine Attraktion für ein breites Publikum aus Nah und Fern. Viele der Studenten, die in den Anstalten tätig gewesen waren und die Kammer aus eigener Anschauung kannten, sie vielleicht in früheren Jahren im Schulunterricht genutzt hatten, schickten nun, da sie über die ganze Welt verstreut als Pastoren, Lehrer, Ärzte oder Missionare arbeiteten, Kuriositäten nach Halle, um die Sammlung weiter zu bereichern. Aber spätestens im letzten Drittel des Jahrhunderts geriet die Kunst- und Naturalienkammer allmählich aus der Mode. Im Zuge der Aufklärung begannen sich Spezialsammlungen und öffentliche Museen modernen Typs herauszubilden. 1753 öffnete das British Museum in London seine Pforten. Die universalen Wunderkammern wurden nach und nach aufgelöst, verschwanden, oder ihre Bestandteile wurden in die neuen Kollektionen überführt. Analog zu dieser Entwicklung und mit dem fortschreitenden Niedergang des Halleschen Pietismus änderte sich auch der Stellenwert der Kunst- und Naturalienkammer im Waisenhaus. Zwar besaß sie auch weiterhin einen eigenen Aufseher, aber als Johann Gottlieb Schaller 1783 dies Amt übernahm, handelte es sich bei ihm auch schon um einen ausgewiesenen Naturforscher, um einen Spezialisten also, dessen Interesse nur noch bestimmten Teilen der Sammlung galt.[35] So gab Schaller 1805 im Tausch für *ein Stück feingearbeitetes Mosaick* ganze 24 Teile überwiegend aus der Artefaktensammlung her.[36]

Obwohl er der Auflistung beruhigend den Nachsatz anfügte, diese seien alle doppelt vorhanden gewesen, drohte die Wunderkammer durch solche Eingriffe allmählich auszubluten. 1771 war bereits die kleine Handbibliothek aus der Kammer an die Hauptbibliothek des Waisenhauses überwiesen worden.[37] Es folgten andere Einzelstücke und Teilkollektionen, ohne daß alle Abgänge regulär festgehalten worden wären. So verschwanden im Laufe der Zeit die meisten mathematischen und astronomischen Modelle ebenso wie große Teile der ehemals ausgedehnten Conchyliensammlung, die vornehmlich von den Schulen auf dem Gelände für Unterrichtszwecke in die eigenen Räumlichkeiten gebracht wurden.[38] Dies geschah mit Billigung der Anstaltsleitung, die selbst die Entnahme seltener Stücke aus den unterschiedlichsten Gründen anordnete.[39]

1835–1909

Den schwersten Rückschlag erlitt die Kunst- und Naturalienkammer 1835/36. Die Stiftungen hatten zu dieser Zeit eben eine schwierige Phase der inneren Umgestaltung abgeschlossen. Als Ergebnis einer mehrjährigen staatlichen Bestandsaufnahme der Anstalten war auch der vielfältige Schulbetrieb neu strukturiert worden. Daraus ergaben sich zahlreiche bauliche Veränderungen an den Stiftungsgebäuden.[40] So beschloß man, den südlichen Teil des langgestreckten Naturaliensaals im Unterdach des Waisenhauses abzutrennen und für den Musikunterricht, später dann als Werkraum zu nutzen.[41] Hierfür wurde die ursprüngliche klare Ordnung der Kunst- und Naturalienkammer, die sich an den sammlungstheoretischen Vorstellungen der Frühmoderne orientiert hatte, aufgehoben. Die sechs Naturalienschränke aus Gründlers Zeit wurden zu einer langen Schrankwand umgewandelt und das gesamte Mobiliar in dem verbleibenden um gut ⅓ verkürzten Raum zusammengeschoben. Jetzt mußte die Wunderkammer wie ein verworrenes Allerlei erscheinen, dem es an innerer Systematik fehlte. Dieser Mangel wirkte freilich gerade für eine enzyklopädisch angelegte Sammlung vernichtend, die aufgrund ihrer ungeheuren thematischen Vielfalt ganz besonders nach einer klaren Anordnung verlangte. Noch schlimmer aber war der unwiederbringliche Verlust von vier großen Landschaftsmodellen, deren mehrere Meter lange Grundplatten bis dahin die Mitte des Saals gefüllt hatten. Sie bildeten im 18. Jahrhundert eine besondere Attraktion, denn sie zeigten detailgetreue Nachbauten biblischer Stätten.[42]

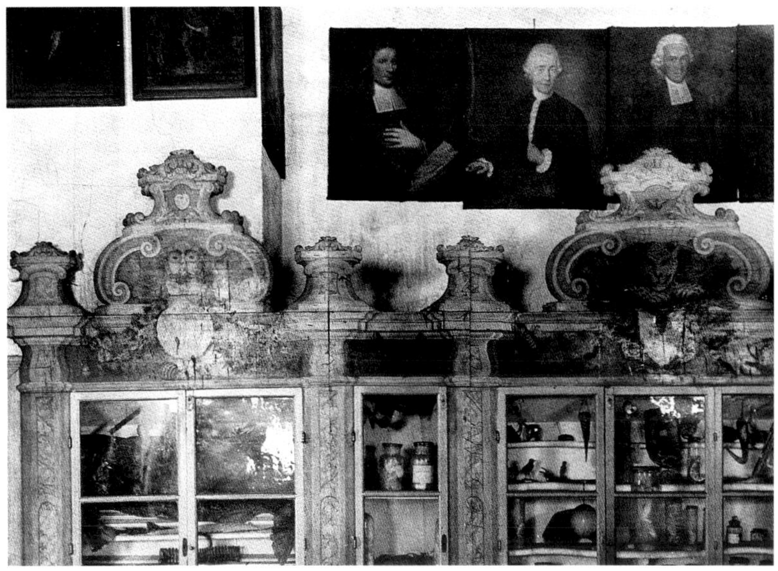

Durch den Umbau der Kammer und der Naturalienschränke in den Jahren 1835/36 war die ursprünglich klare Trennung zwischen Natur und Kunst verlorengegangen.

In dieser verwandelten Form blieb das Kabinett bis in das 20. Jahrhundert hinein bestehen. Vereinzelt erfuhr es auch jetzt noch neuen Zuwachs, der sein ursprüngliches Gesicht weiter veränderte. So gelangten Gedenkmedaillen und wertvolles Porzellan aus Adelsbesitz in die Sammlung. 1840 und 1847 übersandten Missionare etliche ethnographische Gegenstände aus Borneo für die Kunst- und Naturalienkammer. Insgesamt aber unterschied sich die ziellos wirkende Aufnahme von Objekten im 19. Jahrhundert deutlich von dem enzyklopädischen Sammlungsbestreben der Anfangszeit. War diese noch dem Wunsch gefolgt, sich mittels einer universalen Kollektion dem Verständnis der göttlichen Schöpfung zu nähern, ließ sich jene schon ganz von spezialisierten thematischen Vorstellungen leiten. Ein Konglomerat von Objekten aus unterschiedlichen Themenkreisen ergibt aber noch keine enzyklopädische Sammlung. Hierfür bedarf es eines einheitlichen Sammlungsziels, das bei den Erwerbungen des 19. Jahrhunderts fehlte.

Folgende Seiten: Blick in die Kunst- und Naturalienkammer um 1910

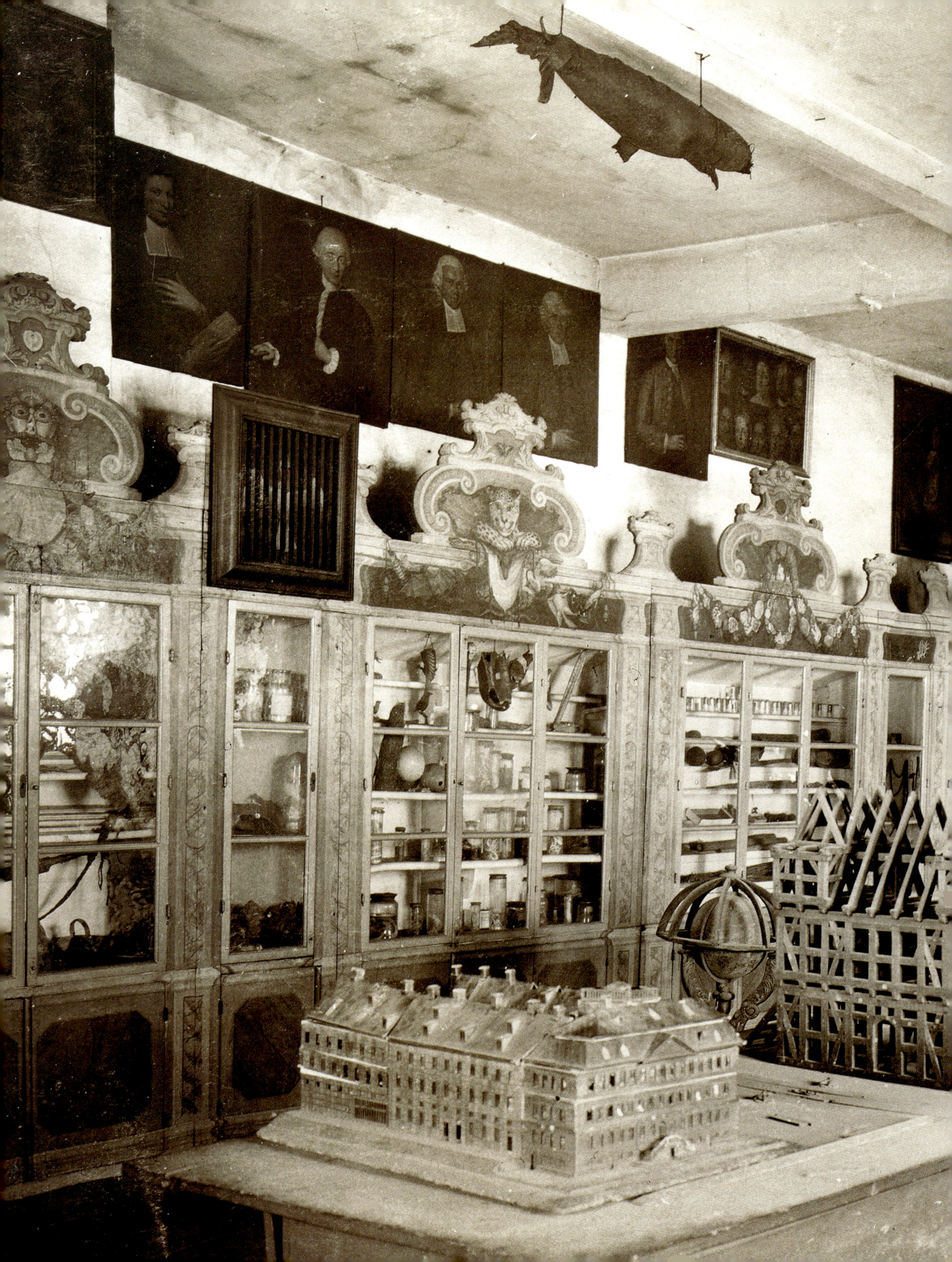

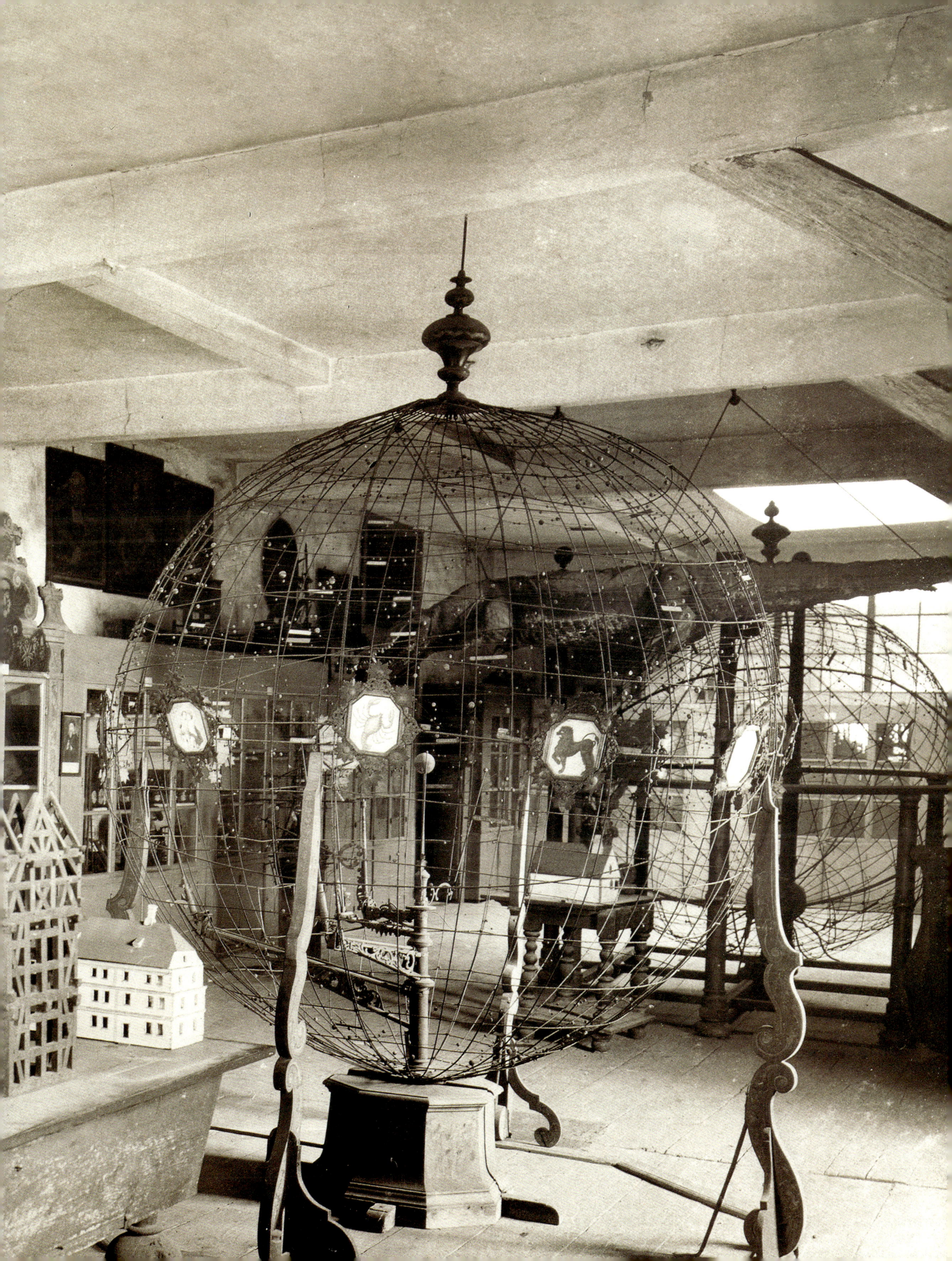

1910–1992

Die Schilderungen der Stiftungschroniken aus der zweiten Hälfte des 19. bis in das 20. Jahrhundert hinein belegen, daß man mit der Kunst- und Naturalienkammer zu dieser Zeit wenig anzufangen wußte. Sie führte einen Dornröschenschlaf im Unterdach des alten Waisenhauses. Erst 1910 wurde sie wiederentdeckt, als der damalige Direktor des städtischen Museums für Kunst und Kunstgewerbe Max Sauerlandt einen begeisterten Artikel über die Kammer schrieb. Er erkannte sie als das *vielleicht einzige noch vorhandene Denkmal einer verschollenen Epoche der Museengeschichte.*[43] Von ihm stammen auch die einzigen Fotografien der Sammlung am originalen Standort. Diese Aufnahmen gehören heute zu den wichtigsten Quellen bei der Erforschung dieser Wunderkammer, zeigen sie doch deren Anordnung nach dem Umbau 1836 sowie viele Einzelstücke, die nicht mehr oder nur noch als Fragmente vorhanden sind. Sauerlandt war es auch, der sich in der Folgezeit acht Stücke entlieh, darunter das wertvolle Lutherportrait aus der Cranach-Werkstatt, das August Hermann Francke bereits 1707 voller Stolz öffentlich erwähnt hatte. Damals war es ihm zusammen mit einer Doppeldukate und folgendem Vers übergeben worden:

Der Luther bringt nach seiner Sitt'
Den Waysen eine Gabe mit;
Und wünschet / daß der Pfennig werd'
Auf tausenfache Art vermehrt.[44]

Aber auch Sauerlandt konnte kein dauerhaftes Interesse für die Erhaltung der Kammer wecken, und sein eigenes Engagement war für die Sammlung am Ende ein zweifelhafter Erfolg, denn er gab die geliehenen Gegenstände zeitlebens nicht zurück. Von dem Cranach-Gemälde fehlt bis heute jede Spur. Fachkollegen erzählte Sauerlandt gar, die Sammlungsstücke der Waisenhauskammer stünden zum Verkauf. Jedenfalls wandte sich 1931 ein Museumsdirektor aus Altona an die Stiftungen mit der Bitte, seinem Haus fünf friesische Trachtenpuppen aus der Kunst- und Naturalienkammer zu veräußern.[45] Er berief sich dabei auf Sauerlandt, der ihm den Hinweis gegeben habe, dies sei schon öfter mit Sammlungsstücken aus den Franckeschen Stiftungen geschehen. Natürlich wurde das Ansinnen zurückgewiesen. Dennoch erscheint der Zustand der Kunst- und Naturalienkammer in der ersten Hälfte des 20. Jahrhunderts in einem trüben Licht. Für die Erhaltung der Kammer stand kaum Geld zur Verfügung, von einer notwendigen grundlegenden Restaurierung ganz zu schweigen in einer Zeit, in der die Stiftungen finanziell am Rande des Ruins standen und um ihre Existenz kämpften.[46] 1929 trat der Mittelschullehrer Bernhard Schäfer mit der Idee hervor, die Kammer als Grundstock für ein öffentliches Museum zu nutzen. Mit Energie setzte er sich zunächst beim halleschen Magistrat, dann beim örtlichen Bergwerksverein und schließlich sogar beim dänischen Museumsverband dafür ein, die Kunst- und Naturalienkammer neu zu beleben und nach seinen persönlichen Vorstellungen umzugestalten. Schäfers ehrenwertes Ziel war die Erhaltung der Sammlung in den Stiftungsmauern. Ihm schwebte die Errichtung eines *August Hermann Francke Museums für Schule und Volk* mit völkerkundlichem Schwerpunkt vor.[47] Zu diesem Zweck sollten zusätzliche ethnographische Gegenstände erworben werden. Die alten Gründler-Möbel wollte er gegen vier neue Museumsschränke austauschen, die Sammlung einer neuen Ordnung unterwerfen und nur die Dinge ausstellen, die er für wertvoll hielt. Glücklicherweise scheiterten Schäfers Versuche auf ganzer Linie, denn er hatte die historische Dimension dieser intakten Wunderkammer ganz offensichtlich nicht erkannt.

In den dreißiger Jahren gab es dann ernsthaftere Versuche, die Kammer an das Licht zu holen und als Museum der Öffentlichkeit zugänglich zu machen. 1937 besuchte Konstantin Wöpke die Waisenhauskammer. Wöpke hatte zuvor bereits an der Neuordnung des Naturalienkabinetts des Fürsten von Schönburg im sächsischen Waldenburg mitgewirkt. Dieses Kabinett ist der Waisenhauskammer in vieler Hinsicht vergleichbar und existiert heute noch als öffentliches Museum. Wöpke fertigte einen ausführlichen Bericht von seinem Besuch in Halle an. Darin schilderte er den vernachlässigten und ruinösen Eindruck, den die Sammlung auf ihn machte. Er endete mit dem Fazit: *Abschliessend über diesen ersten Besuch der Sammlung des Waisenhauses in Halle/Saale ist zu sagen, dass sie sich in einem Zustande hochgradigen Verfalles befindet. ... Dicker jahrzehntealter Staub bedeckt die grösste Fläche innerhalb und ausserhalb der Schränke. Im Holzwerk hat sich der Holzwurm eingenistet. Bilder und Kupferstiche, die sich noch in grösserer Zahl im Raume befinden, sind in vielen Fällen bis zur Unkenntlichkeit verschmutzt oder verblichen. Es ist klar, dass bei dieser Art der Behandlung die restlose Vernichtung der Sammlung nur noch eine Frage der Zeit ist.*[48] In Kenntnis dieser alarmierenden Bilanz wandte sich Fürst von Waldenburg kurze Zeit später an den halleschen Stadtrat Dryander, mit dem er zuvor die Kammer schon einmal besichtigt hatte. Über ihn versuchte er die Stadt Halle für den Erhalt der Kammer in die Verantwortung zu ziehen. Kurz darauf besichtigte Dryander mit einigen Herren der Stadtverwaltung die Naturalienkammer. Allerdings schoß er wohl über das Ziel hinaus, als er im Anschluß daran dem Stiftungsdirektorium vorschlug, die gesamte Sammlung in städtische Obhut zu überführen und dem örtlichen Heimatmuseum einzugliedern.[49] Die Stiftungen lehnten ab, waren nun aber aufgerüttelt. Aus den eigenen Reihen wurde einem Verantwortlichen die Fürsorge der Kammer übertragen. Anfang 1939 gelangte dann die Idee zur Reife, die Sammlung zusammen mit einem *August-Hermann-Francke-Museum* auf der Eingangsetage des Hauptgebäudes zu präsentieren. Die Naturalienkammer sollte möglichst nach originaler Ordnung im Raum zur Linken aufgestellt werden. Der gegenüberliegende Raum war für das Gedenkmuseum vorgesehen worden, das konzeptuell übrigens dem Francke-Kabinett sehr nahe kommt, das sich heute, sechzig Jahre später, genau in diesem Raum befindet. Die Parallelen gehen noch weiter, denn bei den Vorüberlegungen zu der aktuellen Wiedereinrichtung des Hauptgebäudes bestand ebenfalls der Plan, die Kunst- und Naturaliensammlung auf der Eingangsetage unterzubringen. Die Museumspläne in den dreißiger Jahren kamen durch den Kriegsausbruch zu Fall. Bis hin zur Auswahl der Objekte für das Museum waren die Vorbereitungen gediehen. Bei der Kunst- und Naturaliensammlung hatte man mit ersten Restaurierungsmaßnahmen begonnen. Aber die Vorbereitungen endeten abrupt, und die Kammer verblieb für weitere Jahre unberührt im Unterdach. Erst in den Wirren des zweiten Weltkriegs wurde die altehrwürdige Sammlung in aller Eile von ihrem angestammten Ort entfernt, an dem sie 200 Jahre lang gestanden hatte. In Kisten verpackt überdauerte sie die Bombennächte in den Luftschutzkellern der Stiftungen und kam erst nach Kriegsende wieder zum Vorschein.

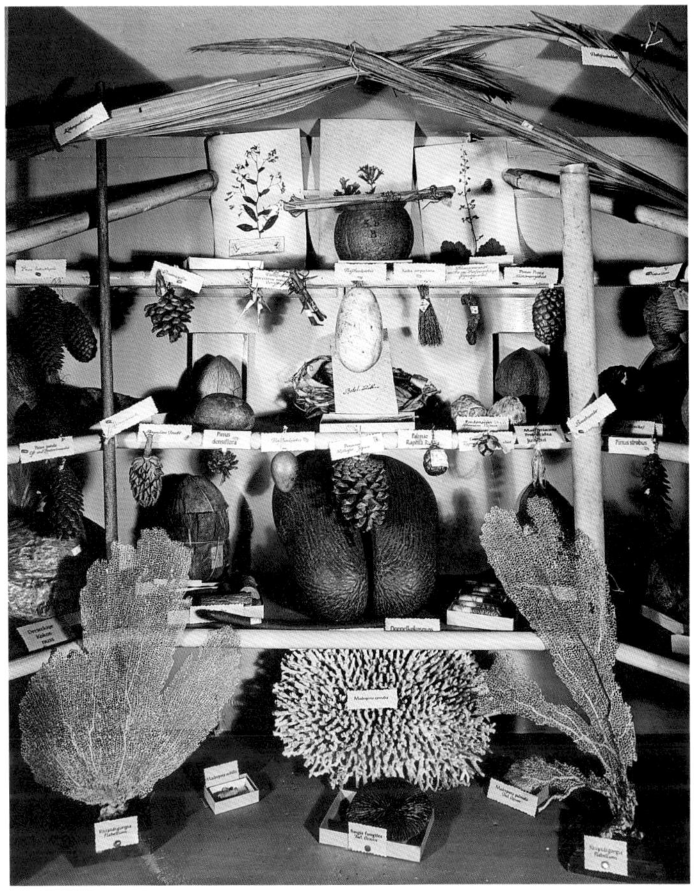

Erklärungsschilder für jedes einzelne Exponat in einer enzyklopädisch angelegten Sammlung wirken aufgrund der gedrängten Vielfalt verwirrend.

Die barocke Wunderkammer zeigte sich erhaben über die ideologischen Wechselfälle des 20. Jahrhunderts. Bereits in den Jahren vor Kriegsbeginn hatte man sich seitens der Behörden in regelmäßiger Routine nach den musealen Beständen der Stiftungen erkundigt. Deutlich war diesen Anfragen anzumerken, daß die alte Wunderkammer in kein Raster moderner Kulturbürokratie paßte, so daß sie dann auch schlichtweg außer Acht gelassen wurde. Schon im Oktober 1945, nur wenige Monate nach Kriegsende, erreichte die Franckeschen Stiftungen wiederum ein Fragebogen aus der Abteilung Volksbildung der neuen Provinzialregierung, der auf die Kunst- und Naturalienkammer zielte. Die Abwegigkeit der Fragen dokumentiert auf ganz besondere Weise die Kluft zwischen den Denkweisen des frühen 18. und des fortschreitenden 20. Jahrhunderts. Es heißt darin: *Der Befehl Nr. 85 des Chefs der Verwaltung der Sowjetischen Militärischen Admini-*

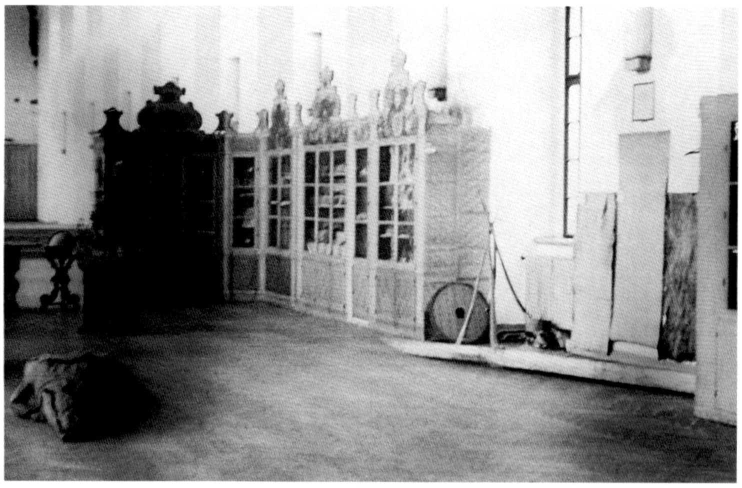

Im großen Saal wirkte die Sammlung gänzlich verloren.

stration veranlaßt u. a. die folgende Anfrage: Ist Ihr Museum auf nationalsozialistische Weisung hin zu propagandistischen Zwecken verwendet worden? Auf welchen Gebieten? Welche nationalsozialistischen Thesen mußten besonders propagiert werden (völkische Fragen, Rassefragen, Antisemitismus usw.)? In welcher Form wurde diesen Anweisungen entsprochen? Um umgehende Beantwortung dieser Anfragen wird ersucht. Außerdem bitte ich gleichzeitig um einen kurzen übersichtlichen Bericht über die derzeitige Lage des Museums und den gegenwärtigen Stand der Museumsarbeit. Dem Bericht ist ein Muster der Satzungen des Museums beizufügen.

Erst 1952 wurde die Sammlung der Öffentlichkeit wieder zugänglich gemacht. Für kurze Zeit war sie im jetzigen Freylinghausen-Saal aufgestellt. Wohlmeinend hatte man sie an dieser zentralen Stätte des Halleschen Pietismus, dem alten Bet- und Singesaal, präsentieren wollen, allerdings verloren sich die Schränke in der Weite des Raums und besaßen hier keinerlei Chance, ihre Wirkung als geschlossenes Ensemble zu entfalten. Zudem gab es hier keine Möglichkeit, die Außenexponate adäquat zu präsentieren. Ab 1960 war die ganze Kollektion dann in beengten Nebenräumen auf der zweiten Etage des Hauptgebäudes untergebracht. Mit dem rapiden Verfall des gesamten Stiftungskomplexes in den letzten Jahren der DDR geriet auch die Kunst- und Naturaliensammlung in akute Gefahr. Zuletzt regnete es bis in die Räume durch, in denen die Schränke standen, und der Taubendreck überall richtete zusätzlichen Schaden an. Noch in der Wendezeit drohte dem Kabinett der Untergang im Zuge der ersten eiligen Sanierungsversuche am Hauptgebäude. Gerade für diese einmalige und unwiederbringliche Wunderkammer kam die Rettung im letzten Augenblick.

Ab 1960 war die Sammlung über mehrere Nebenräume des Hauptgebäudes verteilt. Unverändert seit dem Umbau 1835/36 standen die sechs Naturalienschränke dort als gerade und zusammenhängende Schrankwand nebeneinander.

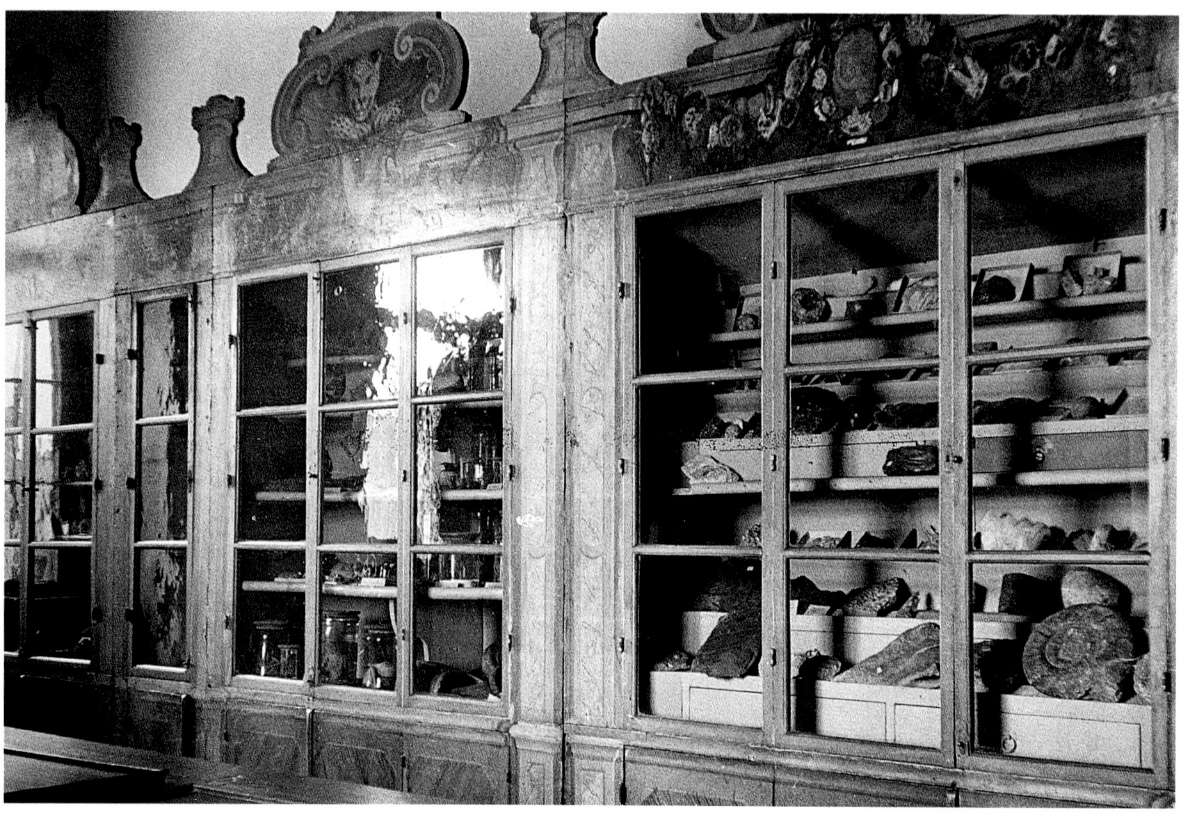

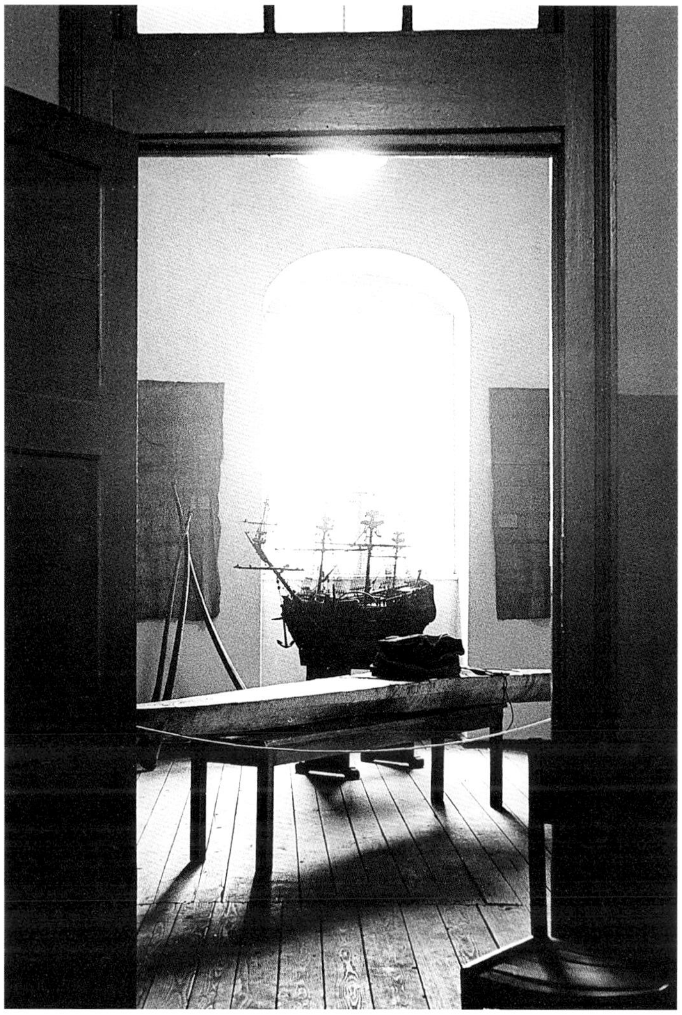

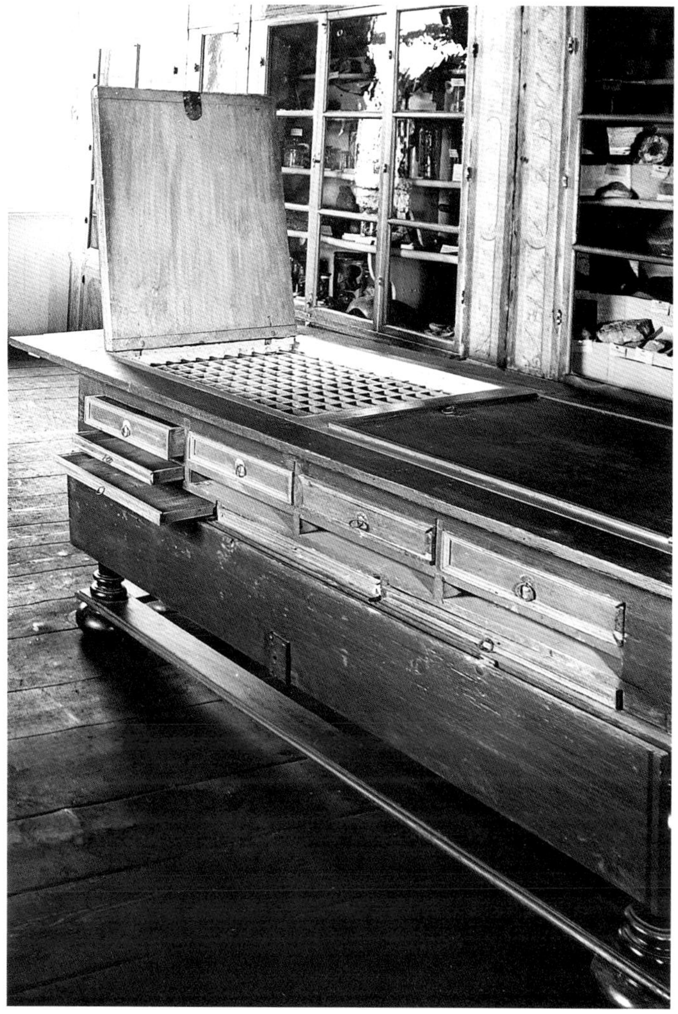

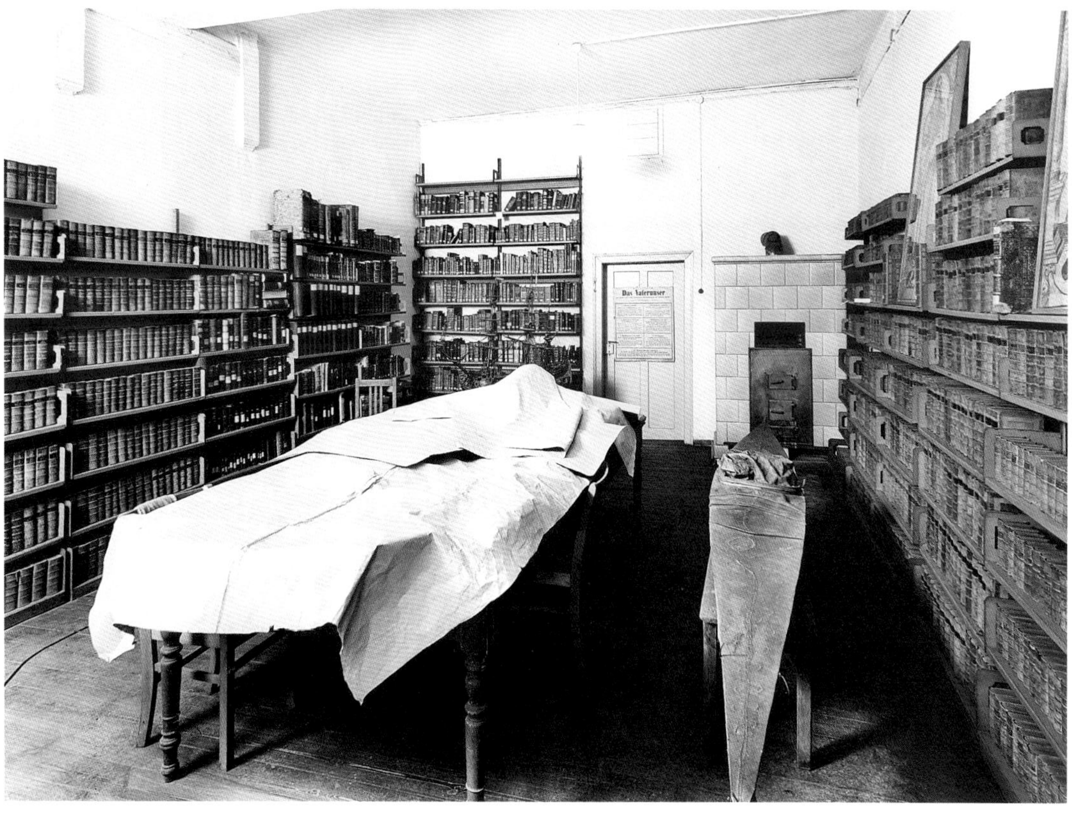

Das Kabinett war zusammen mit der Cansteinschen Bibelsammlung untergebracht. Nach Voranmeldung war es dort noch bis in die achtziger Jahre zu besichtigen. Allerdings erweckte es zunehmend den Eindruck, als seien nur noch Reste der ursprünglichen Kammer vorhanden. Immer mehr Sammlungsteile, vor allem Exponate außerhalb der Schränke, wurden notdürftig mit Packpapier abgedeckt, um sie vor herabfallendem Putz und Taubenkot zu bewahren.

Gegen Ende der achtziger Jahre schritt der Verfall der Stiftungsgebäude rapide voran.
Die Kunst- und Naturaliensammlung geriet zusehends in Mitleidenschaft. Aufgrund des ruinösen Zustandes des Hauptgebäudes regnete es durch die Zimmerdecken auf das unersetzliche Holzmobiliar. Putzstücke, die sich aus der Decke und von den Wänden lösten, richteten zusätzliches Übel an, und überall hinterließ die Taubenplage ihre schädlichen Spuren. Als Reaktion auf die Wassereinbrüche fand eine notdürftige Sicherung statt, indem die Sammlungsstücke der betroffenen Schränke aus den Vitrinenteilen in die unteren Fächer gelegt wurden.

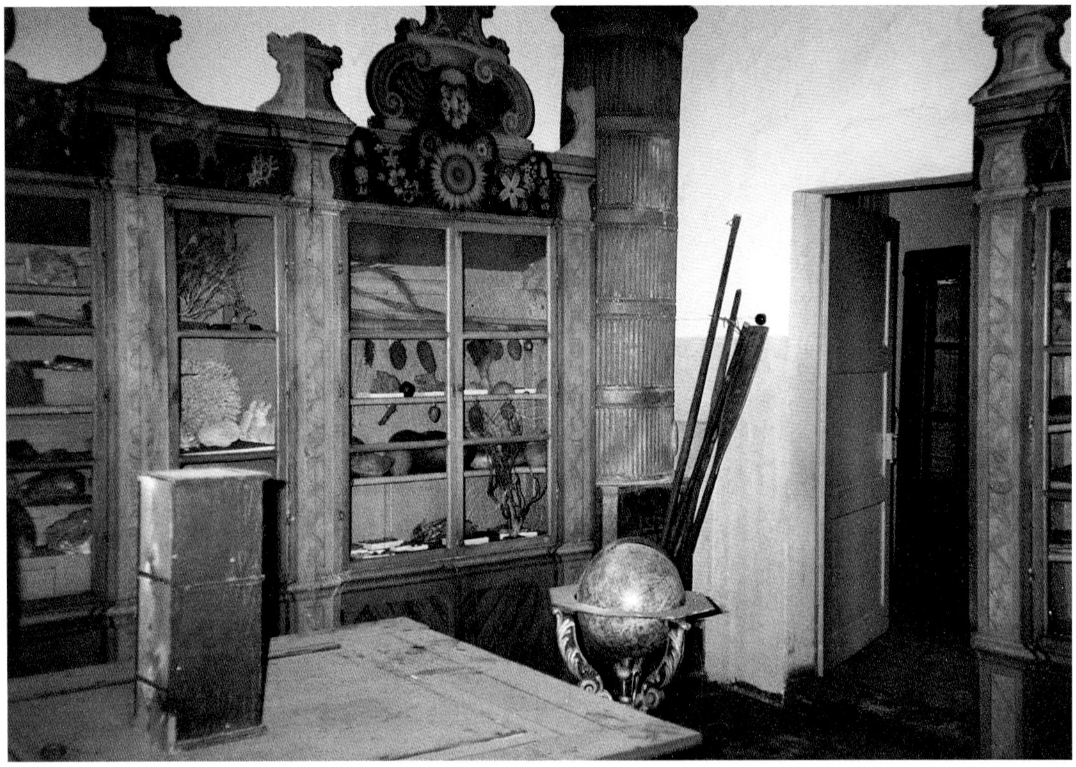

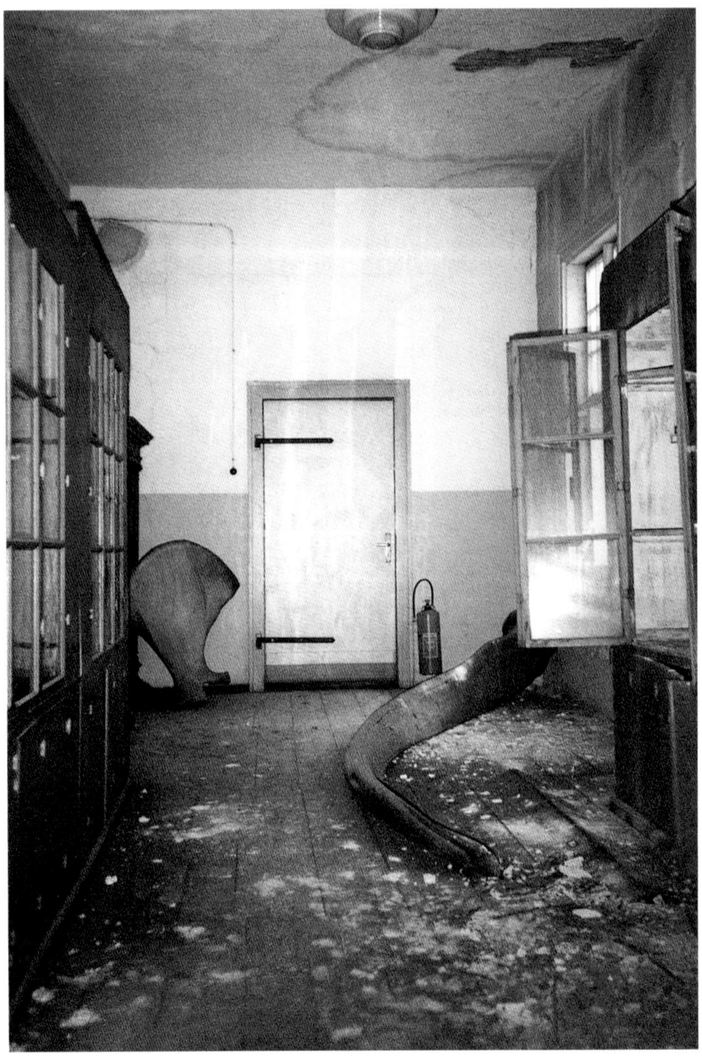

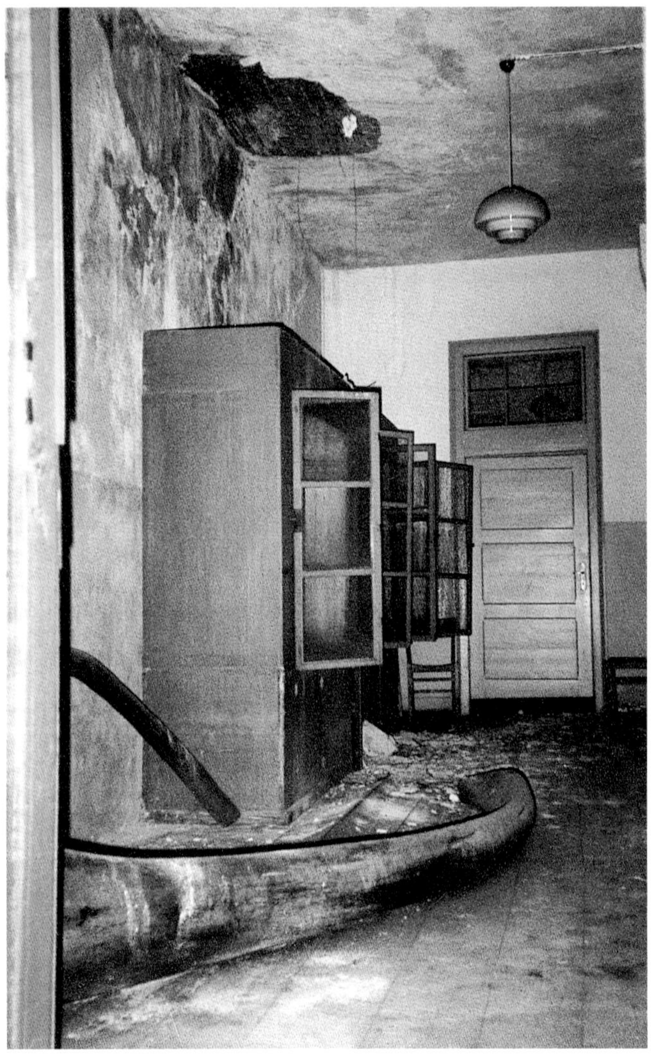

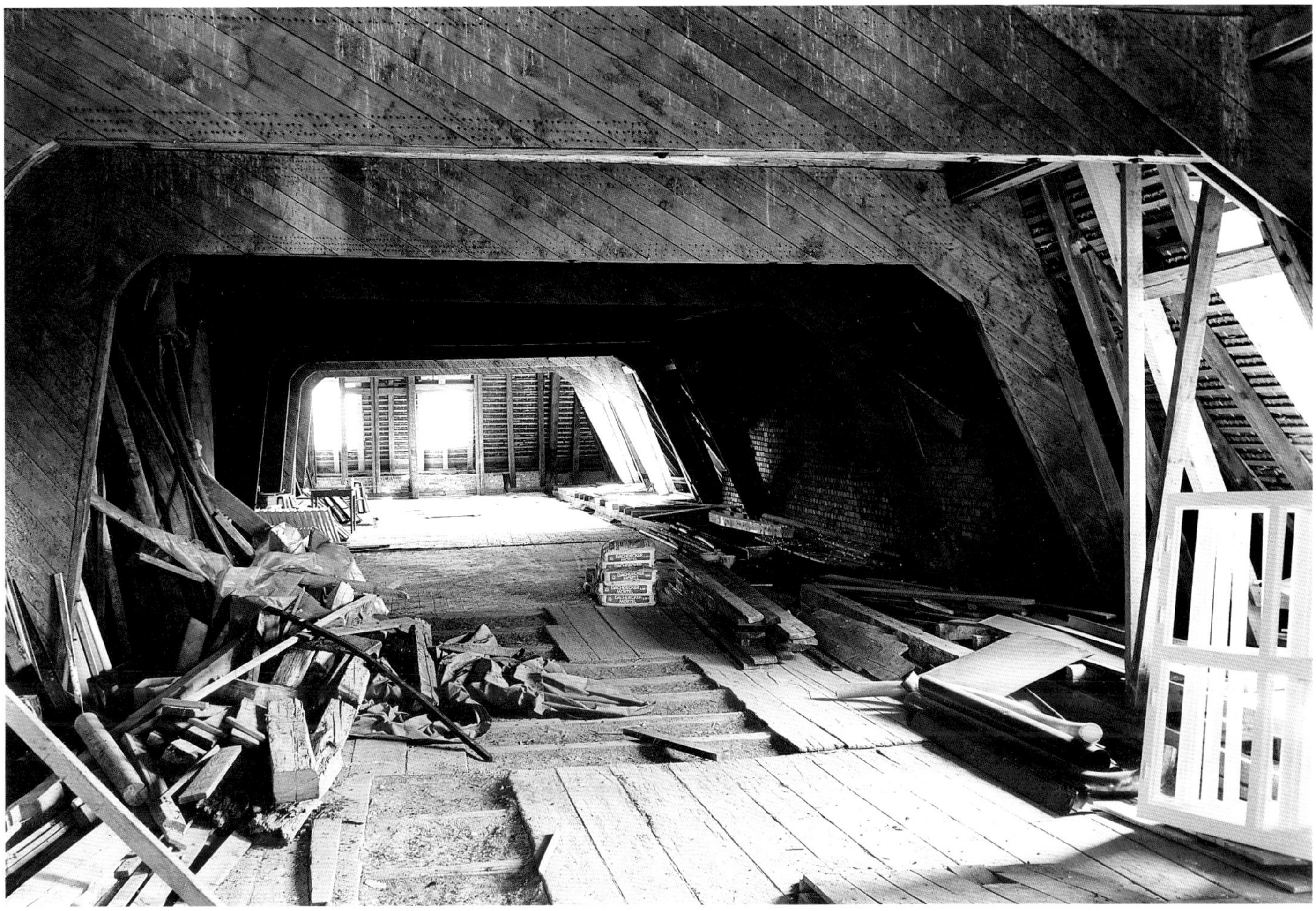

Blick in den Saal der Kunst- und Naturalienkammer im Unterdach des Hauptgebäudes im Jahr 1993 vor Beginn der Sanierungsarbeiten.
Das große astronomische Modell stand lange Zeit ungeschützt im Treppenhaus des Hauptgebäudes. Deutlich sind die Folgen der Taubenplage zu erkennen. Aufgrund der starken Verschmutzung war ein Abbau nur unter besonderen Vorkehrungen möglich.

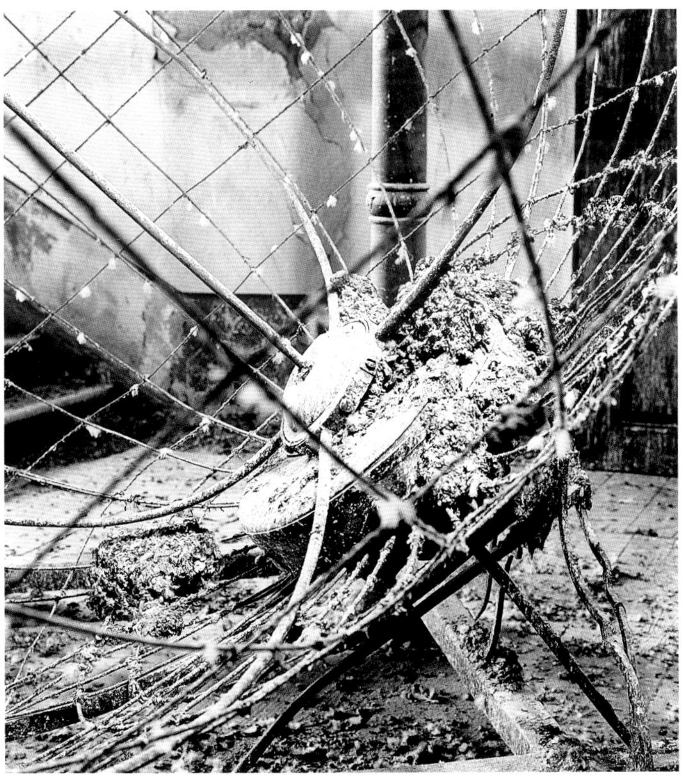

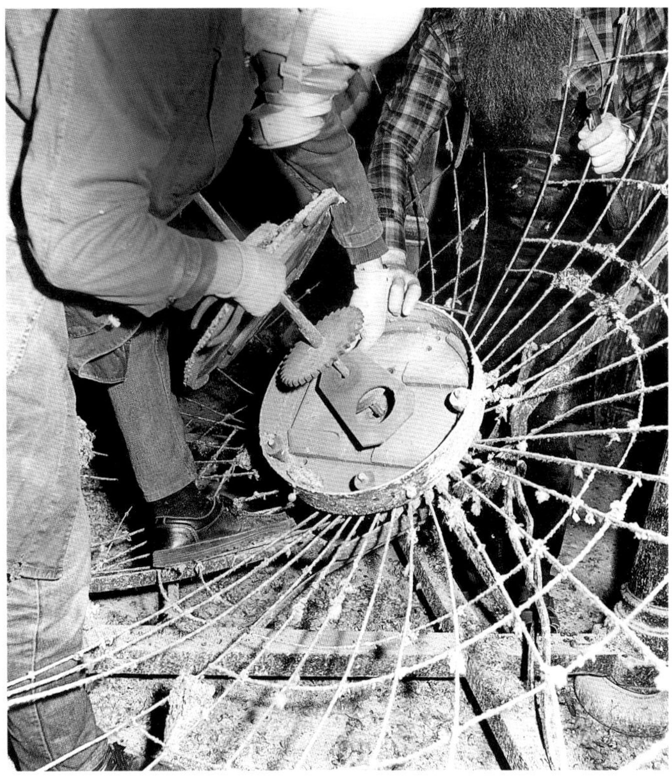

Der Schöpfer der Kunst- und Naturalienkammer im Waisenhaus *Gottfried August Gründler*

Der Name Gottfried August Gründlers ist unauflöslich mit der Geschichte der Kunst- und Naturalienkammer im Halleschen Waisenhaus verbunden. Er verlieh der Kammer ihre Ordnung und ihr Gesicht. Gleichzeitig kann er aber auch als einer der produktivsten Künstler Halles im 18. Jahrhunderts gelten. Zahlreiche Kupferstiche, nicht zuletzt in der zweibändigen Regionalchronik Dreyhaupts von 1755, stammen aus seiner Werkstatt. Um so erstaunlicher ist es, daß er bisher kaum Beachtung gefunden hat. Das mag daran liegen, daß in Halle keine schriftlichen Quellen über ihn zu finden sind. Diese konnten jetzt in Berlin zutage gefördert werden, und sie werfen ein sehr lebendiges Licht auf diesen vielseitigen und kreativen, vielleicht auch etwas unbequemen Zeitgenossen.

Das Sitzungsprotokoll der Berliner Gesellschaft Naturforschender Freunde vom 19. Juli 1774 notierte:

H[err] Gottfr. August Gründler, berühmter Maler und Kupferstecher in Halle. Dieser Mann war uns schon längst [durch] H. Chemnitz in Kopenhagen als ein großer Naturkenner, vortreflicher Künstler, starker Sammler und wahrer Menschenfreund beschrieben u. als ein Mitglied vorgeschlagen worden... H. Hofr. Walch in einem Briefe vom 1 Juni 74 schreibt von ihm: H. Gründler ist ein fürtreflicher Kupferstecher in Halle, ein rechtschafner Mann, der alle Hochachtung verdient, nicht nur ein Freund, sondern auch ein ächter Kenner der Natur. Er besitzt ein sehr schönes Insekten- u. Konchylien Kabinet.[50]

Diese überaus günstige Empfehlung sprach kein unbedeutender Mann aus, sondern der Jenaer Professor Johann Ernst Immanuel Walch, ein anerkannter Naturforscher des 18. Jahrhunderts. Walch kannte Gründler aus langjähriger Zusammenarbeit und konnte dessen Fähigkeiten bestens beurteilen. Daraufhin erfolgte die Aufnahme Gründlers als Ehrenmitglied in den erlauchten Kreis der Gesellschaft. Auf diese Weise fand die Laufbahn Gründlers ihren krönenden Abschluß. Seinen Dankesbriefen läßt sich ablesen, welche Auszeichnung dies für ihn bedeutete. Wenige Monate später, im Januar 1775, verstarb er bereits.

Gründler entstammte einer Künstlerfamilie in Altenburg. 1710 dort geboren, erlernte er zunächst das Handwerk des Vaters, der von Beruf Kunstmaler war. Er besaß Talent, denn schon im jugendlichen Alter von 23 Jahren wurde er zum herzoglich sächsischen Hofmaler Christian Ernsts von Sachsen-Saalfeld ernannt. Von Jugend an hatte er zusätzlich ein Interesse für Naturkunde entwickelt und sich auf diesem Gebiet offenbar stetig weitergebildet. In jungen Jahren immatrikulierte er sich außerdem an den Universitäten in Jena und Leipzig, später auch in Halle, was für einen ausgelernten Handwerker nicht eben üblich war. Die Atmosphäre in der Residenz des Saalfelder Herzogs war ganz vom Pietismus geprägt. Christian Ernst pflegte enge Beziehungen nach Halle.[51] Diese wurden auch nicht durch den Umstand beeinträchtigt, daß er als Landesherr wegen einer unstandesgemäßen Heirat umstritten war. Die Hallenser hatten ihrerseits mit Anton Heinrich Walbaum einen engen Vertrauten in nächster Nähe des Herzogs installiert, und von Zeit zu Zeit stattete Christian Ernst den Glauchaschen Anstalten einen Besuch ab. Kurz nachdem Gründler zum Hofmaler ernannt worden war, rüstete der Herzog im Frühjahr 1734 erneut zu einer solchen Besuchsreise. Während seines Aufenthaltes in den Anstalten nahm er dann an der Einweihung des neuen Gebäudes für die Waisenknaben teil, die aus diesem Anlaß ihren alten Schlafsaal im Unterdach des Hauptgebäudes geräumt hatten.[52] Daß Gründler den Herzog auf dieser Reise begleitete, ist wenig wahrscheinlich. Naheliegend aber ist, daß das Gespräch auf die Pläne der Anstaltsleitung kam, den eben frei gewordenen Schlafsaal als Kunst- und Naturalienkabinett umzugestalten. Bei der Gelegenheit fiel möglicherweise der Name Gründlers. Jedenfalls wurde er einige Zeit später vom Waisenhaus eben für diese Aufgabe unter Vertrag genommen und wechselte von Saalfeld nach Halle, wo er sich für den Rest seines Lebens niederließ.

Die Arbeit im Waisenhaus dauerte von 1736 bis 1741. In dieser Zeit knüpfte er offenbar auch außerhalb der Anstalten genügend Kontakte, um freiberuflich in Halle weiterbestehen zu können. 1738 immatrikulierte er sich zusätzlich an der Friedrichs-Universität. Obwohl er sich für die juristische Fakultät eintragen ließ, zog es ihn zweifellos zu den Naturwissenschaften. So machte er Bekanntschaft mit dem Medizinprofessor Johann Joachim Lange, einem Sohn des Theologieprofessors und überzeugten Pietisten Joachim Lange, und finanzierte 1740 dessen Erstausgabe der bahnbrechenden Linnéschen Tabellen in deutscher Sprache. Carl von Linnés *Systema Naturae* gilt heute als Grundstein der modernen biologischen Systematik, und es spricht für den wissenschaftlichen Weitblick Gründlers, daß er sein privates Geld in diese umwälzende Publikation investierte, die zu ihrer Zeit durchaus umstritten war und von der noch niemand wissen konnte, ob sie sich durchzusetzen vermochte.

Dieses Buch erschien bei dem Verleger Johann Justinus Gebauer, einem Altersgenossen von Gründler, der sich ebenfalls erst wenige Jahre zuvor in Halle niedergelassen hatte. Die Verlagsdruckerei Gebauer gedieh in der blühenden Universitätsstadt prächtig, und Gründler gehörte zeitlebens zu den bevorzugten Kupferstechern des Hauses. Aber auch an der Universität selbst engagierte sich Gründler weiterhin und trat dort 1745 eine Stellung als Universitätsmechanikus an.[53] Als solcher stellte er seine künstlerischen und handwerklichen Fähigkeiten in den Dienst der Universität. Daneben gab er auch Unterricht, und insgesamt heißt es in seinem Lebensbericht dazu: *Mit all diesen Geschicklichkeiten machte er sich um die in Halle studirende Jugend sehr verdient.*[54] Gründlers vielseitige Begabungen als Künstler und als Naturforscher ergänzten sich gegenseitig. Er war bekannt für seine ausgezeichneten faunistischen Zeichnungen und Kupferstiche, die Sachverstand und präzises Beobachtungsvermögen voraussetzten, aber er betrieb auch selbst Forschung und legte sein privates Naturalienkabinett an. Dadurch kam er mit dem schwunghaften Naturalienhandel in Berührung, der von Sammlern und berufsmäßigen Händlern betrieben wurde. So verkaufte er 1745 sein eigenes Naturalienkabinett vollständig, begann aber gleich darauf mit einer neuen Sammlung, die er dann bis zu seinem Lebensende unterhielt. Dieses zweite Kabinett enthielt einige bemerkenswerte Seltenheiten, wie das Doppelhorn eines Nashorns, das eigens in einem Naturkundebuch von 1768 Erwähnung fand.[55] Die Sammlung stand nach seinem Tod für 600 Taler zum Verkauf[56]. Der spätere Aufseher über die Naturalienkammer des Waisenhauses Schaller fertigte ein Inventar an, der Medizinprofessor Johann Friedrich Gottlieb Goldhagen kaufte die Gründlersche Sammlung zur Erweiterung seiner bereits vorhandenen Kollektion, und 1787 wurde sie von der Universität als Grundstock ihrer wissenschaftlichen zoologischen und mineralogischen Sammlungen erworben, die heute noch bestehen.[57]

Gründler war in wissenschaftlichen Kreisen gern gesehen. Er machte Bekanntschaft mit dem renommierten Naturwissenschaftler Andreas Elias Büchner. Als Präsident der *Kaiserlichen Akademie der Naturforscher Leopoldina* hegte Büchner sogar den Plan, ihn zum Mitglied dieser exklusiven Gesellschaft zu machen.[58] Auch wenn es dazu nicht kam, arbeitete Gründler für Büchner und die Akademie. Neben anderen sind von ihm Kupferstiche mit Ansichten des Kuriositätenkabinetts der Leopoldina erhalten.[59] Hofrat Walch, der ihn der Berliner Gesellschaft vorgeschlagen hatte, lud Gründler ein, an seiner neuen Zeitschrift *Der Naturforscher* mitzuarbeiten, die ab Mitte der 1770er Jahre erschien. Hierfür lieferte Gründler neben Abbildungen auch einige Fachbeiträge. Aber Gründlers künstlerisches Werk beschränkte sich keineswegs auf naturwissenschaftliche Themen, auch wenn hier sein eigentlicher Interessenschwerpunkt lag. Vielmehr fertigte er die unterschiedlichsten Gemälde, Zeichnungen und Kupferstiche an. Portraits waren ebenso dabei wie topographische und allegorische Darstellungen.

Es ist gut vorstellbar, daß sich das Talent Gründlers mit einem komplizierten Charakter paarte. Ein 1771/72 in den Zeitungen öffentlich geführter heftiger Streit zwischen ihm und auswärtigen Künstlern stützt diese Vermutung und wird durch Andeutungen in seinem Lebensbericht bekräftigt.[60] Vielleicht liegt auch hierin einer der Gründe für die vorzeitige Beendigung des Vertrags mit dem Waisenhaus. Nachhaltig kann das Zerwürfnis jedenfalls nicht gewesen sein, denn später zeichnete er wieder in den Anstalten.

Es überrascht nicht, daß sich eine Reihe von Gründlers Arbeiten mit den Glauchaschen Anstalten beschäftigen. Einige der bekanntesten Abbildungen des Waisenhauses und der Schulstadt stammen von ihm, vermutlich auch der berühmte Stich mit Blick in das Kulissenmagazin der Hauptbibliothek, der heute als Exlibris zehntausende Bücher ziert. Die originalen Kupferplatten befinden sich noch im Besitz der Franckeschen Stiftungen.[61] Gründler wurde aber auch mit Illustrationen spezifisch pietistischer Publikationen beauftragt. So entwarf er den bildreichen Titelkupfer für die hallesche Lutherausgabe von Johann Georg Walch mit Luther und Moses im gemeinsamen Gespräch. Diese Abbildung ist als typisch pietistische Lutherdarstellung in die einschlägige Literatur eingegangen, und die Versuchung liegt nahe, Gründler als einen Künstler des Pietismus zu werten. Der ganzen Frömmigkeitsbewegung wird bis heute eine ausgesprochene Kunstfeindlichkeit nachgesagt. Teilweise ist dies in jüngster Zeit überzeugend widerlegt worden.[62] Aber gerade dem Pietismus hallescher Prägung haftet dieses Urteil nachhaltig an.[63] Und in der Tat läßt die ausgesprochene Ablehnung von Theater, Tanz und anderen Arten der Unterhaltung ein derartiges Urteil gerechtfertigt erscheinen. Ein Blick auf die nüchterne Architektur der Anstaltsgebäude untermauert diese Haltung noch. Und doch gibt beispielsweise Gründlers Biographie Anlaß zu einem differenzierteren Urteil. Seine eigene religöse Haltung bleibt im Dunkeln. Als pietistischen Eiferer und glühenden Anhänger der Ideen August Hermann Franckes braucht man ihn sich gewiß nicht vorzustellen, eher als einen überraschend vielseitig gebildeten Kopf. Seine Kupferstiche zeugen von profunden Kenntnissen der antiken Mythologie, die sich in den allegorischen Darstellungen, vor allem in den begleitenden Sinnsprüchen seiner Bilder ausdrückten. Hier fühlte er sich zweifellos eher zuhause als in der pietistischen Geisteswelt. Aber er wurde im Laufe seines Lebens immer wieder von Pietisten mit künstlerischen Arbeiten beauftragt, und seine biographische Nähe zu den Glauchaschen Anstalten und deren Ausläufern ist unübersehbar. Vielleicht liegt der Ansatz für ein differenziertes Urteil über die angebliche Kunstfeindlichkeit des Halleschen Pietismus bei der Unterscheidung der verschiedenen Generationen Hallescher Pietisten. Während der Stifter einen schmucklosen und asketischen Stil pflegte, der bis heute kennzeichnend geblieben ist, läßt sich unter seinem Sohn Gotthilf August Francke durchaus eine vorsichtige Öffnung gegenüber dem zeitgenössischen Kunstgeschmack feststellen: Nachdem er die Renovierung und farbliche Auffrischung des Tympanons 1735 am Waisenhaus veranlaßt hatte,[64] ließ er zur Mitte des Jahrhunderts die ganze Frontfassade umgestalten. Die Freitreppe wurde verändert und mit Zierat versehen, und das Kulissenmagazin der Hauptbibliothek wurde ebenfalls erst nach dem Tod des Stifters schlicht, aber nicht schmucklos ausgestaltet.[65] Ein entscheidender Wandel aber war dann die mehrjährige Anstellung Gründlers im Waisenhaus für künstlerische Arbeiten, was in den Anfangsjahren unter August Hermann Francke noch undenkbar gewesen wäre. Und so illustriert die Kunst- und Naturalienkammer am deutlichsten eine gewisse Aufgeschlossenheit des Halleschen Pietismus in der zweiten Generation gegenüber der visuellen Kunst. Noch lange nach dem Ende seiner Arbeit in der Naturalienkammer schuf Gründler nach genauesten Vorgaben das Bildnis des ersten durch die Hallesch-Dänischen Missionare ordinierten indischen Predigers Aaron.[66] Zweifellos kann Gründler insgesamt als derjenige gelten, der uns die meisten zeitgenössichen Illustrationen des Halleschen Pietismus, insbesondere seiner Boten und Bauten, beschert hat.

Die Ordnung der Sammlung

Die Widmungsinschrift für die Kunst- und Naturalienkammer am Schrank XV.P. lautet:
HUNC RERUM NATURALIUM ATQUE ARTIFICIALIUM APPARATUM IN ATRIO ORPHANOTROPHEI GLAUCHENSIS DIRECTORIBUS ITA IUVENTIBUS DISPOSUIT IN ORDINEM NUMERUM QUE REDEGIT DESCRIPSIT ET SCRINIA PICTURIS ORNAVIT GOTTOFREDUS AUGUSTUS GRUENDLER ANNO MDCCXLI.
Diese Sammlung von Ausstellungsstücken, die der Natur entstammen oder kunstfertig hergestellt wurden, hat Gottfried August Gründler 1741 in dem Saal des Waisenhauses im Auftrag der Direktoren desselben aufgestellt, in die rechte Ordnung und Reihenfolge gebracht, beschriftet und die Schreine mit Bildern geschmückt.

Gründlers Leistungen bei der Gestaltung der Kunst- und Naturalienkammer sind bemerkenswert. Hier kam die vorteilhafte Verbindung seiner wissenschaftlichen, künstlerischen und handwerklichen Fähigkeiten voll zur Geltung. Es gelang ihm, aus einem weitverstreuten Konglomerat unterschiedlichster Sammlungsgegenstände ein geschlossenes Ensemble mit einem schlüssigen Ordnungskonzept zu entwerfen. Dabei waren die Prinzipien verblüffend einfach und zugleich hochmodern für seine Zeit. Als Grundlage diente ihm ganz offensichtlich das museumskundliche Standardwerk Caspar Friedrich Neickels mit dem Titel *Museographia Oder Anleitung Zum rechten Begriff und nützlicher Anlegung der Museorum oder Raritäten-Kammern* von 1727. Hierin war der idealtypische Aufbau eines Kuriositätenkabinetts beschrieben. Der Herausgeber dieses für die Kammer des Waisenhauses so wichtigen Buchs war der Breslauer Stadtarzt Johann Kanold, ein Schüler Georg Ernst Stahls, der seinen Doktorgrad 1704 an der Universität in Halle erworben hatte.[67] Dafür, daß er mit Francke in Kontakt stand und die Naturalienkammer der Anstalten aus eigener Anschauung kannte, fehlt freilich jeder Hinweis.

Neickel empfahl für die Unterbringung einer Sammlung einen hellen Raum, der im Grundriß doppelt so lang wie breit war. Die Wände sollten weiß gekalkt sein und keinen Zierat tragen, der Eingang in der Mitte liegen. Die Sammlung war strikt in Naturalien und Artefakten zu unterteilen. Für die Unterbringung der Objekte wurden Repositorien vorgeschlagen, so konstruiert, daß die Gegenstände der Größe nach einsortiert werden konnten. Die Repositorien durften mit Verzierungen versehen sein und waren entlang der Wände aufzustellen, möglichst direkt vom Tageslicht beschienen. Die Ausstellung von Exponaten sollte sich außerhalb der Schränke fortsetzen, z. B. durch große Tierpräparate, die von der Decke hingen oder durch Gemälde an den Wänden. Empfohlen wurde, einige Globen frei in den Raum zu stellen sowie einen langen Arbeitstisch in die Mitte für die nähere Beschäftigung mit einzelnen Stücken. Die Sammlung sollte durch einen botanischen Garten und eine Bibliothek ergänzt werden und dem Publikum offenstehen.[68]

Gründler fand gute Voraussetzungen vor, um diese Maßgaben zu verwirklichen. Der alte Bettsaal der Waisenknaben war mit fast vierzig Metern Länge und etwa acht Metern Breite der größte Raum im Waisenhaus. Er besaß eine mächtige Flügeltür in der Mitte und eine großzügige Deckenhöhe. Aber die Lichtverhältnisse gestalteten sich problematisch, denn nur die beiden Stirnseiten des Saals waren ausreichend mit Tageslicht versorgt. Dort waren auf jeder Seite drei Dachfenster eingelassen. Im mittleren Drittel fehlte jedes direkte Tageslicht, weil das Tympanon auf der Außenseite keine Fenster zuließ. Gründler löste dieses Problem durch eine geschickte Plazierung der Schränke. Zunächst aber ließ er den ganzen Saal gründlich renovieren. Hierfür wurden im Rechnungsjahr 1736 immerhin annähernd 700 Taler ausgegeben.[69] Schon von Beginn an scheint er dabei die Gesamtkonzeption der Ausstellung vor Augen gehabt zu haben, denn in der Kostenaufstellung sind auch 98 Glasscheiben enthalten, die ohne Zweifel bereits für die geplanten Repositorien vorgesehen waren.

Gründler wählte eine auf den ersten Blick merkwürdige Anordnung der 16 Schränke. Statt einer gleichmäßigen Verteilung über den ganzen Saal beschloß er, in jede der vier Ecken des Saals je drei und die rest-

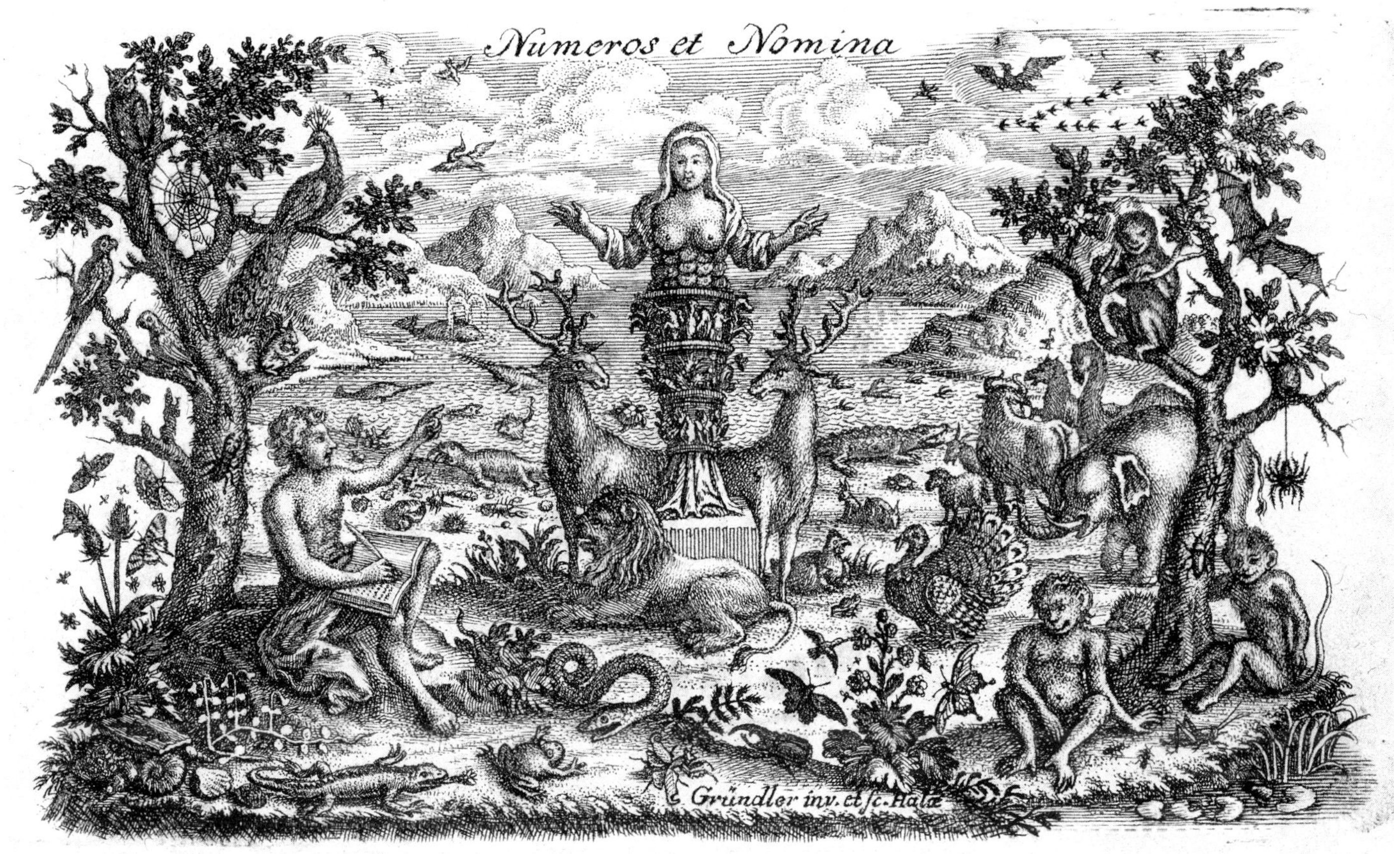

Titelkupfer von Gottfried August Gründler für eine Ausgabe des Linnéschen Hauptwerks *Systema Naturae* von 1760, auf dem annähernd einhundert Tiere auf einer Fläche von 5,8 x 10,5 cm voneinander unterschieden werden können.

lichen vier Schränke als Zweiergruppen gegenüber den südwestlichen und nordwestlichen Dachfenstern an der Ostwand zu plazieren. An den beiden Kopfenden befanden sich nun dicht beisammen je acht Schränke, während im langgestreckten Mittelteil eine Lücke klaffte. Dadurch drohte die Sammlung optisch in zwei Teile zu zerfallen, aber Gründler orientierte sich sinnvollerweise daran, wo es am hellsten war. Die vier Eckensembles bestanden aus baugleichen Konstruktionen mit je einem einflügligen, zweiflügligen und dreiflügligen Schrank. Die restlichen Schränke an der Ostwand besaßen je vier Flügel. Die Möbel selbst wurden alle paßgenau in den Raum gebaut und nach dem selben Grundprinzip konstruiert. Der Sockel wird von einem geschlossenen Unterschrank gebildet, der etwa ein Viertel des Gesamtvolumens ausmacht. Darüber steht der Vitrinenteil, der etwa die Hälfte des Schrankes einnimmt.

Dessen Vorderfront ist verglast und vollständig aufzuklappen. Alle Schränke, die neben einem der Dachfenster standen, sind seitlich ebenfalls mit herausnehmbaren Glasflächen versehen. Mit dieser Anordnung erreichte Gründler eine optimale Ausnutzung des natürlichen Lichts. Dank der Seitenscheiben waren einige Gegenstände sogar zweiseitig vom Tageslicht beschienen. Schon diese gleichermaßen einfache wie intelligente Lösung war eine kleine Meisterleistung zur Überwindung des Halbdunkels in dem ehemaligen Schlafgemach. Den Abschluß der Schränke bilden schließlich ausladende Giebelbekrönungen. Diese verzierte Gründler kunstvoll mit gegenständlichen Malereien, deren Motive die jeweilige Teilsammlung aus dem Inneren der Schränke fortsetzt. Gründler verwendete hochwertige Farben aus der anstaltseigenen Apotheke, die einen besonders plastischen Effekt hervorriefen. Den lebendigen Eindruck unterstrich Gründler, indem er die Schatten hinter den jeweils gemalten Objekten genau dem tatsächlichen Einfall des Tageslichts nachahmte. Je nachdem, an welcher Stelle des Saals der jeweilige Schrank steht, befinden sich die Schatten links oder rechts von den gemalten Gegenständen. Dort wo der Schrank im direkten Lichteinfall stand, sind die Schatten unmittelbar hinter den Malereien angebracht. Die außerordentlich echt wirkende Bema-

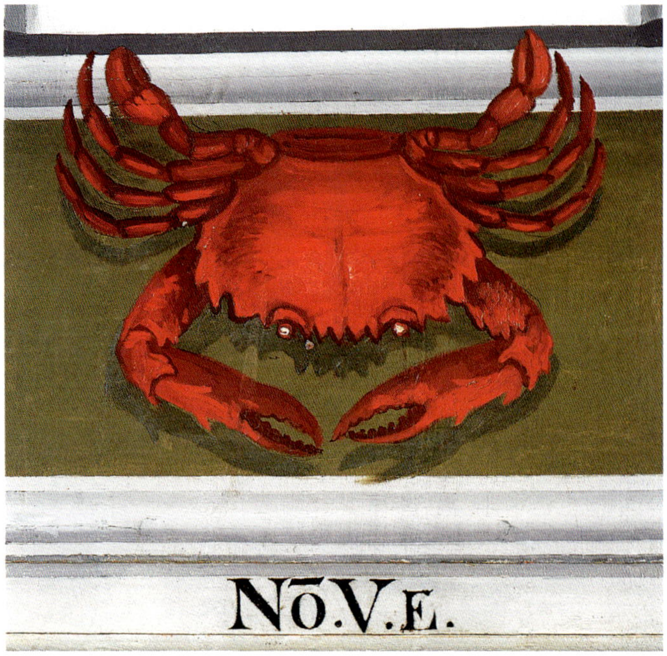

Die imaginären Schattierungen der Bekrönungsmalereien an den zwölf Eckschränken entsprachen einst dem realen Einfallwinkel des Tageslichts.

lung diente Gründler dazu, Wirklichkeit und Illusion ineinander fließen zu lassen. Indem er die Schau der Sammlungsobjekte durch die Bemalung in den Bekrönungen fortführte, gelang ihm eine wunderbare Verbindung von Natur und Kunst. Das Bestreben, Gegensätzliches miteinander zu verbinden und der Vielfalt der Sammlung Einklang zu verleihen, zieht sich wie ein Leitthema durch die ganze Arbeit Gründlers an dieser Wunderkammer. Und so werden die Schränke zu dem Element, das alle Komponenten der Kammer miteinander verbindet. Jeder Schrank ist im Inneren exakt auf die Bedürfnisse der darin ausgestellten Teilkollektion zugeschnitten. Keine Schrankeinrichtung gleicht der anderen. Äußerlich waren die Schränke exakt in den Raum hineinkonstruirt, gleichsam mit ihm verwachsen. Bis hin zu der eigenartigen Lichtsituation des Saals waren sie perfekt auf die Raumsituation abgestimmt. Auf diese Weise schuf Gründler aus vielen äußerst heterogenen Sammlungseinzelteilen ein geschlossenes Gebilde, einen Gesamtzusammenhang, eben jenen Mikrokosmos, der den Zeitgenossen idealerweise vorschwebte.

Grundlage dessen war eine kunstvolle und genaue Ordnung. Diese fußte auf einer grundsätzlichen Trennung von Naturalien und Artefakten. Gründler arrangierte die Naturaliensammlung in den sechs Eckschränken am südlichen Ende des Saals. Gegenüber im Norden war die Kunstsammlung, die sich, weil zahlreicher vorhanden, in den vier Schränken entlang der Ostwand fortsetzte. Die Naturaliensammlung ordnete Gründler erstmals nach den Linnéschen Regeln. Die zeitgenössische Literatur empfahl noch, die Ordnung nach der Beschaffenheit der Gegenstände, wie Material oder Größe, einzurichten. Gründler widmete dagegen den ersten Schrank der unbelebten Natur und stellte darin die Gesteinssammlung aus. Es folgten Schränke für die Landpflanzen, die Seepflanzen, die Tiere und die Conchylien. Die Ordnung der Kunstsammlung richtete Gründler nach den Objekten, die er vorfand. Dabei überwogen die vielen Anschauungsmodelle für den Schulunterricht, so daß er die vier Schränke an der Ostwand für die Modelle der Astronomie, der Mathematik und zwei für die der Mechanik im weitesten Sinne bestimmte. Die sechs Eckschränke im Norden waren den Sammlungsthemen Indien, Religion, Alltagskultur, Kleidung, Bildnisse und Schreibkunst gewidmet. Obwohl jeder Schrank ein eigenes Innenleben enthielt, individuell auf die jeweilige Teilkollektion abgestimmt, waren die Schränke äußerlich alle gleich konstruiert. In jede Ecke des Saals baute Gründler ein Schrankensemble, bestehend aus einem einflügligen Eckschrank, der jeweils von einem zwei- und einem dreiflügligen Repositorium flankiert wird, so wie es heute zu sehen ist. Selbst das Ordnungsschema der Bemalungen wiederholt sich an allen Schränken und verleiht dem Mobiliar dadurch seine Harmonie.

Außerhalb der Schränke zierten weitere Exponate den Raum. Ölgemälde, Reliefs und Kupferstiche, ethnographische und naturkundliche Gegenstände waren jeweils in der Nähe des thematisch dazugehörigen Schrankes an den Wänden befestigt. Beim Tierschrank hingen mehrere präparierte Krokodile und Fische von der Decke, auf dem Boden lagen Knochenteile vom Wal. Der Zeitgeschmack schrieb vor, daß in der Mitte eines Kuriositätenkabinetts ein langer Tisch stehen sollte, an dem der Besitzer einzelne Gegenstände untersuchen konnte. Die Längsachse des Saals im Waisenhaus aber war von vier großen Landschaftsmodellen und zwei voluminösen Weltensystemen besetzt. Die Landschaftsmodelle stellten sehr detaillierte Nachbauten des Heiligen Landes, der Stadt Jerusalem, der Stiftshütte und des Salomonischen Tempels dar. Die beiden astronomischen Systeme, die mit über 3,5 Metern Höhe fast an die Decke reichten, veranschaulichten die geozentrische Vorstellung unseres Universums nach Tycho Brahe und die heliozentrische Theorie nach Kopernikus. Die Körper der beiden Sphären waren mittels Kurbeln in Bewegung zu setzen. Jedes Exponat, ob innerhalb eines Schrankes oder außerhalb, ob ausgestellt oder verborgen, war einem der 16 Schränke zugeordnet und besaß eine eigene Signatur. Die Schränke waren durchnumeriert und mit Buchstaben versehen: I.A., II.B., III.C. bis XVI.Q. Jedes Exponat erhielt den Ordnungsbuchstaben des Schrankes, dem es zugehörte und eine arabische Ziffer: A.1., A.2., A.3. etc. Ohne viel Aufwand gelang es Gründler so, jeden Gegenstand seinem Themenbereich zuzuteilen und eine an Klarheit kaum zu überbietende Ordnung in diese wahrlich disparate Kollektion von mehreren tausend Gegenständen einzuführen.

Die jetzige Wiedereinrichtung der Kammer geschah nach dem Vorbild Gründlers von 1741. Die Schränke stehen heute wieder in ihrer ursprünglichen Anordnung, und auch die Außenexponate wurden so weit wie möglich nach den historischen Vorgaben im Raum positioniert. Aber nicht bis in alle Einzelheiten war der Saal Gründlers wieder herzurichten. Jetzt ist er etwas schmaler und kürzer als vor 250 Jahren. Auch sind die schrägen Dachsparren an der Westwand sechs massiven Unterzügen gewichen, die den Raum heute unterteilen. Die Decke ist ebenfalls etwas niedriger als im 18. Jahrhundert. Deswegen konnten keine Objekte über den Schränken angebracht werden, so wie es besonders bei Gemälden üblich war. Schließlich sind im Laufe der Jahrhunderte die Fenster mehrfach verändert worden. Durch diese baulichen Veränderungen stehen die Schränke heute enger zusammen als vormals. Der ursprüngliche Tageslichteinfall wird an den entsprechenden Stellen angedeutet. Die Unterzüge sind in das Raumkonzept einbezogen und ebenfalls mit Exponaten bestückt. Die Naturalienschränke wurden wieder zurückgebaut, so wie sie vor 1836 gestanden hatten. Das bedeutete, aus der durchgehenden Schrankreihe I.A. bis VI.F. wieder zwei Eckensembles zu machen. Die Bekrönungsmalerei wurde lediglich von verschiedenen Firnisschichten befreit. Die Malereien sind alle noch original. Selbst ein Teil der alten Fensterscheiben in den Schränken ist noch erhalten. Von den neuen, maschinell gefertigten, sind sie durch ihre Unebenheiten und Lufteinschlüsse zu unterscheiden.

Allerdings hat sich die Konstellation des Mobiliars seit Gründler verändert. Einer der von ihm gebauten 16 Schränke ist in diesem Jahrhundert verlorengegangen. Er trug die Nummer VIII.H. und bildete eine Zweiergruppe mit dem Schrank VII.G. In ihm wurden ursprünglich die astronomischen Modelle aufbewahrt. Im Laufe der Zeit kamen auch weitere Schränke hinzu oder waren geplant, so daß heute 18 Schränke in der Kammer stehen. Zunächst nahmen wir an, daß alle sechs grauen Schränke, die heute entlang der Ostwand stehen, nach 1741 hinzugefügt worden waren. Schon der erste optische Eindruck legte diese Vermutung nahe. Nicht nur sind sie einfarbig grau gefaßt, sondern allen fehlten auch die Bekrönungen. Bald stellte sich aber heraus, daß ein Teil von ihnen baugleich mit den zwölf Eckschränken ist. Der Restaurator fand nicht nur Überreste von Bekrönungen, sondern legte im Zuge seiner meisterhaften Arbeit auch die originalen Numerierungen an insgesamt 15 Schränken wieder frei. Dadurch konnten drei der grauen Schränke zweifelsfrei als zu dem ursprünglichen Ensemble gehörig identifiziert werden. Der Münzschrank, in dem heute auch die Totenwachsmasken gezeigt werden, ähnelt den Gründlermöbeln sehr und wird nur kurze Zeit später dem Kabinett hinzugefügt worden sein.[70] Erheblich später entstanden dagegen die beiden Schränke, die heute links und rechts neben der Eingangstür stehen und typische Sammlungsstücke des 19. Jahrhunderts beherbergen. Dieses sind auch die beiden einzigen Schränke ohne die typische ausladende Bekrönung. Sie wurden vermutlich im ausgehenden 18. oder beginnenden 19. Jahrhundert gebaut. Von der Planung weiterer Schränke ist in den einschlägigen Akten des 19. Jahrhunderts die Rede, auch existiert eine Entwurfszeichnung.[71] Allerdings war der Stil in keiner Weise dem des vorhandenen Barockmobiliars angepaßt.

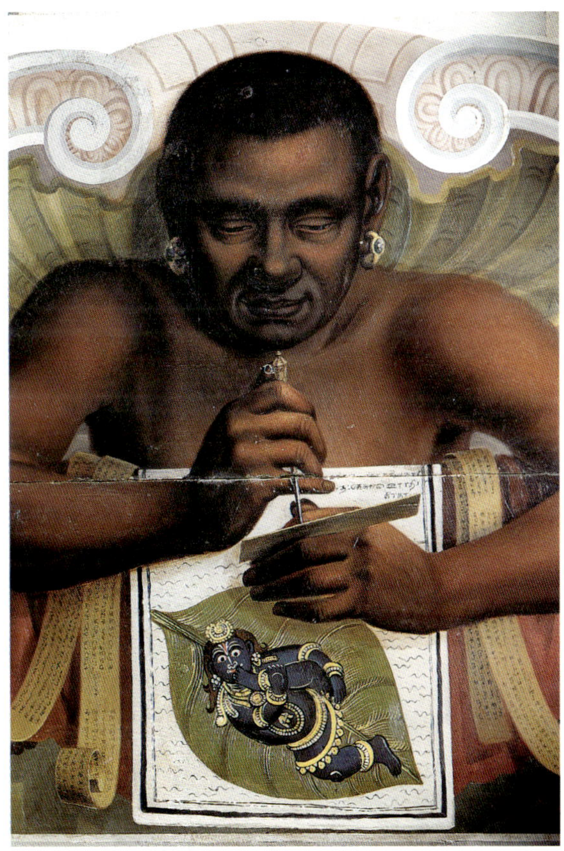

Die farbenprächtigen Bekrönungsmalereien faszinieren durch ihren Realismus und die Detailtreue.

Der gravierendste Unterschied zu Gründlers Kammer besteht heute freilich darin, daß nicht mehr alle Exponate von damals vorhanden sind. So haben sicher die vier wuchtigen Landschaftsmodelle und die beiden großen Universen das Erscheinungsbild des Saals wesentlich beeinflußt. Das erhaltene Weltensystem vermittelt immerhin noch einen Eindruck davon. Aus Gründlers Katalog wissen wir von weiteren Exponaten, die frei im Raum standen und heute nicht mehr vorhanden sind. Dazu gehörte *Ein Sceleton oder menschliches Todten-Gerippe, nach natürlicher Ordnung durch Kunst zusammengefüget. N[ota] B[ene:] Dieses stehet in einem a parten Gehäuse auf dem Saal.*[72] An dieses Inventarstück knüpft sich eine Episode, die uns August Hermann Francke von einer ganz anderen Seite zeigt und darüber hinaus beredtes Zeugnis von den zeitgenössischen Geschmacksgrenzen ablegt, weswegen sie hier erzählt werden soll: In einem handschriftlichen Katalog von 1787 findet sich bei dem Eintrag des Skeletts der Name *Dorothea Breitingen*.

1719 in einen spektakulären Mordfall verwickelt, hatte die Bäckersfrau aus Halle unter der Tortur gestanden, aus habgierigen Motiven ein Mordkomplott an einer reichen Witwe mitgeschmiedet zu haben.[73] Daraufhin wurde sie zum Tode verurteilt. Einen Tag vor der Urteilsvollstreckung, die auf den 18. Oktober 1720 angesetzt war, besuchte Francke sie in der Todeszelle.[74] Offenbar hatte die Delinquentin während ihrer Haft eine grundlegende Bekehrung erlebt, so wie es die örtlichen Pietisten schätzten. Jedenfalls erschien gleichsam als Begleitheft zu ihrer Enthauptung – aber anonym und nicht im Waisenhausverlag – eine schmale Erbauungsschrift, die erfüllt war von der Wonne über den Bußkampf und die anschließende Erweckung dieser *behertzten Seele*.[75] Die Hinrichtung selbst kommentierte Francke gegenüber einem lieben Freund voller Glückseligkeit: *Indeßen ist im Himmel Freude gewesen über eine Sünderin die Buße gethan hat, neml. die Beckerin Breitingen so gestern enthauptet ist; gewiß illustre exemplum der überschwenglichen beydes Gnade u.Krafft Gottes an einer sehr großen Sünderin...*[76] Nach der Exekution wurde ihr Körper dann ... *denen Medicis zur Anatomie übergeben.*[77] Francke verfolgte den Vorgang mit größter Aufmerksamkeit. In einem persönlichen Schreiben bat er den Medizinprofessor Friedrich Hoffmann, er möge bei der bevorstehenden Obduktion Umsicht walten lassen, was dieser postwendend zusicherte.[78] Eine Leichenöffnung war keine alltägliche Angelegenheit. Hoffmann, obwohl er dieses Fach seit der Universitätsgründung lehrte, führte in mehreren Jahrzehnten nur wenige Obduktionen durch.[79] Den eigentlichen Grund für das große Interesse Franckes an dieser Sektion erhellt jedoch das einschlägige Rechnungsbuch des Königlichen Pädagogiums, das just zu dieser Zeit folgende Posten ausweist: *für ein grosses mit Draht zusammengefügtes Sceleton 12* [Taler,] *dasselbe zu balsamiren und vor der Corruption zu bewahren 4* [Taler] ... *für ein Charnier am Sceleto 8* [Groschen].[80] Alles weist darauf hin, daß die Gebeine der reuigen Sünderin nach einer bewegten Vita mit Mord, Verurteilung, anschließender Bekehrung und abschließender Hinrichtung dann in der Naturalienkammer August Hermann Franckes endeten. Übrigens wurde dieser bei besagtem Besuch in der Todeszelle von seinem Amtsbruder, dem Oberdiakon Christoph Semler begleitet, jenem ausgewiesenen Liebhaber von Anschauungsmodellen, der in den vorangegangenen Jahren die Kuriositätenkammer des Waisenhauses bereits mit allerlei Apparaturen beliefert hatte. Warum Francke ausgerechnet das Gerippe dieser geläuterten Mörderin für seine Schausammlung erwarb, bleibt Spekulation. Aber diese Randglosse der Stiftungsgeschichte erzählt etwas von den zeitgenössischen Ethikvorstellungen, und sie macht nebenbei darauf aufmerksam, daß der Pietismus des 18. Jahrhunderts so gut wie nichts mit unseren modernen Pietätsbegriffen zu tun hat. – Bei genauem Hinsehen gehört so zu der Mehrzahl der Sammlungsgegenstände in der Waisenhauskammer eine ganz eigene Geschichte, die den Halleschen Pietismus in einem sehr authentischen, facettenreichen und zum Teil neuen Licht erscheinen läßt.

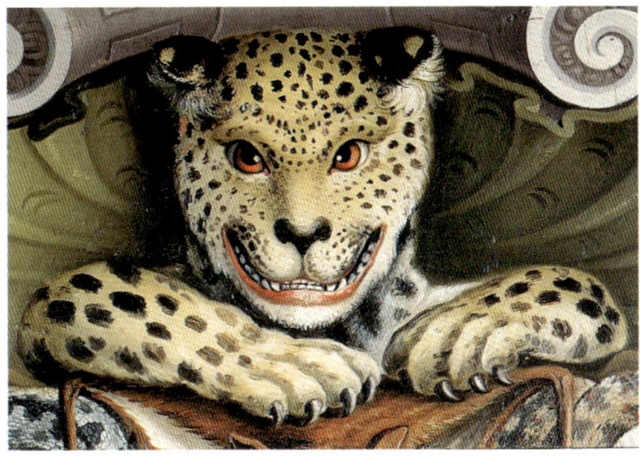

Da nun der Haupt Zweck ist, die große Welt
(und zwar Natur und Kunst) allhier im kleineren beisammen zu haben
a) nicht für großen Aufwand, denn dieses schickt sich nicht für ein Waysenhaus,
sondern aus zu fälligen und unbeschwerlichen beytrag
b) auch nicht zur bloßen Schau, sondern zum Nutzen der hiesigen Schuljugend
und anderer Gott und die Welt beßer und zeitiger kennen zu lernen.

Aus den *Instructionen für den Herumführer* durch
die Naturalienkammer des Halleschen Waisenhauses 1741.

Ein Rundgang

Im August 1741, just als die Kunst- und Naturalienkammer in ihrer neuen Gestalt an die Öffentlichkeit trat, entstand eine sorgsam ausgearbeitete Instruktion für organisierte Führungen durch die gesamten Anstalten.[81] Von je her hatte die Kammer eine besondere Rolle in der Öffentlichkeitsarbeit des Waisenhauses gespielt. Zwar hatte August Hermann Francke sie zu schulischen Zwecken ins Leben gerufen, aber sehr schnell erkannte er ihren Wert als Publikumsattraktion und die Möglichkeit, durch sie neue Förderer für sein Werk zu gewinnen. 1713 äußerte Francke bei einem Besuch des preußischen Königs Friedrich Wilhelm I.:

Diese Kammer bringt mir mehr ein, wie alle andere; denn da kommen manche Leute umb d. Naturalien-Cammer, u. besehen denn das gantze Werck, u. laßen denn was fürs Hauß zurück.[82]

Dieser Gedanke stand zweifellos auch noch Pate, als man Gründler Jahrzehnte später mit der aufwendigen Neugestaltung beauftragte. Darauf jedenfalls weist jene *Instruction für den Herumführer* von 1741 hin. Darin war bis ins Detail festgelegt, wie sich die Mitarbeiter zu verhalten hatten, welches Bild sie von den Anstalten vermitteln sollten und auf welche Weise sie dies erreichen konnten. Kaum etwas blieb dem Zufall überlassen. Die Herumführer waren eigens geschult. Erfahrungen und Vorkommnisse trugen sie in ein besonderes Journal ein, um hieraus zu lernen und Wissen an ihre Nachfolger weiterzugeben. Führungen wurden individuell auf die teilnehmenden Personen abgestimmt, die Schwerpunkte der Besichtigung dem jeweiligen Interesse der Besucher angepaßt, ebenso wie das Niveau. Eine Generalregel lautete, auf den Rundgängen nicht allein die Neugier des Publikums zu befriedigen, sondern das ganze Werk und dessen geistliche Wurzeln zu erklären und als ein Beispiel besonderer göttlicher Fürsorge darzustellen. Auch die Naturalienkammer diente diesem Zweck. Für Geldspenden stand hier ein eigener Opferstock bereit und Exemplare der *Segensvollen Fußstapfen*, jener offiziellen Stiftungschronik aus der Feder August Hermann Franckes, scheinen schon immer in der Kammer zum Verkauf bereit gelegen zu haben.[83] Dem Herumführer wurde eingeschärft, in der Kammer besonders ihren geringen Anfang und ursprünglichen Zweck zu unterstreichen, *...damit die Leute nicht dencken, man wende auf solche Dinge so viel Geld, und mache damit Parade.*[84]

Die eingehenden Gedanken, die sich die Halleschen Pietisten um die Publikumswirkung ihrer Naturalienkammer machten, besaßen durchaus ihre Berechtigung. Um die Mitte des 18. Jahrhunderts gehörte sie zweifellos zu den herausragenden Attraktionen in der Stadt. Nicht umsonst widmete ihr die Regionalchronik von 1750 einen längeren Abschnitt. Darin war ein Rundgang durch den Saal im Unterdach des Waisenhauses beschrieben. Bei dem jetzigen Wiederaufbau der Sammlung bot diese Darstellung, die seitens der Anstalten eigens für diese Chronik ausgearbeitet worden war, eine der wichtigsten Quellen. Der Text ist auf einer Tafel neben der Eingangstür zum Naturaliensaal nachzulesen. Die Beschreibung zeigt, wie ähnlich die heutige Anordnung dem ursprünglichen Erscheinungsbild der Sammlung ist. Viele der dort erwähnten Gegenstände sind immer noch in den Schränken zu bewundern, andere, z. B. die Landschaftsmodelle, sind unwiederbringlich verschwunden. Die grauen Schränke entlang der Ostwand sind gar nicht erwähnt. Das weist darauf hin, daß die Modelle, die dort aufbewahrt wurden, einen besonderen Bereich innerhalb der Schau bildeten. Sie waren ja ursprünglich eigens für den Schulunterricht angefertigt worden. Deswegen fiel ihre Attraktivität um die Mitte des 18. Jahrhunderts sicher gegen die Objekte in den zwölf farbigen Schränken ab, die der aufregende Glanz des Bizarren und Unbekannten umgab. Aber schon dem ersten Satz der zeitgenössichen Beschreibung ist zu entnehmen, daß beide Teile untrennbar zueinander gehörten. Gemeinsam bildeten sie jenes unverwechselbare Ensemble, das im folgenden liebevoll charakterisiert wird:

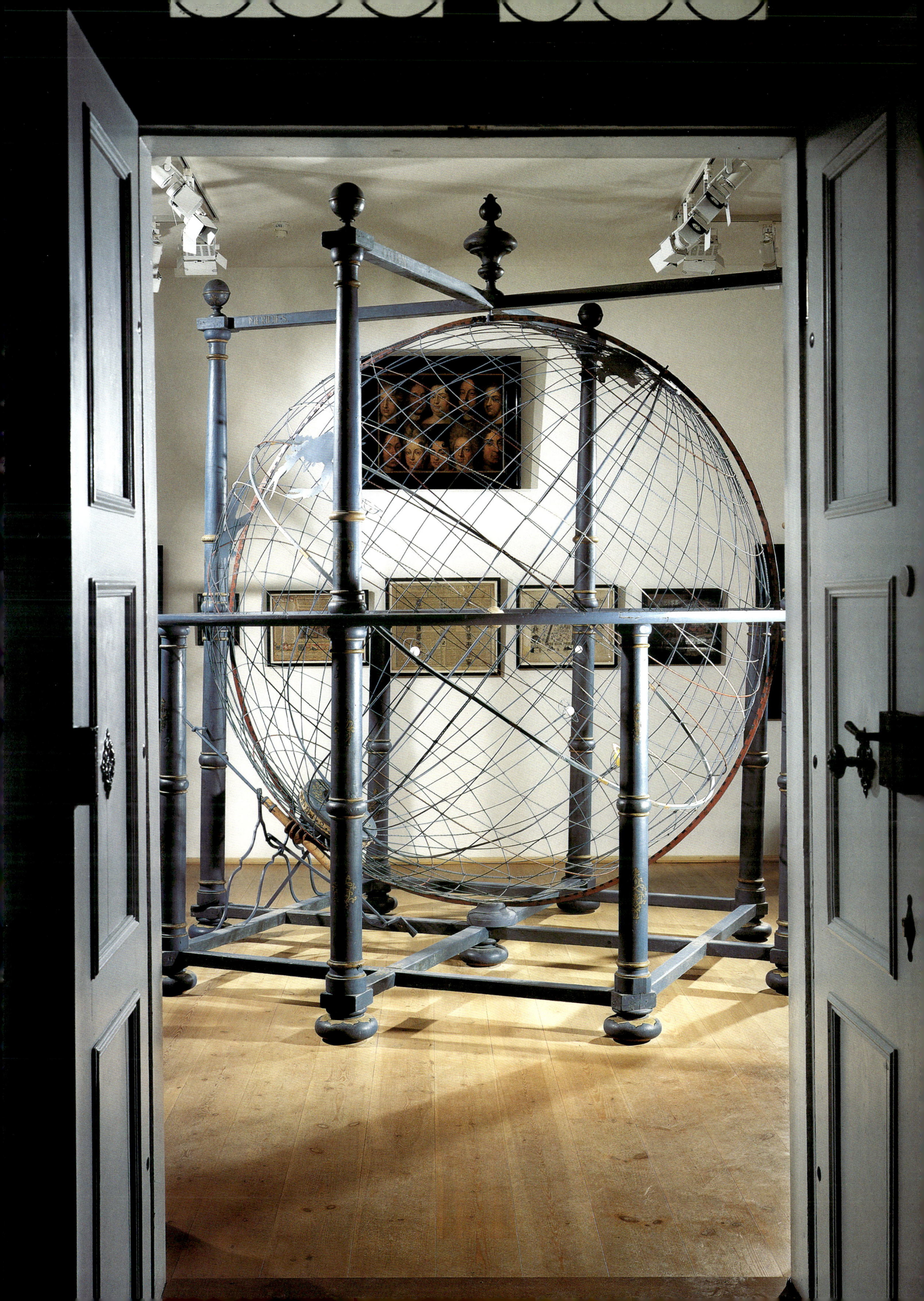

Johann Christoph von Dreyhaupt *Ausführliche diplomatisch-historische Beschreibung des Saal-Creyses.* Zweyter Theil. Halle, in Verlegung des Waysenhauses 1755, Seiten 224–226.

Von der Naturalien-Cammer des Waysenhauses.

§. 1. Die Naturalien-Cammer des Waysenhauses enthält in sich eine Sammlung theils von Naturalien, welche, seit dem das Waysenhaus erbauet, meistentheils von Gönnern und Freunden verehret, theils von Artefactis, welche zum Besten der Schulen und Academie auf gewisse Veranlassung verfertigt worden; und ist deren Anfang hin und wieder in denen Fußstapfen gedacht. Als Ao. 1732 [85] *die Waysenknaben eines grössern Schlaf-Saals benöthiget, und solcher verfertiget war, ward der bisherige Schlaf-Saal darzu bestimmet, daß man alles, was zur Naturalien-Cammer zu rechnen, und in verschiedenen Zimmern zerstreuet lag, dahin zusammen und in eine anständige Ordnung brachte, damit solches auf einmahl übersehen werden könne.*

§. 2. Daher befinden sich an der Seite gegen Mittag in einigen Schräncken an der Wand Sachen, die zum Regnis naturae gehören, wohin zu rechnen das Conchylien-Cabinet, in welchem in 15 verschiedenen Classen von Schnecken und Muscheln sich die Anzahl auf 500 Stück beläufft. Im nächstfolgenden Schrancke befinden sich Insecten, die in Spiritu conserviret werden, und guten Theils aus Malabaren überschickt worden, als Salamander, Chamaeleon, eine weisse Fledermauß, ein grosser Scorpion, Taranteln, ein Nerven-Wurm, so 3 ½ Fuß lang, und von dem Medico einem Patienten aus dem Fuß gezogen worden, und wie ein schwacher Bindfaden dick ist. Bey diesem Schranck hängen oben an der Decke ein Crocodill, 14 ½ Fuß lang, ingleichen ein kleinerer 6 Fuß lang, eine Indianische Eydexe 3 ½ Fuß lang, ein Schwerdt-Fisch von 5 Fuß, nebst 2 besondern Schwerdtern, deren eines 5 Fuß, das andere 3 Spannen lang. Ein langes Horn vom See-Einhorn-Fisch, so 8 Fuß lang. Noch liegen dabey eine Ribbe vom Wallfisch 18 Fuß lang, item ein Knochen vom Wallfisch 4 Fuß breit und hoch.

§. 3. In dem folgenden Schranck befindet sich das Regnum minerale, bestehend aus Bergwercks-Sachen von allen Arten, deren Minern, wie sie aus verschiedenen Ländern gesamlet, an Goldstufen aus Ungarn, aus Sachsen und Waschgold aus der Donau, Silber-Ertze aus Indien, Sachsen, Ungarn und Schweden, desgleichen Kupfer, Eisen, Bley und Zinn-Ertze. Die Steine aus verschiedenen Ländern und Gegenden colligiret, sind auch nach ihren gewöhnlichen Classen eingetheilet, in unverbrennliche, Schwefelartige, Kalckartige, Glaßartige, Saltzartige etc. darunter ein Stein-Saltz aus Egypten, desgleichen eine Collection von 120 Arten verschiedener Marmor, die aus Venedig überschickt worden. So sind auch die versteinten Dinge nach ihren Classen rangiret. Ex Regno vegetabili findet sich nebst vielen andern Stücken ein Blat von einem Cocos-Baum, 4 Fuß lang, von der Küste Coromandel, und eine besondere Samlung von ausnehmend schönen Seekräutern, welche der seel. Probst Ziegenbalg an der Insul Ceylon gesamlet.

§. 4. In der Mitte des Saals stehen folgende Modelle: 1) das gelobte Land, woran dessen Gräntzen, Eintheilung nach den Stämmen, Städte, Berge und Flüsse, nebst andern mercklichen Begebenheiten unter gewissen Bildern vorgestellet werden. 2) Die Stadt Jerusalem, wie sie zu Christi Zeiten ausgesehen. 3) Die beyden grossen Systemata mundi et das Systema Copernicanum, an welchen der Lauf derer Planeten und ihrer Satellitum um die Sonne durch Räder und Gewichte vorstellig gemacht wird, die Sphaera aber begreift alle die Bilder der Fixsterne, die zur Nacht am gestirnten Himmel mit ihren Sternen von verschiedener Grösse bemerckt werden. Das Systema Tychonicum ist mit einer Schraube ohne Ende verfertiget, und zeiget, wie die Planeten samt der Sonne sich um die Erde, die im Centro stehet, sich bewegen. Bey diesen Systemate sind die gewöhnlichen Circuli mathematici angebracht, die bey der Geographia mathematica vorzukommen und erklärt zu werden pflegen. 4) Die Stiffts-Hütte Mosis, und 5) der Tempel-Salomonis.

§. 5. In der Seite gegen Mitternacht befinden sich im ersten Schrancke verschiedene ausländische und rare Schrifften, als ein grosses gedrucktes Chinesisches Patent, welches Ao. 1716 mit der Rußischen Caravane aus China nach Moscau geschickt worden. Ein Peguanischer Brief auf ein Palmblat geschrieben, und in einem

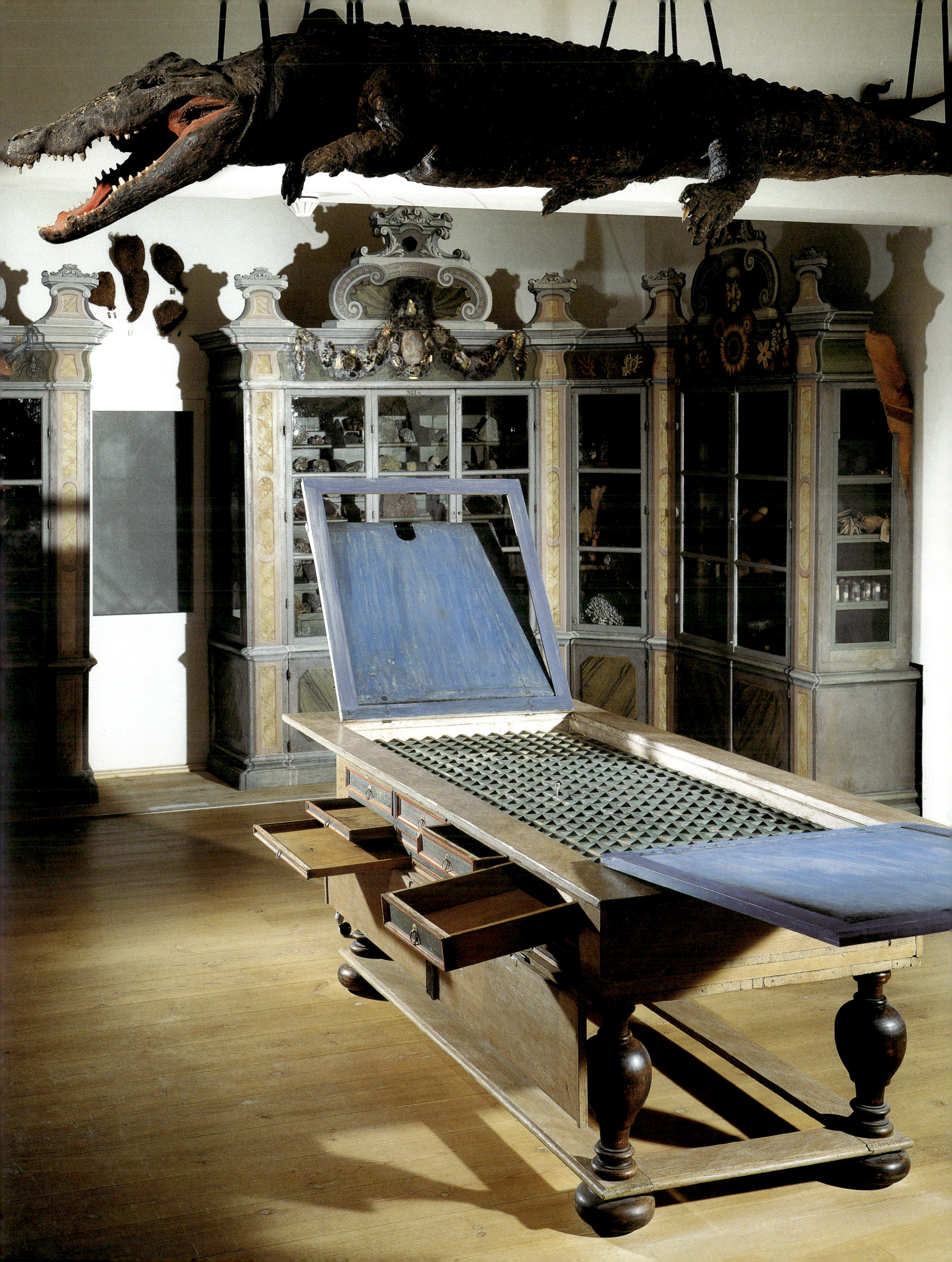

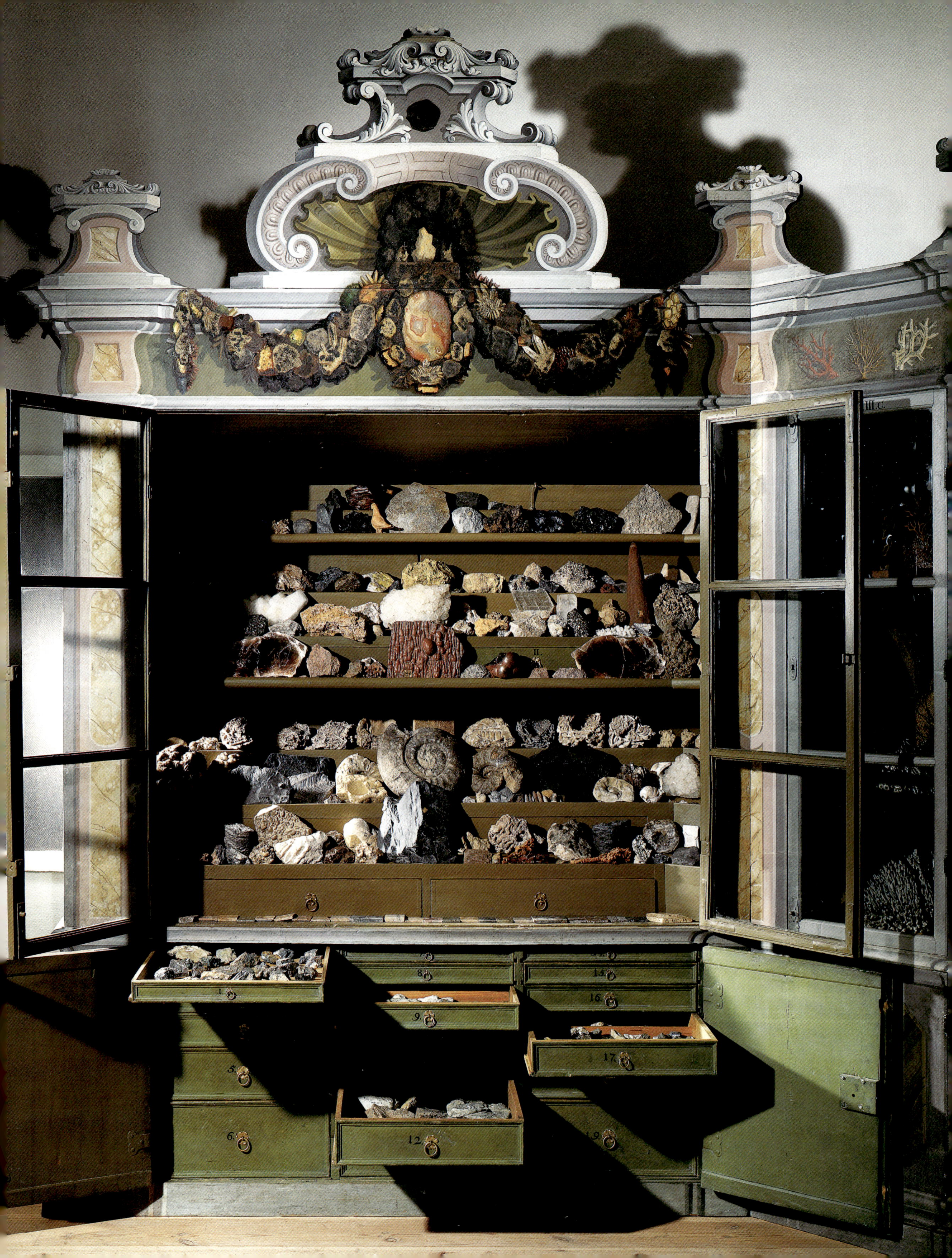
1.
8.
13.
16.
9.
17.
5.
6.
12.
19.

langen Rohr verwahret, so ein König von Peguan einem Kauffmann in Madras überschickt, als ein Privilegium, daß er in seinem Lande frey handeln solle. Ein Brief von einem Indostanischen Printzen an den Missionarium Schultzen in Malabar geschrieben, darinnen er ihm einen verarmten Kaufmann recommendiret. Eine Türckische Ordre, auf schön Türckisches Pappier geschrieben und in einem seidenen Beutel verwahret, welche von den Türcken wegen der Vestung Oezakow gestellt, aber von denen Russen unterwegens aufgefangen worden. Verschiedene Stücke rarer und unbekannter Schrifften, welche die ehemals gefangenen Schwedischen Soldaten, als sie nach Siberien geschickt worden, in einem alten grossen verstörten Götzen-Tempel in Kästen gefunden, dergleichen auch la Croze in der Usbeckischen Tatarey hinter dem Caspischen Meere gefunden und beschrieben hat. Von andern Briefen befindet sich da ein eigenhändiger Brief Lutheri von Ao. 1545 und einer von Philipp Melanchthonen von Ao. 1558 an den König von Dänemarck geschrieben. Unter den Büchern ist befindlich Johann Arnds Paradies-Gärtlein, so Ao. 1709 zu Bautzen, als ein grosser Theil der Stadt abgebrannt, unversehrt nach 6 Tagen aus dem Schutt hervorgezogen worden. Ein Römischer Calender aus 7 höltzernen Tafeln, ingleichen ein Runischer Calender-Stab. Eine Copie von einer alten Römischen wächserenen Schreibe-Tafel, darauf der Anfang des Evangelii Johannis sich befindet.

§. 6. In folgendem Schrancke befinden sich verschiedene Kleider aus fremden Ländern, als aus Grönland, Moßkau, China, ein Türckisch Ehrenkleid, welches einer aus der Kayserlichen Gesandschafft bey der Audienz des Gros-Sultans erhalten. Nach diesem finden sich in einem andern Schrancke verschiedene Messer, Löffel und andere Gefässe aus mancherley Ländern; ingleichen hängen bey demselben verschiedene Kriegs-Instrumenta auswärtiger Völcker, als ein Rußisch-Panzerhemde mit der darzu gehörigen Panzerhaube, Armschienen und Handschuen, so ein Rußischer General getragen. Ein Tartarischer Bogen mit Köcher und Pfeil, Indianische Wurff-Pfeile, ein Malabarisches krummes Wurff-Holtz, welches demjenigen, auf den es geworffen wird, alles zerschmettert. Ein Indianischer Commando-Stab, ein Japonischer Bauchreisser etc. Noch findet sich unter denen Artefactis des M. de Labadie Bildniß von der gelehrten Jungfer Schurmannin so klein in Wachs pousiret, daß dessen Gehäuse nicht grösser als eine Haselnuß ist. Hierzu kan noch gerechnet werden eine Samlung von antiquen Griechischen, Egyptischen und Römischen Müntzen, die nebst andern Abgüssen von erhabener Arbeit und vielen Medaillen von ältern und neuern Zeiten vorhanden.

§. 7. In dem darauf folgendem kleinern Schranck befinden sich Res sacrae von auswärtigen Religionen, als: Ein Modell vom heil. Grabe, dergleichen zu Jerusalem verfertiget werden. Ein Original Ablaßbrief von Ao. 1505. Ein Türckisch Beschneide-Messer. Das Bild des Confucii von gebrannten Thon aus China. Der Peruvianische Abgott Bizlipuzli in rothen Speckstein. Eben derselbe in einem Reißkorn, worüber eine hölzerne Capsul mit Schrifft. Ein Mercurius von Corinthischen Ertz; ein Original. Ein Egyptischer Apis von Metall. Zwey ewige Lampen aus einem Römischen Grabe, nebst einem Thränen-Gefäß. Verschiedene Toden-Urnen mit Knochen und Asche der verbrannten Cörper.

§. 8. Letztlich befinden sich in einem besondern Schrancke Sachen, die von denen Missionarien aus Malabar überschickt worden: als, eine kleine Götzen-Capelle, darinnen Wischtnu aus Holz geschnitten sitzt, vor dem Götzen sind 6 Thüren, auf welchen des Götzen Geschichte und Verwandelungen abgemahlet sind, davon die ausführliche Beschreibung in der 40 Continuation der Malabarischen Nachrichten p. 539. nachzusehen ist. Ferner ein laquirt Kästgen, in welchen ein Malabarisch Weib ihren Götzen, den sie angebetet, verwahret gehabt, und solchen nach ihrer Bekehrung dem Probst Ziegenbalg übergeben. Die gantze heilige Schrifft in Malabarischer Sprache übersetzt, und mit einem eisernen Griffel auf Palm- oder Oles-Blätter geschrieben, oder vielmehr eingegraben, wie die Malabaren ihre Bücher zuschreiben pflegen; desgleichen die 4 Bücher von Johann Arnds wahren Christenthum: und Thomas de Kempis von der Nachfolge Christi ins Malabarische übersetzt und auf gleiche Weise auf Palmblätter geschrieben. Unter den Malabarischen Kleidungs-Stücken ist besonders merckwürdig ein so genannter Poenitentz-Pantoffel, auf welchem ein Büssender einher gegangen; desgleichen Malabarische Ohren Gehänge, dergleichen denen Mägdlein vom achten Jahre an in die Ohren gehangen werden, um ihnen die Ohrläpplein zu verlängern, als welches, wann sie recht lang sind, bey ihnen vor eine besondere Schönheit und Zierde gehalten wird.[86]

Gründlers Systematisierung der Kunst- und Naturalienkammer begann in der Naturaliensammlung. Zunächst nahm er eine Einteilung nach den drei Naturreichen vor, dem Stein-, dem Pflanzen- und dem Tierreich. Innerhalb dieser drei Bereiche unterschied er nach verschiedenen Klassen. Das entsprach ganz der Systematik Linnés. Der Schrank I.A. ist der unbelebten Natur gewidmet und mit der Gesteinssammlung gefüllt. Er enthält im Magazinteil 19 unterschiedlich große Schubladen. Im darüberliegenden Schauteil sind in drei Abstufungen neun terrassenartige Böden konstruiert, auf denen eine Vielzahl von Petrefakten präsentiert werden können. In die unteren Böden sind zusätzlich sechs Schubladen für weitere Gesteinsproben eingelassen. So erreichte Gründler eine optimale Ausnutzung des Schrankraums. Die Bekrönung bemalte er mit einer Steingirlande. Auf die Bemalung brachte er zusätzlich granulatartige Körner auf, die dem Gemälde auch nach 250 Jahren noch etwas reliefartiges verleihen.

Die Sammlungsstücke aus der unbelebten Natur füllten in Gründlers handschriftlichem Katalog weit über 100 Seiten. Er beschrieb insgesamt 924 Stücke und erwähnte zusätzliche im Magazinteil eines anderen Schrankes. Diese größte Teilkollektion in der Kunst- und Naturalienkammer unterteilte er in 19 Untergruppen zuzüglich der Versteinerungen, die er in weitere 21 Untergruppen gliederte. Die Steine wurden nach Sorten getrennt in den Schubladen aufgehoben. Auf diese Weise erwirkte er ein höchstmögliches Maß an Transparenz. Auch wurde hierdurch die Demonstration bestimmter Petrefakten erleichtert, weil es für den Herumführer einfach war, beispielhafte Stücke aus den einzelnen Gruppen hervorzuziehen. Hierbei hatte sich dieser allerdings an strenge Regeln zu halten. Die Instruktion von 1741 schrieb vor:

Ein jegliches vorgewiesenes Stück ist nicht nur just an den vorigen Ort wieder hinzulegen, sondern auch in der Stellung und Lage, darin es vorhin war, weil der Confusion und Regulirung kein Ende seyn könte. Demnach müßen niemals viele Stücke, viel weniger zu viele auf einmal vorgewiesen werden, weil man sonst keine Zeit hätte jedes wieder praecise an seinen Ort wieder hin zu rangiren.[87]

Die Stücke selbst kamen aus nah und fern. Aus dem Stadtgraben entlang der Waisenhausmauer waren hier ebenso Gesteinsproben zu finden wie aus den entferntesten Winkeln der Erde. Keineswegs setzte sich die Sammlung nur aus Kuriositäten zusammen. Vielmehr lag das Ziel offenbar in der Anlegung einer möglichst vollständigen Gesteinssammlung mit vielfältigen Proben.

Bis weit in die zweite Hälfte des 18. Jahrhunderts hinein wuchs gerade dieser Sammlungsbereich unvermindert an. Das Pädagogium besaß seit 1756 gar ein gesondertes *auserlesenes Mineralien-Cabinet.*[88] Auf Initiative des Naturwissenschaftlers Johann Joachim Lange, selbst einst Zögling dort, wurde es angelegt und von ihm in einem eigens hierfür angefertigten Schrank arrangiert.[89] Lange, der sich dem Naturalienkabinett der Anstalten zeitlebens verbunden fühlte,[90] veröffentlichte 1749 eine Schrift mit dem programmatischen Titel *Grundriß einer Anweisung, wie man sich die in und um Halle vorkommende Naturalia und Artificialia zum künftigen Nutzen im gemeinen Leben bekant machen solle...*[91] Das zweite Kapitel handelte von den *Erden, Steinen und Mineralien,* und führte die erstaunliche mineralogische Vielfalt der Region vor Augen. Der Autor empfahl Erkundungsgänge als Bestandteil von Lehrveranstaltungen. Diese besondere Form des Anschauungsunterrichts hatte er während seiner Ausbildung in den Anstalten selbst kennengelernt.[92]

Allgemein wuchs das Interesse an der Erforschung der eigenen Lebenswelt im Laufe des Jahrhunderts. Die Anstalten erhielten immer wieder von einzelnen Gönnern komplette Steinkollektionen geschenkt. Hierbei handelte es sich in der Regel um heimische Mineralien und nicht um ausgefallene Seltenheiten. Einer dieser Gönner war Johann Caspar Schönberg aus Wurzen. Er liefert ein schönes Beispiel dafür, wie solche Spenden zustande kamen und welche Rolle sie spielten. 1747 besuchte Schönberg die Anstalten, weil er seinen Sohn hier zur Schule schicken wollte. Bei dieser Gelegenheit ließ er sich auch die Naturalienkammer zeigen. Besonders beeindruckte ihn die Gesteinssammlung. Wohl noch während des Rundganges versprach er, Stücke aus dem eigenen Besitz zu übersenden. Im Herbst desselben Jahres traf tatsächlich ein Kasten nebst Begleitschreiben aus Wurzen ein. Stiftsrat Schönberg übermachte darin dem Waisenhaus seine gesamten Mineralien. Diese Kollektion wird von nicht unerheblichem Wert gewesen sein, denn Gotthilf August Francke begann sein Dankschreiben mit den Worten: *Hochwohlgeb. haben die Gewogenheit gehabt, der*

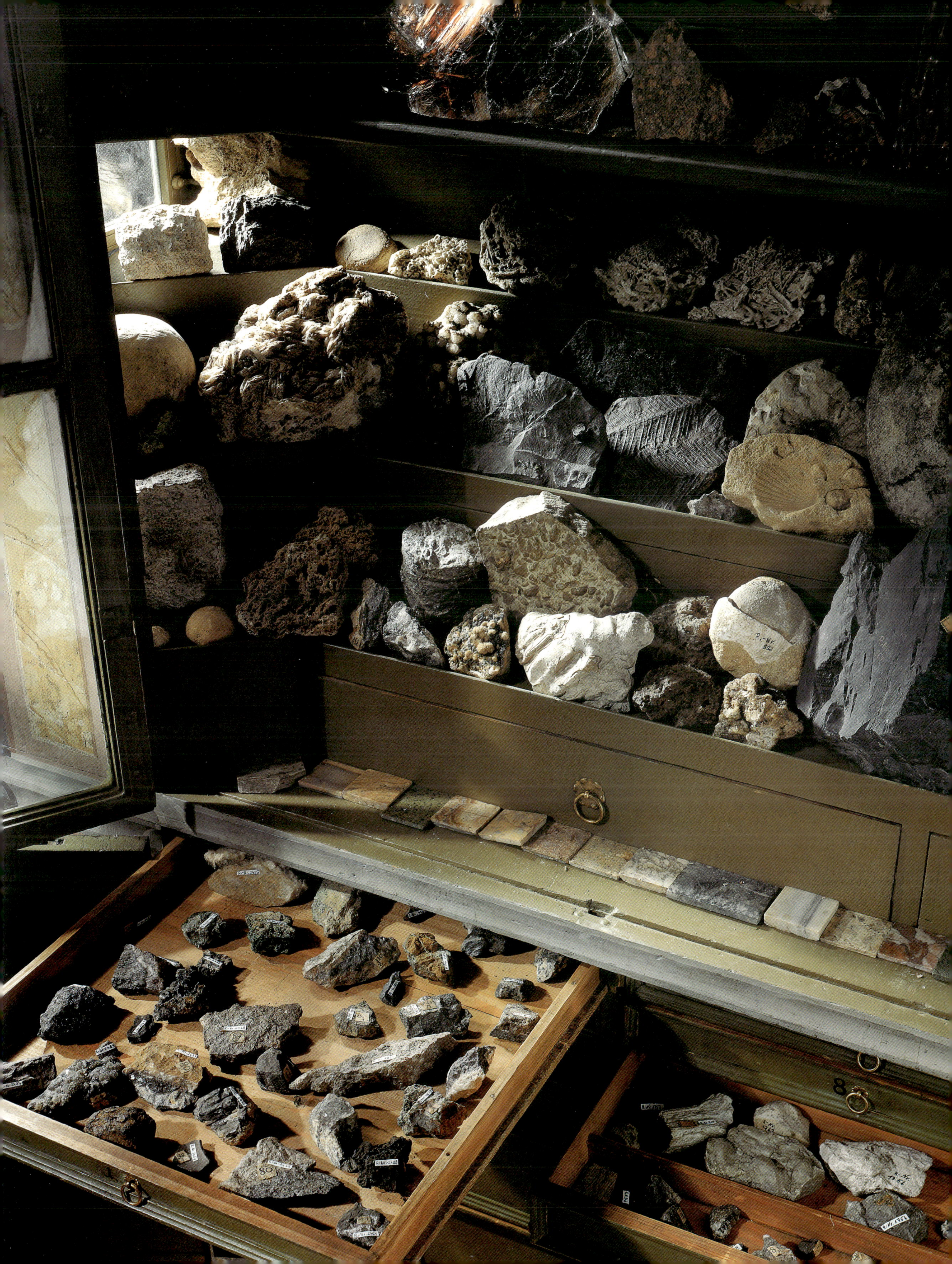

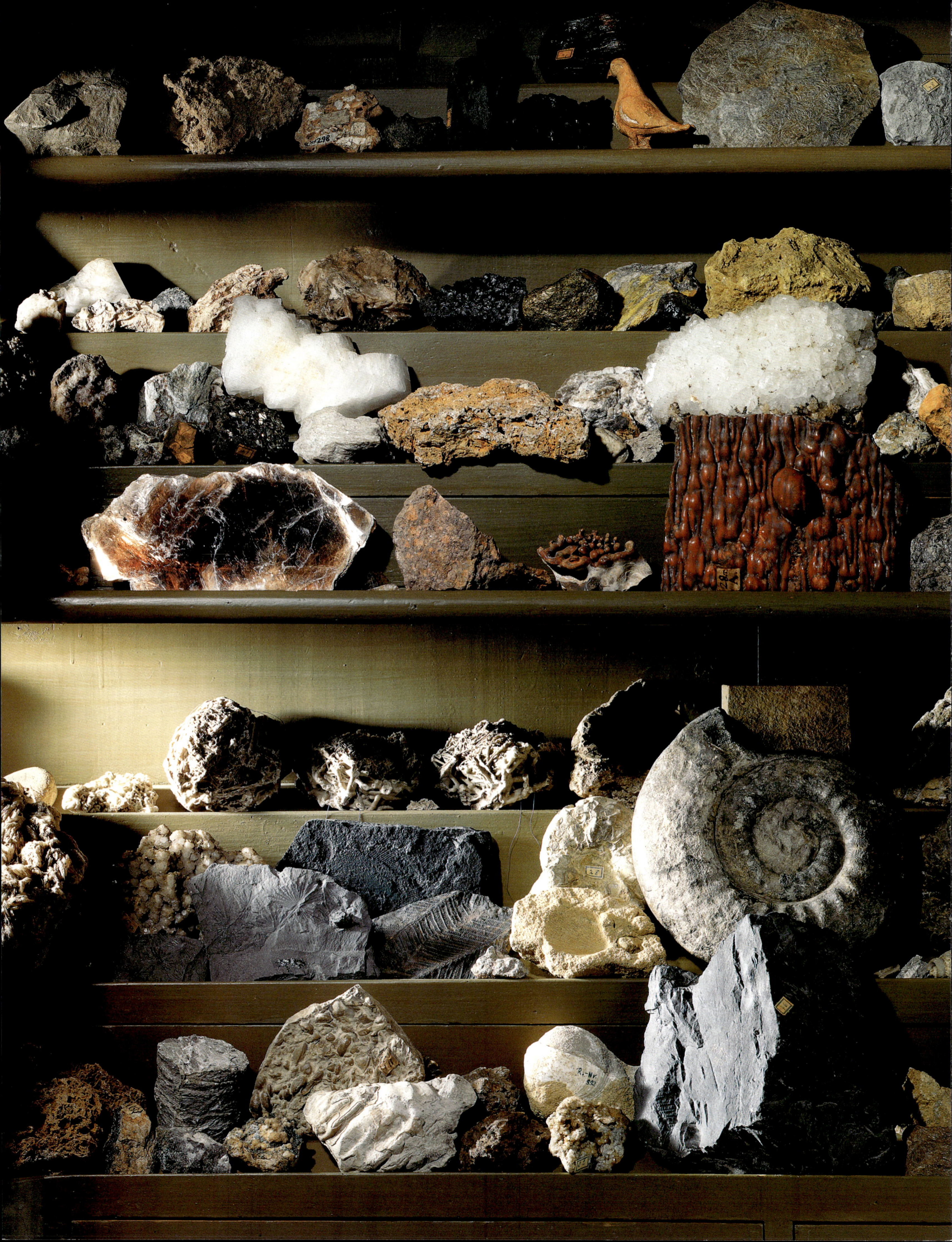

Naturalien-Kammer des Waysenhauses alhier einen reichen Vorrath von Mineralien zu verehren welche wohl angekommen sind… Ewr. Hochwolgeb. aber statte hierdurch für solche besondere Geneigtheit gegen das Waysenhaus schuldigsten und ergebensten Danck ab…[93] Es ist nicht auszuschließen, daß sich der besorgte Vater mit dieser großzügigen Sachspende die besondere Gunst der Anstalten erwerben wollte, in deren Obhut er seinen einzigen Sohn übergeben hatte. Womöglich vermutete dies auch Francke, denn in seinem Dankschreiben fuhr er gleich fort, er hoffe, daß der junge Mann von seinem Aufenthalt in Halle profitieren werde. Gleichzeitig wies er aber darauf hin, daß dies nicht in seiner, sondern allein in Gottes Hand liege. Und so erhielt der junge Schönberg in den folgenden vier Jahren, die er in den Anstalten verbrachte, durchaus keine Sonderbehandlung. Zwar durfte er auf Wunsch des Vaters ab und an dem Unterricht fernbleiben, wenn er nach Hause reiste, aber das war nicht ungewöhnlich. Als der Stiftsrat einmal darum bat, daß sein Sohn auf der Heimreise von einem der Präzeptoren begleitet würde, lehnte Francke dies unverblümt ab.[94] Dennoch erwies Schönberg durch huldvolle Briefe regelmäßig seine Referenz. Später ging er dazu über, Geld für die Dänisch-Hallesche Mission zu spenden. Im Gegenzug schickte Francke ihm die neuesten Ausgaben der Missionsnachrichten zu. In den ersten Jahren aber übersandte Schönberg weitere Mineralien und animierte sogar befreundete Adlige, ihrerseits Petrefakten nach Halle zu schicken. Bis nach St. Petersburg reichte sein Engagement, die Gesteinssammlung des Waisenhauses zu bereichern.[95] Aus seinen Briefen wird deutlich, daß er dem Halleschen Waisenhauses großen Respekt entgegenbrachte. Die Spenden waren Ausdruck seiner tief empfundenen Bewunderung, auch wenn er sich möglicherweise Vorteile für seinen Sohn davon erhoffte. Das Waisenhaus nahm umgekehrt jede Art von Unterstützung gerne an, egal ob sie aus Geld oder aus Sachspenden bestand. Selbst Gesteinsproben, wie in diesem Fall, waren gerne gesehen. Aber dadurch konnte man sich bei den Halleschen Pietisten nichts erkaufen, das wird an diesem Fall deutlich.

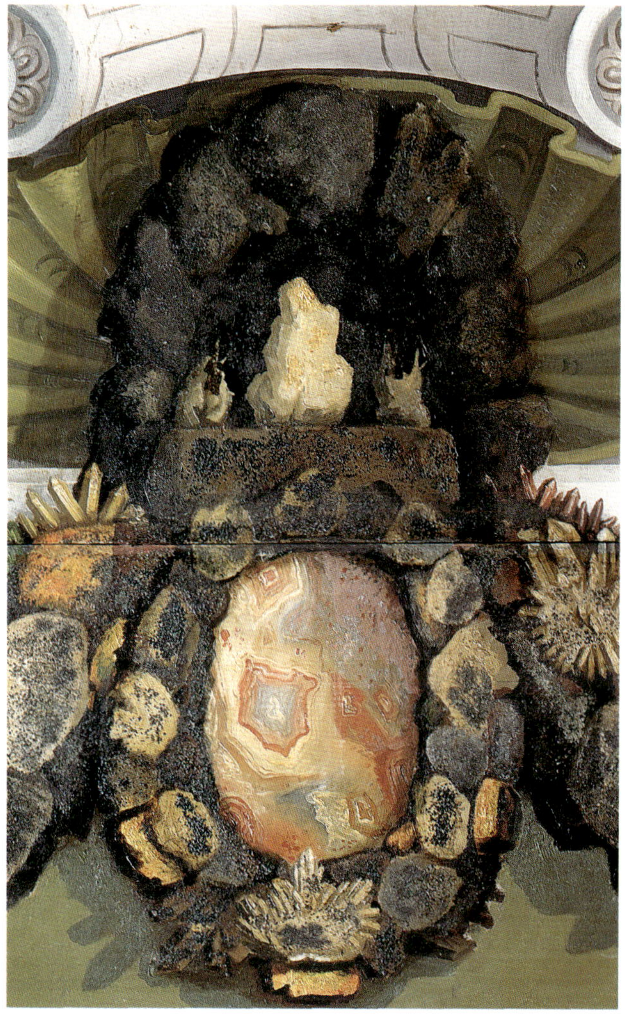

Nur der geringere Teil der Gesteinssammlung wurde im Schauteil ausgestellt. Vermutlich waren neben Proben aller Art vor allem die spektakulären Stücke zu bewundern. Dazu gehörten wohl Versteinerungen, glänzende Kristalle, Halbedelsteine und überkrustete Gegenstände, die heute noch dort zu sehen sind. Im Vordergrund liegen jetzt Beispiele aus der Marmorsammlung, die dem Waisenhaus 1748 aus Venedig übersandt wurden. Ursprünglich handelte es sich dabei um 118 Proben, die der Pietist Johann Blasius eigens für die hallesche Naturalienkammer erwarb.[96] Ganz oben ist eine kleine Vogelfigur zu erkennen. Diese hatte man in Karlsbader Heilwasser gelegt, wodurch sie eine bräunliche Überkrustung ansetzte. Solcherlei Ablagerungen aus Karlsbad finden sich mehrfach in der Sammlung. Jene auffällige braune Platte mit den blasenartigen Erhebungen auf der Oberfläche, die jetzt in der Mitte des Schrankes steht, stammt ebenfalls aus Karlsbad, taucht schon im ersten gedruckten Katalog der Kammer 1701 auf und wird im Verzeichnis von 1741 beschrieben als …*Ein großes Stück dunckel brauner harter Stein, welcher sich von dem Carlsbader Waßer in denen Bad-Stuben an die Bretter vest setzet.*[97]

In den nächsten beiden Schränken II.B. und III.C. brachte Gründler die Pflanzenwelt unter. Einleitend bemerkte er dazu im Katalog: *In dem II. B. Schrancke befinden sich Sachen aus dem Pflantzen-Reich (ex regno vegetabili) welche in zwo Classen eingetheilet sind:*

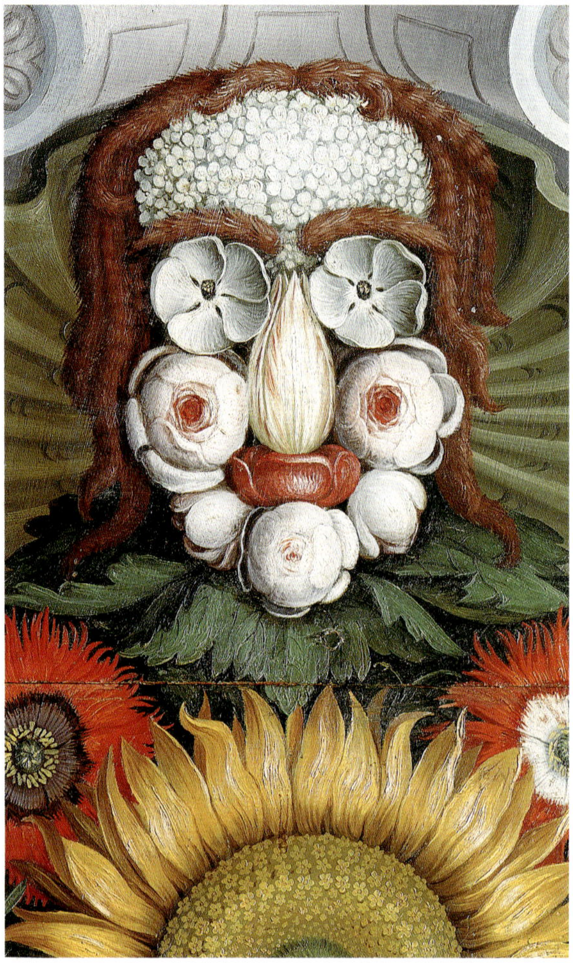

I. in Pflantzen, so aus der Erde in freyer Luft wachsen (vegetabilia terrestria)

II. in Pflantzen so unter dem Waßer wachsen, entweder in Flüßen, oder im Meer. (vegetabilia aquatica, fluviatilia & marina.)

Was aus der ersten Claße vorhanden, ist im gegenwärtigen II. B. Schranck befindlich. Die Eintheilung derselben hat nicht so vollkommen, wegen Mangel an genügsamen Vorrath gemacht werden können. Derohalben habe, was gegenwärtig vorhanden, abgetheilet 1. in Wurtzeln, 2. Stämme oder Holtz; 3. Blätter oder Kräuter; 4. Blumen; 5. Früchte und Saamen. Die, so in die andere Classe gehören, sind im III. C. Schranck zu suchen.[98]

Bis heute besitzt die Pflanzensammlung nur jenen geringen Umfang, den Gründler bereits im Katalog beklagte. Der zweiflüglige Schrank II.B. ist den Landpflanzen gewidmet. Die Bekrönung ziert eine Blumengirlande mit einem Gesicht in der Mitte, das nach der Art Arcimboldos aus Pflanzenteilen zusammengesetzt ist. Obwohl dieser einprägsame Stil Mitte des 18. Jahrhunderts längst nicht mehr gebräuchlich war, nahm Gründler ihn auf, weil in ihm der Gedanke von der *beseelten Natur* zum Ausdruck kommt. Zudem führte er damit eine neue Variation des Themas vor, das ihn bei der gesamten Arbeit an der Kammer geleitet hatte: Die vielgestaltige Verflechtung von Kunst und Natur. Der danebenstehende einflüglige Schrank III.C. beherbergt die Seepflanzen. Bei den heute etwa dreißig Ausstellungsstücken handelt es sich überwiegend um Korallen, wie die Malerei in der Bekrönung andeutet.

Wiederum kamen die Pflanzenexponate aus aller Welt, und obwohl von relativ geringer Anzahl, befanden sich doch höchst erstaunliche Stücke darunter. Sie geben ein gutes Beispiel dafür, wie sehr das Gedeihen des Kabinetts von der Initiative der halleschen Gefolgsleute in aller Welt abhängig war. So bedachte der bereits erwähnte Johann Blasius während seiner Zeit in Italien die Waisenhaussammlung verschiedentlich mit Raritäten. 1747 schrieb er an Gotthilf August Francke aus Venedig: *In dem Benedictiner closter, auf der Inselchen des Heil. Michaelis habe einen sehr redlichen und einfältigen jungen Menschen oder Mönch gefunden; mit welchem ich mich in seiner Celle über die Herrlichkeit Gottes, welche er im Reiche der Natur sehen läßet, gewundert und gefreuet. Er ist ein großer Liebhaber von Naturalien und hat mir eine Ceder frucht vom Berge Libanon geschencket; welche ich dem H. Inspector Rüdel auf die Naturalien Kammer schon abgesendet.*[99] Natürlich war es kein Zufall, daß Blasius gerade mit einem Zapfen der Libanon-Zeder beschenkt worden war. Der Baum taucht wiederholt im Alten und Neuen Testament auf. Bereits König Salomo läßt für seinen Tempelbau Zedern vom Berg Libanon schlagen. Und mit ihrer biblischen Symbolkraft eignete sich die Zedernfrucht dann auch besonders gut für die Pflanzensammlung der pietistischen Wunderkammer. Da schadete es auch nicht, daß man bereits mehrere Exemplare hiervon besaß, als Blasius' Sendung eintraf. Francke anwortete dennoch: *Auch dancke Ihnen recht hertzlich für die schönen Stücken, welche Sie zu verschiedenen malen für unsere Naturalien Kammer übersendet. … Wenn Sie ferner etwas rares finden solten und übersenden wollen, will ich Ihnen gerne die Kosten deswegen ersetzen, wie denn auch das was Sie etwan bisher angewandt haben nur an H. Insp. Rüdel zu melden bitte, damit es Ihnen restituiret werden könne.*[100] Zwei der Zedernzapfen liegen heute noch im Schrank aus.

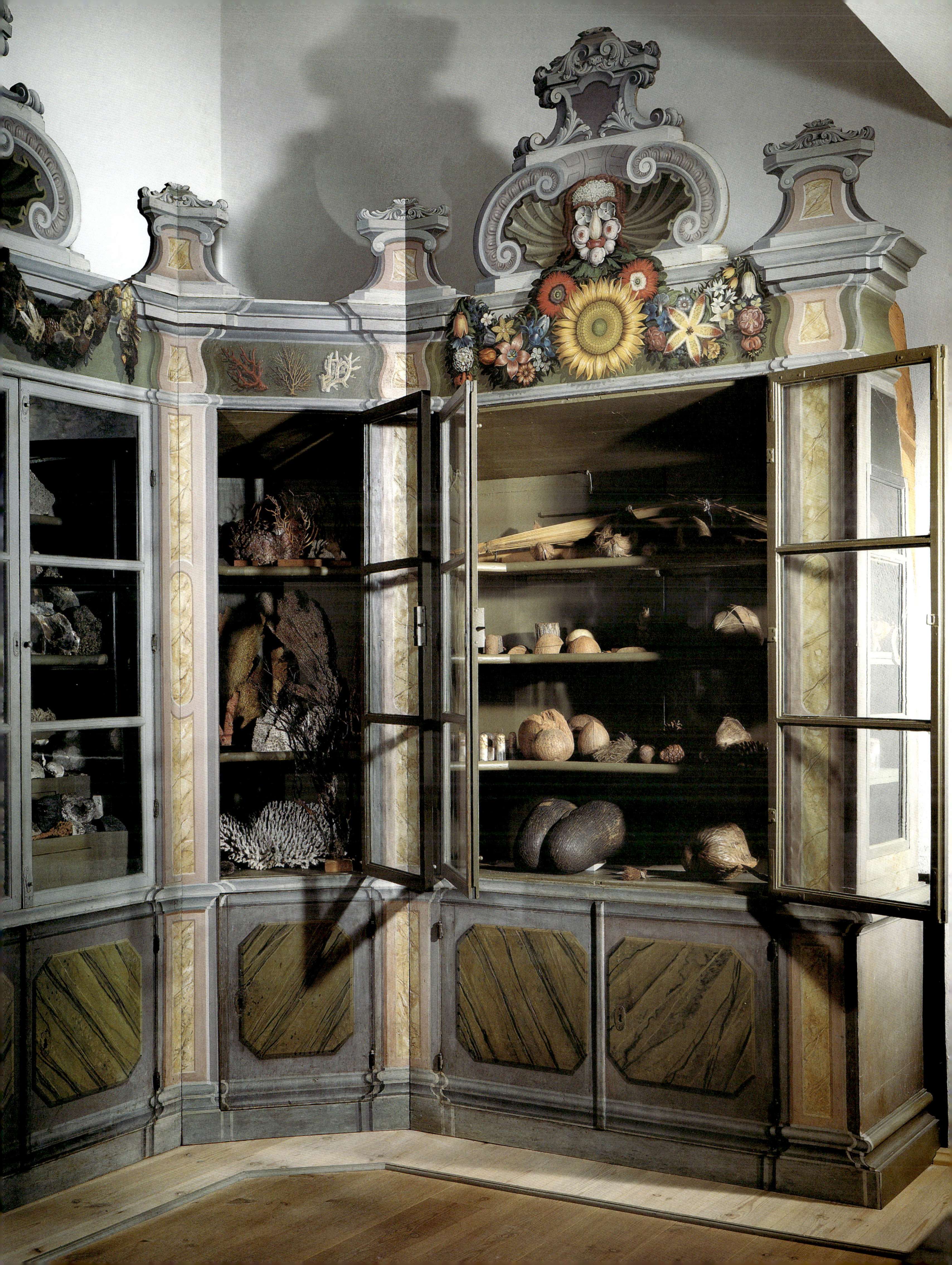

Ganz allgemein verstärkte sich in diesen Jahren das Bemühen der Anstaltsleitung noch einmal spürbar, neue Stücke für die Naturalienkammer zu erlangen. Sicher lag das mit an dem Engagement Johann Abraham Rüdels, der um diese Zeit die Verantwortung für die Sammlung trug. Rüdel war ein typisches Ziehkind des Halleschen Pietismus. Als Waisenkind zu Francke gekommen, verbrachte er fast sein ganzes restliches Leben in den Anstalten. Als er in den 1740er Jahren Kustos der Kammer wurde, bemühte er sich um persönlichen Kontakt mit Leuten, die zu der Sammlung etwas beitragen konnten. Er war auch der Verfasser des liebevollen Textes über die Kammer, der 1749 in der Dreyhauptschen Chronik erschien. 1745 reiste Hermann Heinrich Lemke als Seelsorger im Auftrag des Waisenhauses nach Nordamerika, um in der Kolonie Georgia die Betreuung der Salzburger Exulanten fortzusetzen. Im Gepäck nahm er unter anderem die nachdrückliche Bitte Rüdels mit, neben seinem Pfarramt nach geeigneten Objekten für die Kunst- und Naturalienkammer der Anstalten Ausschau zu halten. Lemke zeigte sich durchaus willig. Kurz nach seiner Ankunft meldete er sich bei Rüdel und versicherte, er werde sich bald ans Werk begeben. Schließlich verschaffe ihm das Sammeln von Naturalien Bewegung, und die benötige er ohnehin. Eifrig fügte er hinzu, er habe bei den einheimischen Indianern auch schon allerhand merkwürdige Kleidungsstücke gesehen und schloß mit der leichten Übertreibung, hier gebe es Schildkröten, die sich mit der Geschwindigkeit eines fliegenden Vogels fortbewegten.[101] Lemkes anfänglicher Enthusiasmus führte wohl dazu, daß Francke besonders ihn in den folgenden Jahren immer wieder drängte, Naturalien für Halle zu sammeln. So wichtig war Francke diese Angelegenheit, daß er einem freiwilligen Helfer, den Lemke erwähnte, sogar Entlohnung in Form von Buchpaketen versprach.[102] Das Interesse richtete sich vor allem auf unbekannte Pflanzen, denen nach Möglichkeit Beschreibungen beigefügt werden sollten.[103] Natürlich konnten die Mitarbeiter, bei allen Belastungen, die ein Pfarramt in der amerikanischen Wildnis mit sich brachte, diesen Wünschen nur ganz nebenbei nachkommen. Der hallesche Hauptpfarrer in Georgia, Johann Martin Boltzius, behalf sich deswegen sogar damit, seine Kinder loszuschicken, um nach interessanten Naturalien für Halle Ausschau zu halten.[104] Und auch Lemke kam erst drei Jahre nach seiner Ankunft in Georgia dazu, einige Naturalien nach Europa zu schicken.[105]

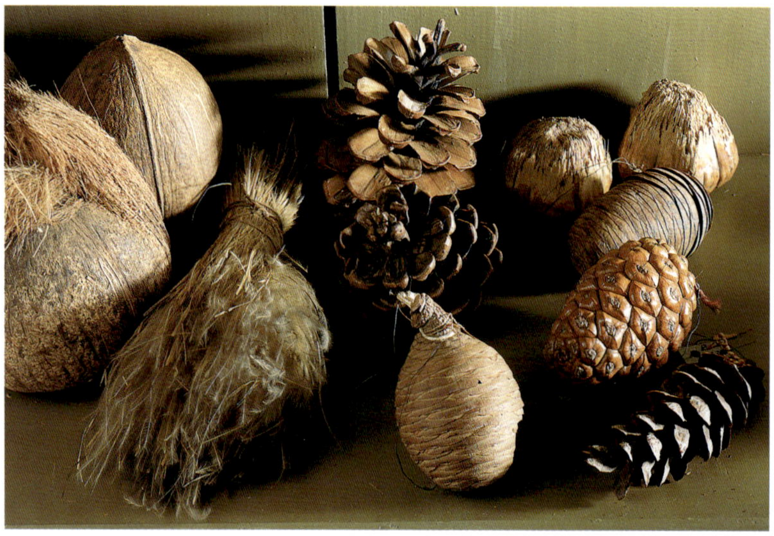

Das, was schließlich in Halle ankam, stieß hier freilich auf reges Interesse. Sogar von auswärtigen Freunden gelangten Anfragen nach weiteren spezifisch amerikanischen Naturalien an die Pfarrer in Georgia. So übermittelte Francke 1751 den Wunsch eines Herrn von Münchhausen, ihm doch bitte eine ganze Sammlung amerikanischer Pflanzensamen zusammenzustellen. Dezent fügte Francke an, daß es sich bei dem besagten Herrn um einen großzügigen Förderer der Anstalten handele, und schließlich könne man *...durch eine Dienstfertigkeit in dergleichen Neben-Sachen sich öfter gar viele Liebe erwerben...*[106] Bei anderer Gelegenheit forderte er die Übersendung aller in Georgia vorhandenen Kartoffelsorten an.[107] Die Mitarbeiter in Übersee werden über solche Extraaufgaben nicht eben erfreut gewesen sein. Immer wieder wiesen sie auf den Zeitaufwand hin, der damit verbunden war. Und insgesamt gelangte aus der amerikanischen Diaspora dann auch vergleichsweise wenig in die Naturalienkammer des Waisenhauses. Nachweislich aus Nordamerika sind dennoch einige Stücke in diesem Schrank zu sehen. So ist das kleine reisigartige Büschel im unteren Vitrinenbereich der getrocknete Erdsproß einer Silberkerze aus Virginia. Dieses Hahnenfußgewächs besaß auch pharmazeutische Bedeutung, und das vorhandene Exemplar gelangte vor 1741 hierher.

Die meisten exotischen Objekte gelangten freilich aus Indien in diesen Schrank. Allerlei Dornenzweige und Früchte waren dabei. Auch gehörten Areknüsse und Betelblätter hierher, die man zusammen als

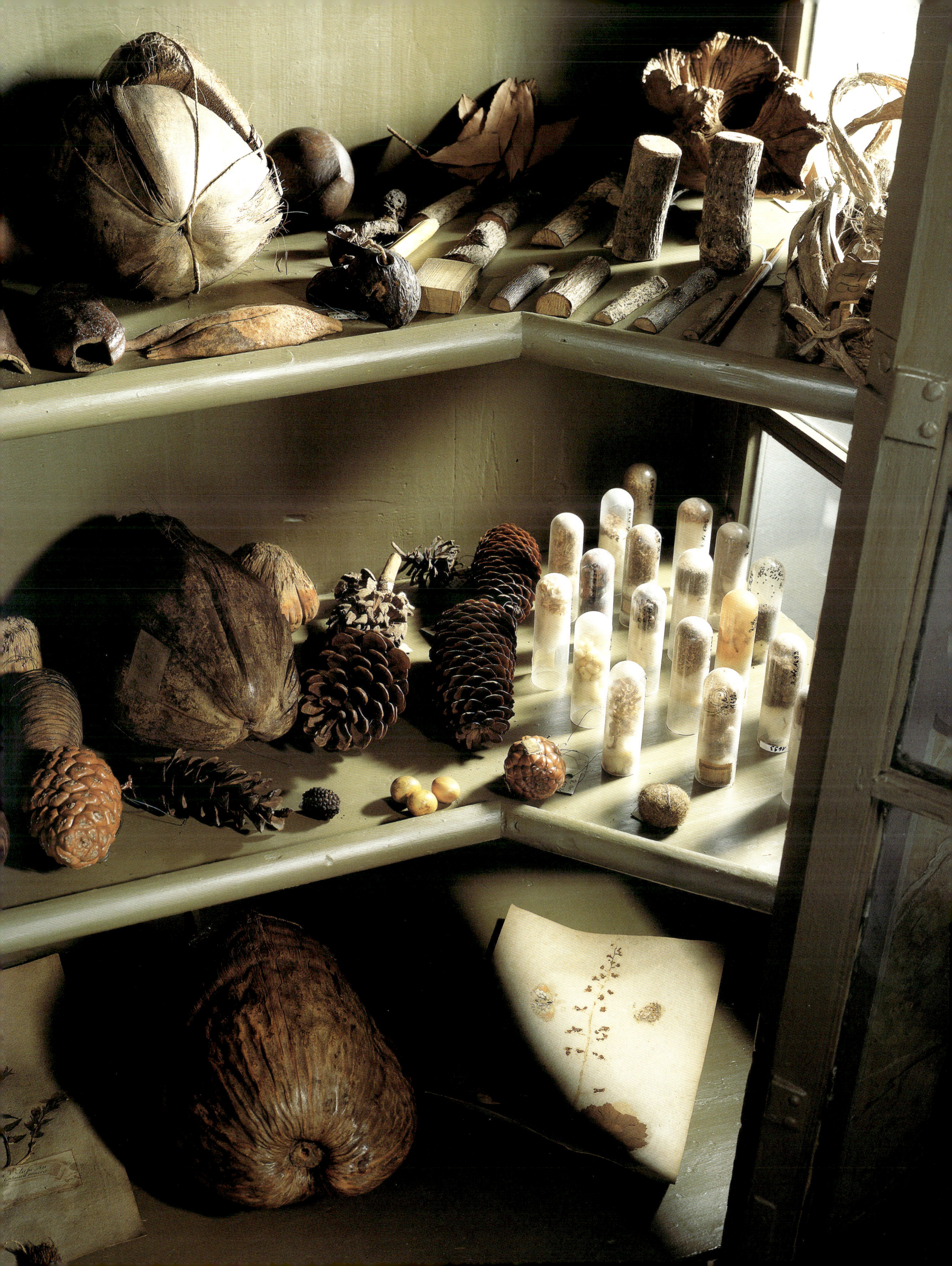

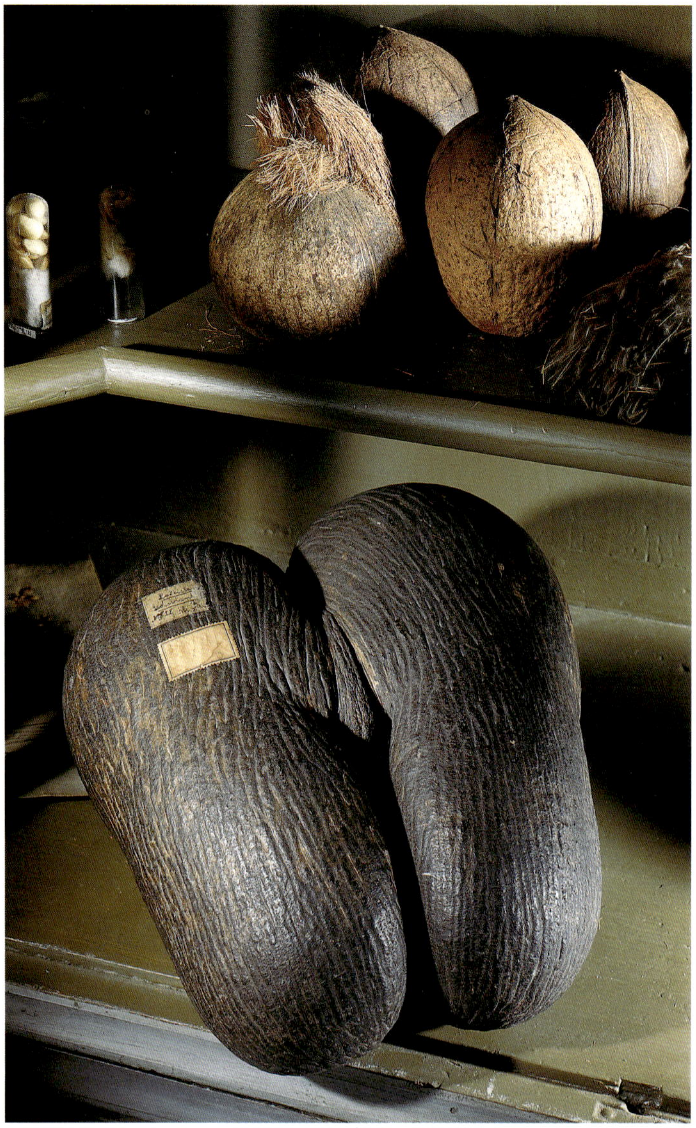

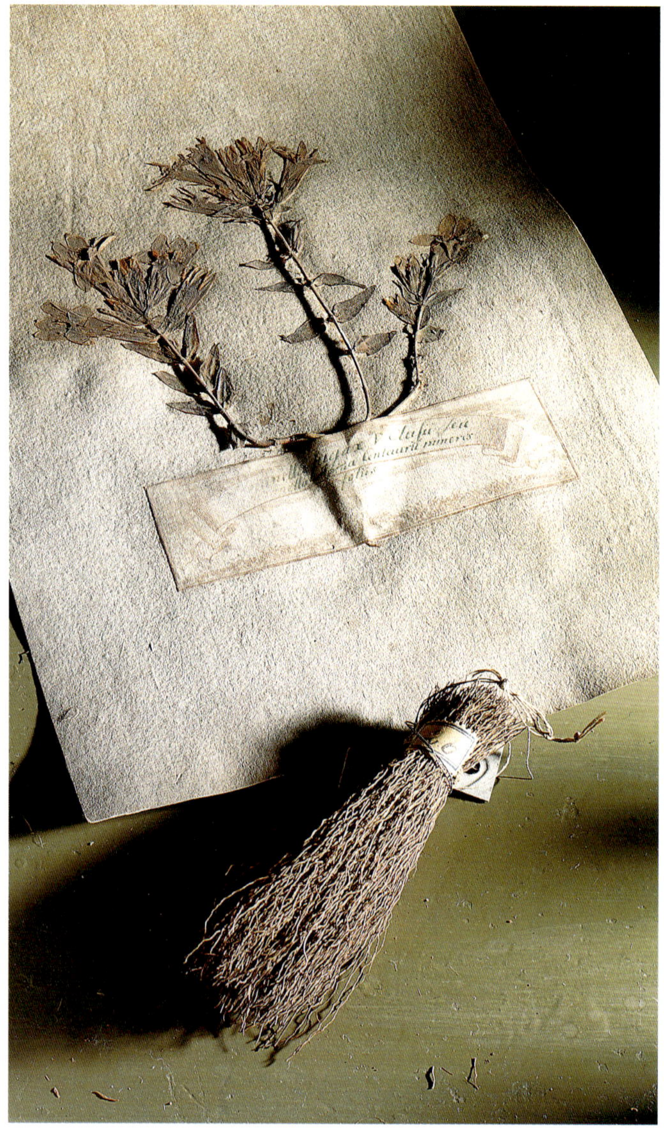

Konfekt zubereitete und bei festlichen Anlässen seinen Gästen reichte. Da sie eine besondere Rolle in der indischen Landeskultur spielten, finden sich beide Pflanzen auch im Malabarenschrank XI.L.

Noch heute fallen besonders die verschiedenen Exemplare der Kokosnuß in den Blick. Das größte Stück ist eine Doppelnuß der Seychellen-Palme, die auch für medizinische Zwecke Verwendung fand. Da im Waisenhaus ein ausgeprägter Sinn für Wirtschaftlichkeit herrschte, schätzte man besonders die vielseitige Nutzung der Kokospalme in Indien und trug allerlei Beispiele hiervon in der Naturalienkammer zusammen. Über mehrere Schränke verteilt tauchen Bestandteile dieser Palme auf: Im Malabarenschrank liegen schmuckvolle Fächer aus Palmblättern. Am selben Ort, ebenso wie im Schriftenschrank, sind Palmblattmanuskripte zu sehen. Der Schrank XIII.N. enthält verschiedene Speisegeschirre und Schmuckgegenstände aus Kokos. Bis heute noch in der Pflanzensammlung zu besichtigen sind der Bast der Palme, den die Inder als Sieb benutzten, vor allem aber Früchte und Blätter. Ein besonders großes Palmblatt, das hinter anderen Exponaten auf dem obersten Vitrinenbrett liegt, beschrieb Gründler so: *Ein 4. Fuß langes Palm-Blatt aus Ost-Indien von der Küste Coromandel. Auf dieser Art Palm-Bäumen wachsen die größten Cocus-Nüße, aus welchen Trinck-Geschirre gemacht werden; Sie sind denen Indianern sehr nützliche Bäume, wovon sie fast ihre Unterhaltung nehmen können. Sie verfertigen auch ihre Bücher aus diesen Blättern, auf welche sie mit einem eisern Griffel schreiben. Die Nutzbarkeit diese Baums ist beschrieben in denen Malabarischen Missions-Berichten. Cont. XXI. p. 721. Item Hort. Malabar. part: II. fig. 9.*[108]

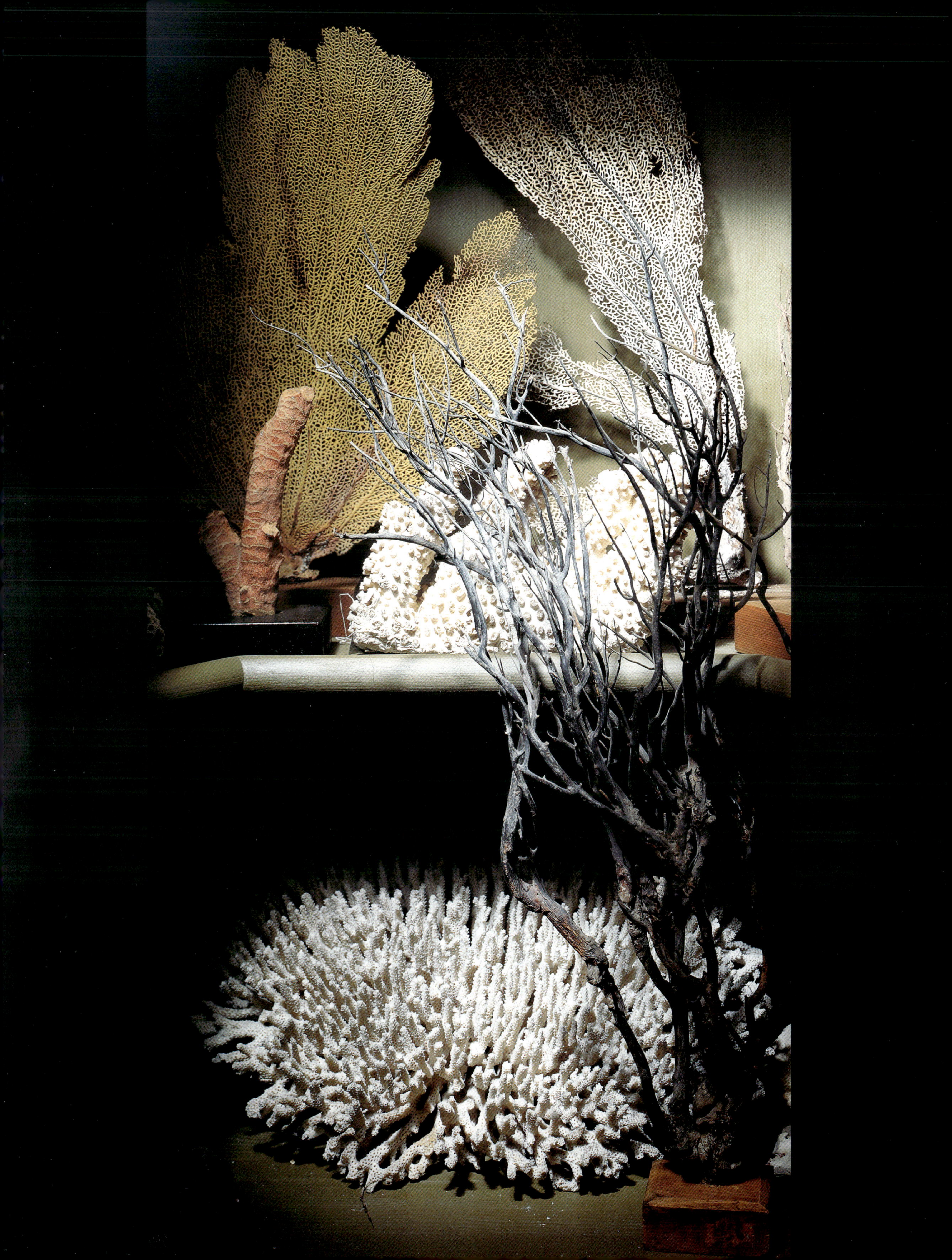

In der benachbarten Ecke des Raumes sind die drei Schränke für das Tierreich zu sehen. Gründler schrieb einleitend: *In dem IV.D. Schranck befinden sich Sachen aus dem Thier-Reiche (ex regno animali) welche nach Linnaei Natur-Systemate in verschiedene Classen eingetheilet sind, wie folget:*

1. Der Mensch, nebst den vierfüßigen Thieren.
2. Vögel.
3. Waßer- und Land-Thiere.
4. Fische.
5. Insecten.
6. Gewürme.
NB. Was zu der letzten Claße gehöret, ist in dem V.E. und VI.F. Schranck zu finden.[109]

Der dreiflüglige Schrank IV.D. ist sicher das auffälligste Möbel im Saal. Sein Giebel ist mit besonderer Hingabe, mit Detailtreue und bei genauem Hinsehen mit viel Humor bemalt. In der Mitte schaut aus der Bekrönungsmuschel ein grinsender Leopardenkopf. Auf seine Vorderpfoten gelehnt, sieht er selbst aus wie ein amüsierter Zuschauer inmitten dieses zoologischen Panoptikums. Unter ihm entfaltet sich eine farbenprächtige Tierwelt, aufgezogen auf eine imaginäre Schnur, die an zwei aufgemalten Haken über dem Schauteil des Schrankes hängt. Diese girlandenartige Leine wiederholt sich übrigens ebenso wie andere Grundmuster bei allen acht mehrflügligen Eckschränken und trägt so zur Harmonie des Gesamtensembles bei. Obwohl die aufgemalte Fauna auf den ersten Blick wirr aussieht, sind die einzelnen Exemplare bei näherem Hinsehen doch hübsch ordentlich sortiert. Das wirkt gleichsam wie eine Metapher für die gesamte Kammer: Je näher man hinsieht, desto mehr kuriose Einzelheiten entdeckt man. Das Gemälde auf diesem Schrank ist an Lebendigkeit kaum zu überbieten. Der Schrank wirkt wie das Kernstück des ganzen Kabinetts. Sein Innenleben ist aufwendiger gestaltet als die der übrigen Schränke. Der Unterschrank ist mit drei Fächern und sieben numerierten Schubladen ausgestattet. Vier geschwungene Regalböden unterteilen die Schauvitrine. Dort sind etliche Flüssigpräparate in Gläsern zu sehen, deren luftdichter Verschluß aus Schweinsblasen besteht, die mit rotem Siegellack bestrichen sind. Die Konservierungsflüssigkeiten ebenso wie die Verschlüsse der Gläser sind im Laufe der Jahrhunderte verschiedentlich ausgewechselt worden. Im Zuge der jüngsten Restaurierung wurde dies erneut bei einigen Präparaten notwendig und nach originaler Methode durchgeführt. Unter den Präparaten befinden sich einige menschliche Föten. Bereits in den ersten Inventarlisten der Naturalienkammer Franckes tauchen menschliche Anschauungsobjekte auf. 1698 wurde bereits genannt: *ein getrockneter Abortus.* Kurze Zeit später dann: *Ein Abortus von 6. Monath in einem Glase. Ein Abortus von 4. Monath in einer Schachtel.*[110] Zu Gründlers Zeiten waren es bereits acht solcher Präparate, die er neben anderen Teilen der menschlichen Anatomie ausstellte, darunter fast ein halbes Dutzend Steine und Gewächse aus menschlichen Körpern, die teils mit Notizen zur Herkunft und Krankheitsgeschichte versehen waren. So ist heute noch in der linken Hälfte ein Glas zu sehen, über dessen Inhalt Gründler vermerkte: *Ein aufgetrocknetes fleischiges Gewächs (Polypus cordis) welches in der Hertz-Camer eines 18. jährigen Knabens gefunden worden.*[111] Freilich war der Übergang zur Skurrilität fließend. So waren neben *Magen und die Gedärme von einem Menschen, an einem Stück, aufgetrocknet* hier auch ausgestellt: *Sehne oder Spann-Adern von einem Türcken, welche als eine Peitsche zusammen geflochten sind; aus Ungarn.*[112] Den Katalogteil zu diesem Schrank eröffnete jenes Skelett, das unzweifelhaft Dorothea Breitingen gehörte, und das nun mit der Signatur D.1.A. unter einem eigenen Gehäuse frei im Raum stand. Noch im letzten Drittel des 18. Jahrhunderts ist es dort nachweisbar, und offenbar nahm niemand Anstoß daran. Wie heikel dagegen die Ausstellung menschlicher Föten in dem halböffentlichen Museum der Halleschen Pietisten war, bezeugt die Anweisung Gotthilf August Franckes aus dem Jahr 1745, diese Flüssigpräparate in den Unterteil des Schrankes zu verbannen, so daß sie *aus den Augen gesetzet.*[113] Hier machte sich offenbar ein Wandel zeitgenössi-

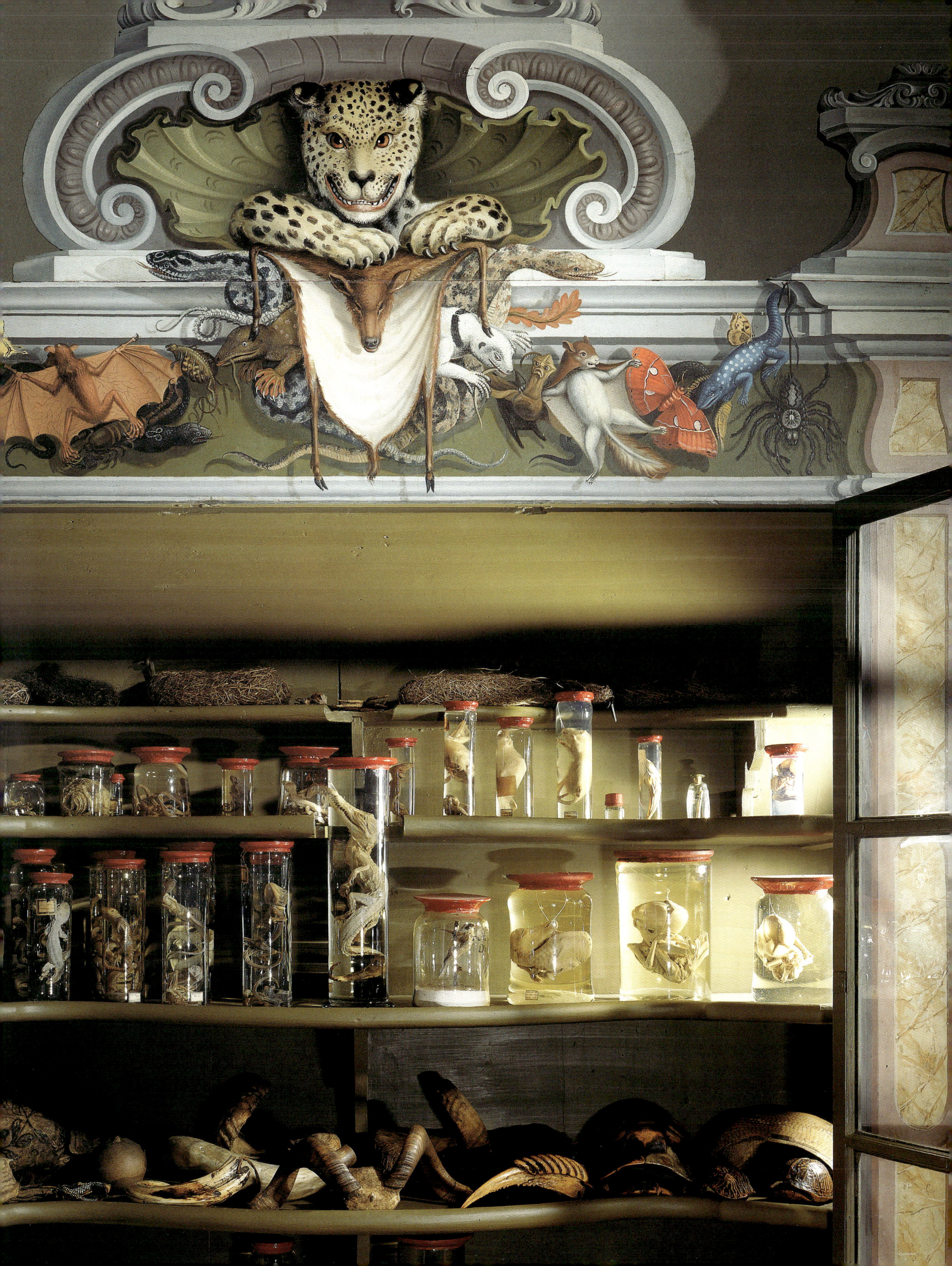

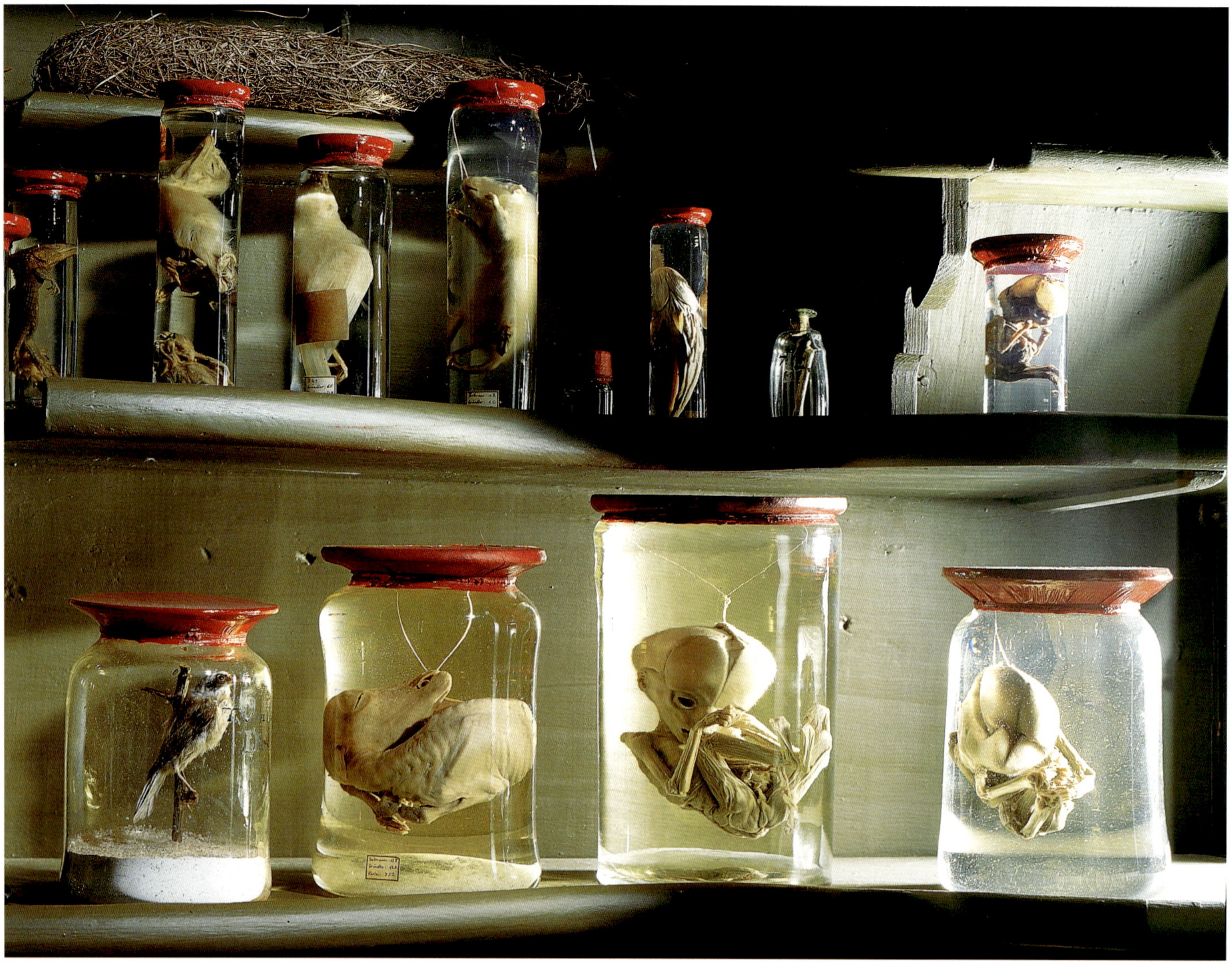

scher Ethikvorstellungen bemerkbar. Zu den etwas anderen Sammlungsstücken der menschlichen Anatomie zählte eine kleine Hand von einer ägyptischen Mumie, die aber auch nicht auslag, sondern im Magazinteil des Schrankes ihre Aufbewahrung fand.[114] Immerhin besaßen Mumienteile bis in das 18. Jahrhundert hinein hohen Verkehrswert unter den Pharmazeuten, die sie zu Arzneien verarbeiteten. Diese Rezepturen wurden im allgemeinen erst am Ausgang des 18. Jahrhunderts als eine subtile Form des Kannibalismus geächtet.[115]

Besondere Aufmerksamkeit in diesem Schrank verdient das verzierte Straußenei. Die hauchdünne Schale ist mit filigranen Schnitzereien versehen. Solche Stücke gehörten zu den besonders beliebten Wunderkammerobjekten. Und das benachbarte Kasuarenei mit der dunklen Schale ist eines der Geschenke, die Francke 1698 aus der kurfürstlichen Kammer erhielt.

Im oberen Fach des Schrankes steht bei den Flüssigpräparaten ein kleines Glas, in dem ein unscheinbarer bindfadenartiger Gegenstand von dunkler Farbe schwimmt. Es handelt sich dabei um einen Medinawurm, dessen Verbreitungsgebiet in den Tropen liegt und der sich auf unangenehme Weise im menschlichen Körper einnistet. Dieses Exemplar stammt aus Indien. Der hallesche Missionsarzt Samuel Benjamin Knoll, der im zweiten Drittel des Jahrhunderts in der südindischen Missionsstation Tranquebar tätig war, hatte den Wurm einem Einheimischen aus dem Fuß gezogen. Anschließend übersandte er ihn an das Waisenhaus, damit er hier bestaunt und für Unterrichtszwecke genutzt werden konnte. Die schmerzhaften Begleitumstände der Operation schilderte Knoll 1735 dem Waisenhausarzt Johann Juncker in einem Brief,

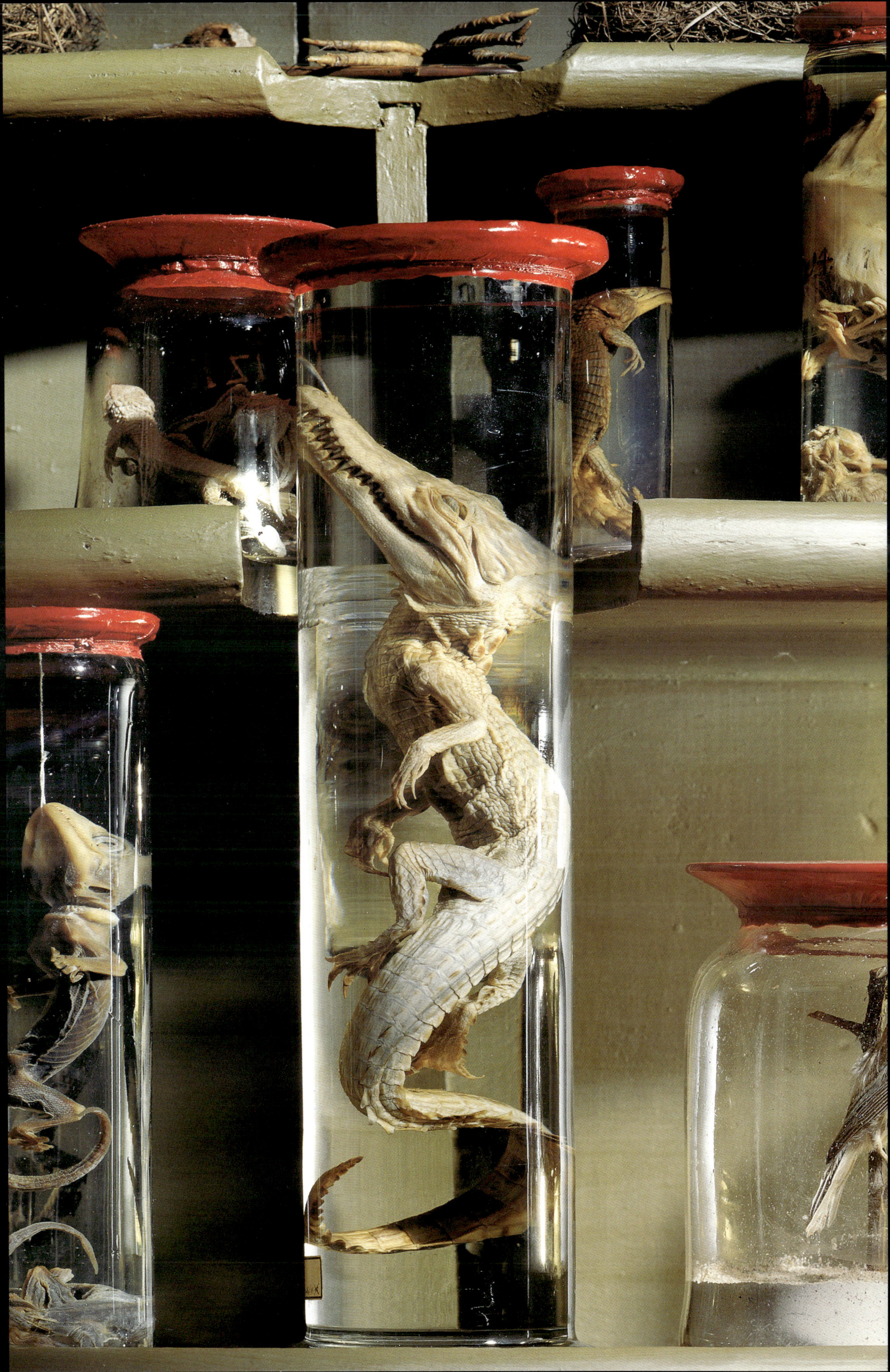

den Francke später wiederum in den gedruckten Missionsberichten veröffentlichte.[116] Dieses Beispiel veranschaulicht, auf welch vielseitige Weise die Halleschen Pietisten von ihren weitgespannten Beziehungen zu profitieren wußten. Durch seine Berichte und die Übersendung dieses hier unbekannten Parasiten trug Knoll natürlich zu einer enormen Ausweitung der medizinischen Kenntnisse in der Heimat bei. Die Veröffentlichung solcher Berichte unterstrich den erheblichen Vorsprung an zuverlässigen Informationen aus vielen Weltgegenden, den das Hallesche Waisenhaus in dieser Zeit besaß, und erweiterte so den Leserkreis der gedruckten Missionsnachrichten weit über die rein pietistisch motivierte Anhängerschaft hinaus. Bewundernswert ist freilich in erster Linie das Engagement Knolls, der neben seinen ärztlichen Pflichten noch daran dachte, die Lehr- und Schausammlung des Waisenhauses mit originärem Material zu versorgen.

Neben vielerlei exotischen Animalien hatte auch die heimische Fauna genug Staunenswertes zu bieten. Während sich ein sechsfüßiges Kalb, das einst von der Decke des Saals hing, nicht erhalten hat, sind in diesem Schrank seit dem 18. Jahrhundert Knochen und andere Körperteile von Haustieren zu sehen, vorzugsweise Mißbildungen und Anomalien, wie die im Glas aufbewahrten Hühnerküken, der schneeweiße Sperling oder die Hausratte mit den Merkmalen eines Albinos.

Daß die Wissenschaft trotz Gründlers ausgezeichneten Kenntnissen noch längst nicht das Reich der Fabeln verlassen hatte, belegen die Eintragungen zu den Hörnern und Geweihen. Wie selbstverständlich katalogisierte Gründler mit ensprechender Angabe weiterführender Literatur:

1. E. *Ein Horn von einem Bisam-Bock. Val. 1, 441.*
2. E. *Ein kleines Horn von einem Rehbock.*
3. E. *Dito, von einem gehornten Hasen. Mus. Dan. fol. II. n. 48.*[117]

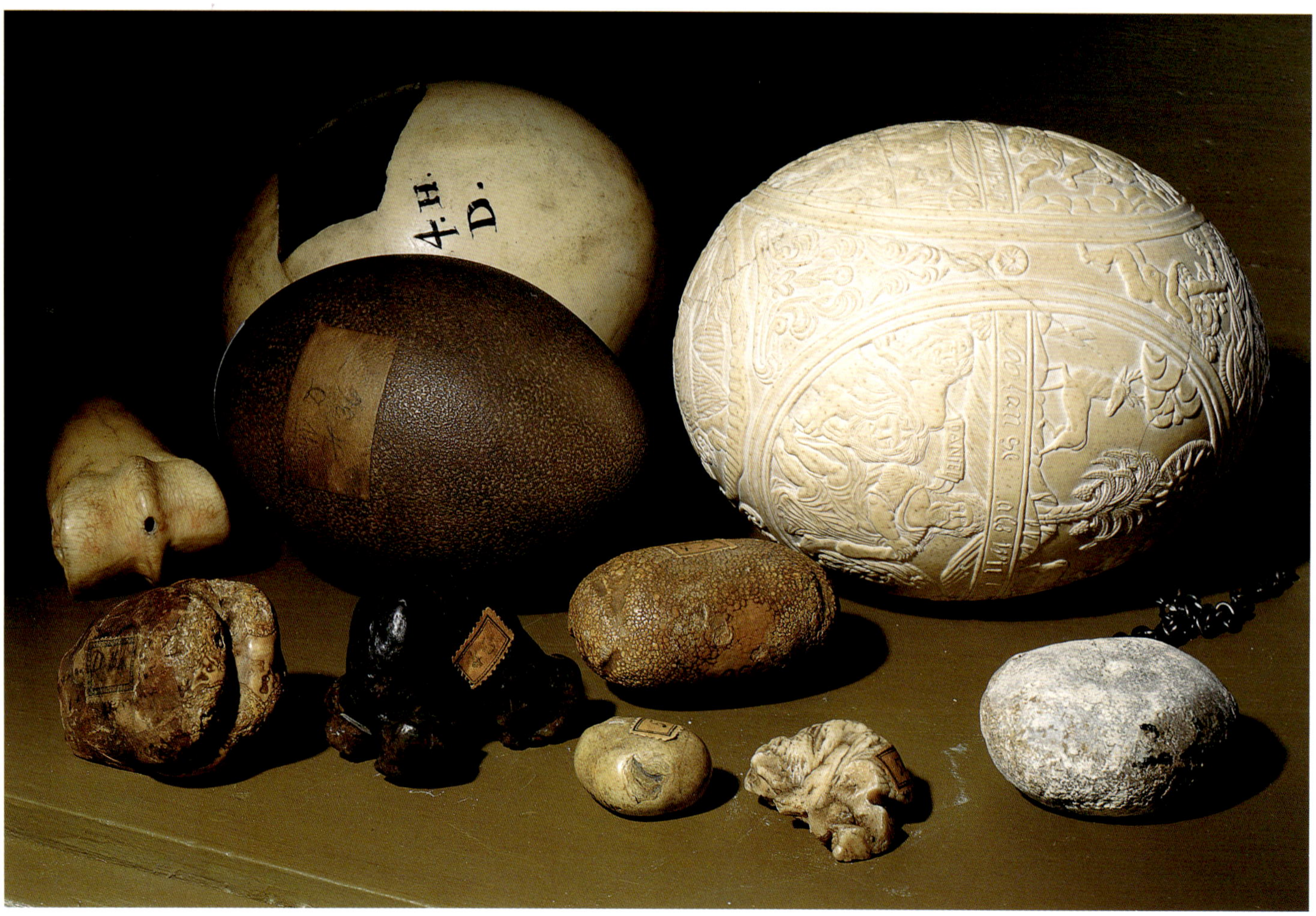

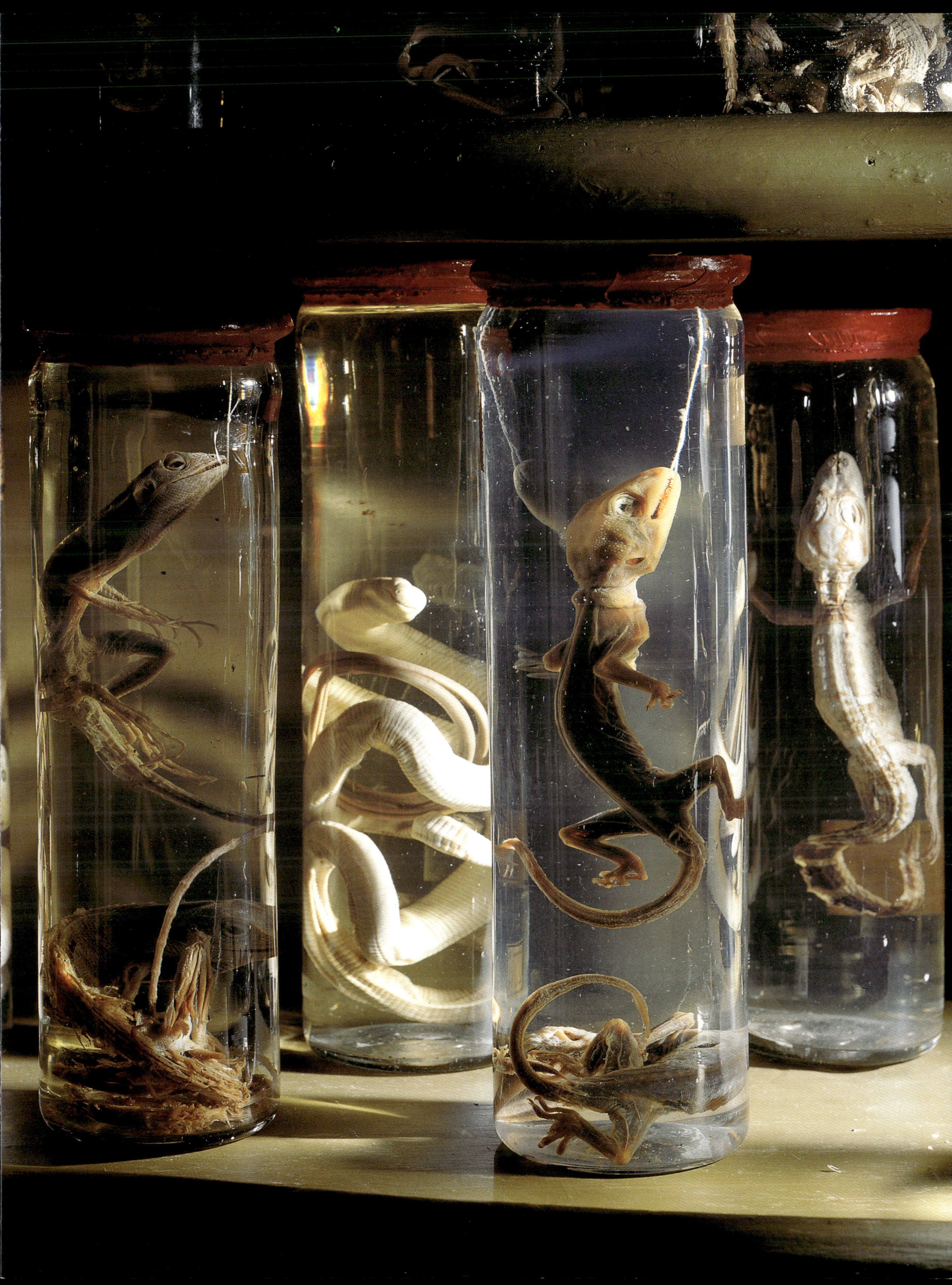

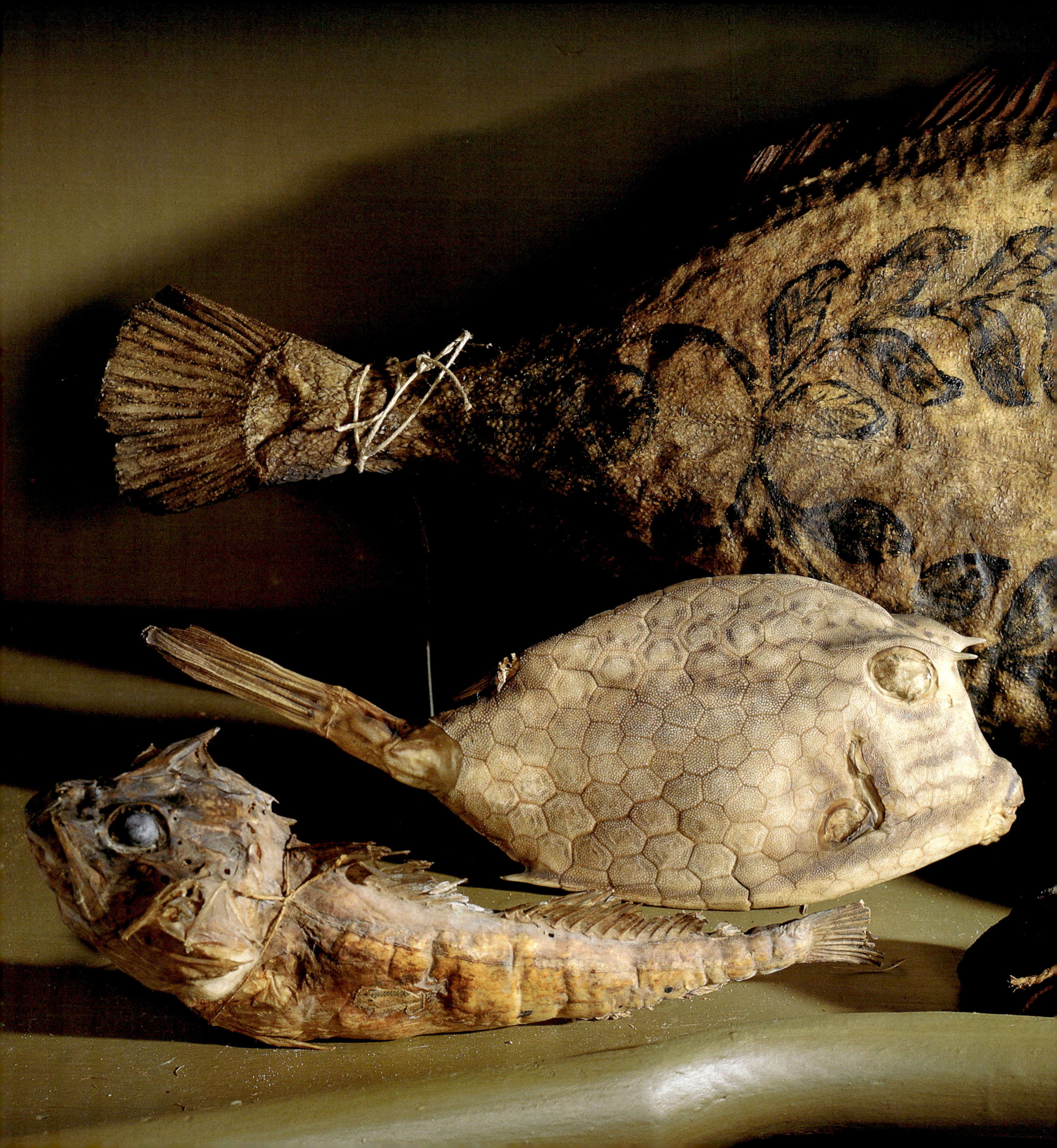

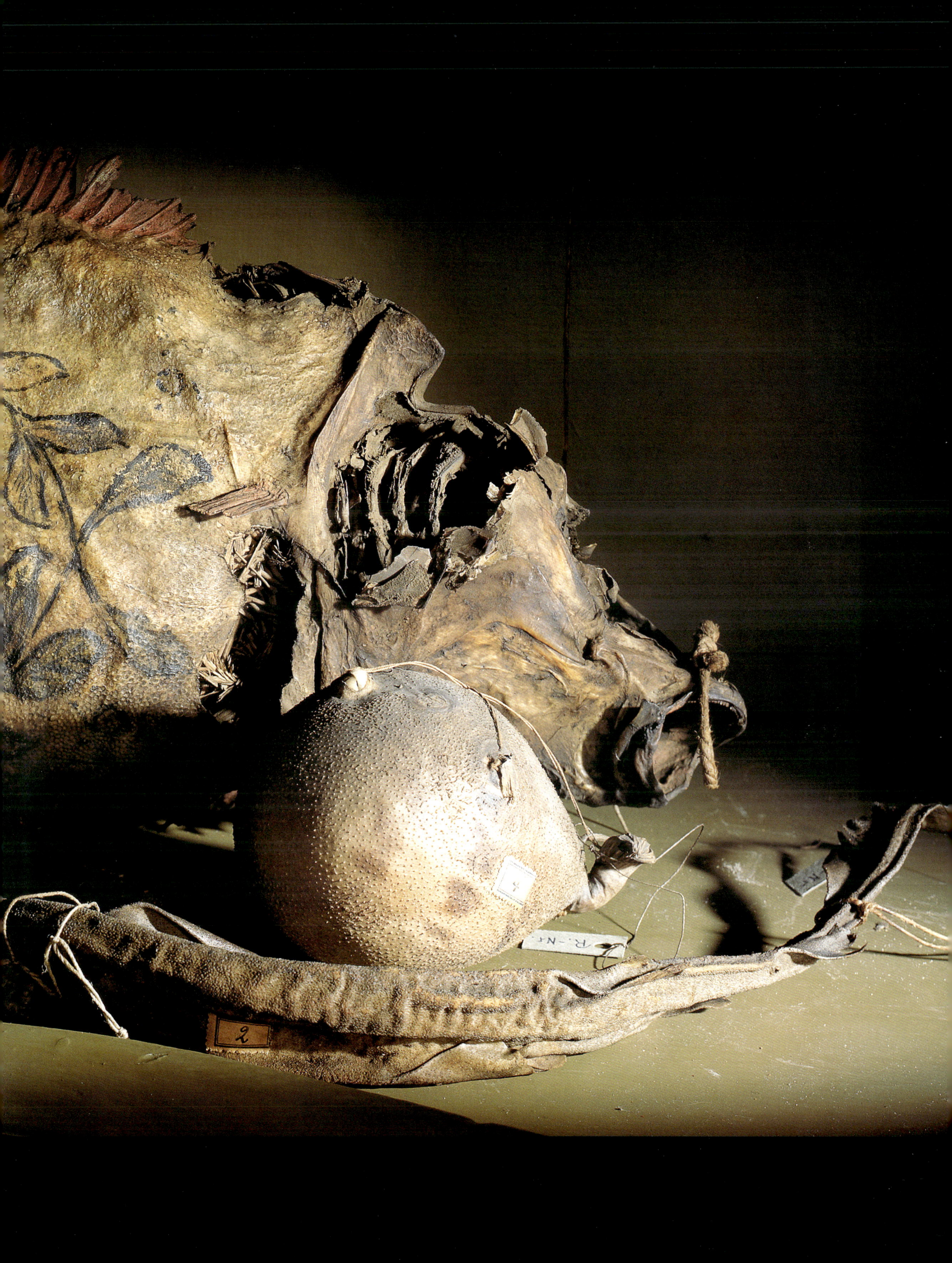
2

In den Schränken V.E. und VI.F. sind die Reste der alten Conchyliensammlung untergebracht. Als unabdingbares Element frühmoderner Naturalienkammern umfaßte diese Abteilung im Waisenhaus bei Gründlers Zählung immerhin 483 Stücke. Neben Seesternen, Seeigeln und anderen *See-Insecten* waren vor allem Schnecken und Muscheln vertreten. Conchylien machten einen ganz eigenen Sammlungsbereich aus und stellten begehrte Tauschobjekte unter Sammlern dar. Liebhaber zahlten bisweilen horrende Summen für ein einziges seltenes Stück. Der Branchenkenner Michael Bernhard Valentini berichtete: *Ja es giebt dergleichen curieuse Leute / welche eine eintzige rare Muschel nicht um viel tausend Thaler von sich liessen.*[118] Entweder waren die Conchylien wie im Waisenhaus Teilkollektionen in einer komplexeren Kammer, aber nicht selten füllten sie auch ganze Kabinette. Aus der Gegend von Orleans wird gar von einem Muschelkabinett unter freiem Himmel berichtet, umrahmt von Wasserspielen und eingebettet in die Architektur eines Schloßgartens.[119] Und Adam Olearius, Mathematicus, Hofastronom und Kustos der Gottorfschen Kunstkammer, ließ es sich nicht nehmen, in einer Publikation über diese großartige Sammlung die Beschreibung der Conchylien mit einem Rätsel einzuleiten, dessen Verse ihrer Schönheit und Unvergänglichkeit huldigten.[120]

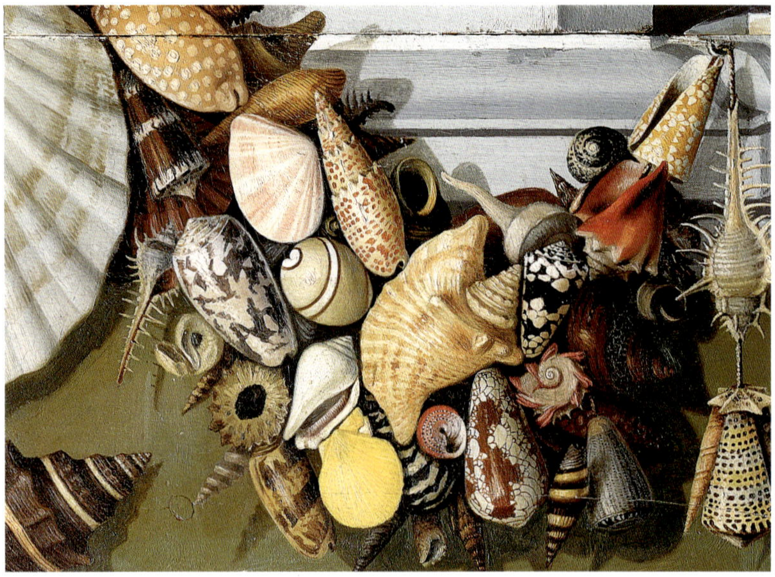

Von der hiesigen Conchyliensammlung ist allerdings nicht mehr viel vorhanden. Das meiste wurde 1835 in die neue Realschule der Stiftungen übernommen und dort separat genutzt.[121] Aus diesem Grunde wirken die beiden Sammlungsschränke heute fast ein wenig überproportioniert. Sie sind mit jeweils zwei Fachböden im Schauteil ausgestattet. Bei dem größeren Schrank sind diese Böden zusätzlich durch Profilleisten unterteilt, vermutlich um möglichst viele kleine Exponate ausstellen zu können. Der Magazinteil ist mit sechs Schubladen und zwei Fächern versehen, im Eckschrank lediglich mit zwei Fächern. Korrespondierend zu dem gegenüberliegenden Pflanzenschrank ziert den Schrank VI.F. ein aus Muscheln zusammengesetztes Gesicht in der Bekrönung. Der Eckschrank V.E. zeigt eine blutrote Krabbe im Giebel. An diesem Ensemble der drei Tierschränke ist auch am deutlichsten das suggestive Schattenspiel in Gründlers Bemalung zu erkennen. Der einflüglige Eckschrank stand direkt im Lichteinfall der Westfenster. Folglich befindet sich der aufgemalte Schatten der Krabbe unmittelbar dahinter. Bei den Bemalungen des Muschelschrankes sind die Schatten leicht nach rechts verschoben, bei dem Tierschrank dagegen nach links.

Obwohl im 19. Jahrhundert die meisten Conchylien entnommen wurden, sind noch einige schöne Stücke erhalten geblieben. Im Zentrum des Schrankes ist eine Riesenmuschel zu sehen, die in der zweiten Hälfte des 18. Jahrhunderts aus Indien nach Halle kam. Davor die Schere eines großen Hummers, der in tropischen Gewässern heimisch ist. Nur ein Teil der Exponate trägt eine alte Inventarnummer. Dennoch wissen wir heute nach Abschluß der wissenschaftlichen Bestandsaufnahme dieses Sammlungsteils wieder von jedem Stück, worum es sich handelt. Und so konnte auch eine Reihe von Muscheln und Schnecken als frühe Stücke aus den Conchylienschränken wiederentdeckt werden. Die meisten ausgestellten Stücke kommen im Indischen Ozean vor. Auch bei den Conchylien waren also die Mitarbeiter der Hallesch-Dänischen Mission offenbar die fleißigsten Lieferanten, aber dennoch nicht die einzigen. Aus Nordamerika, oder *West-Indien*, wie es im Sprachgebrauch der Zeit hieß, sind ebenfalls Exponate zu sehen, darunter der große Seestern im Eckschrank V.E. mit einem Durchmesser von vierzig Zentimetern. Früher besaß man sogar eine kleine Perlensammlung aus unterschiedlichen Weltregionen. Diese lag allerdings im Magazinteil des Schrankes VI.F. unter Verschluß. Und bei den Salzwasser-Krebsen fand sich einst gar ein Sammlungsstück aus dem

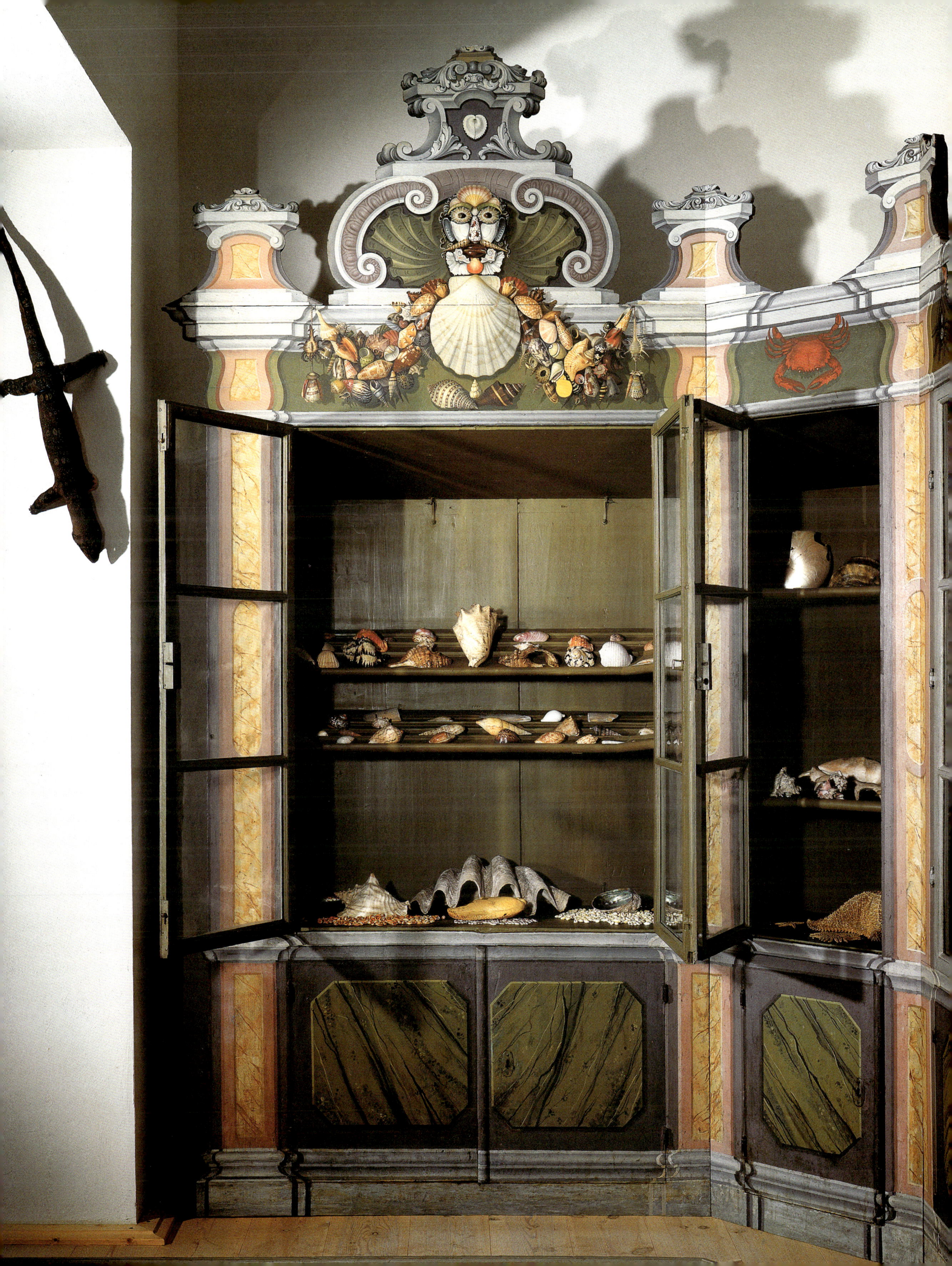

tiefsten Binnenland: *5. a. Ein gantz kleiner See-Krabbe (cancellus) welcher sich in Muscheln aufzuhalten pflegt. Vid. Rumph. pag. 26. Dieser ist zu Wernigerode lebendig aus einer Auster genommen worden.*[122] Die Grafen Stolberg in Wernigerode zählten zu den treuesten Anhängern des Halleschen Pietismus und werden deswegen bei diesem Vorfall wohl sofort an die Conchylienkollektion des Waisenhauses gedacht haben. Nebenbei kommt heraus, daß anscheinend auch Pietisten, denen gemeinhin der Ruch von Weltentsagung und Askese anhängt, durchaus den feinen, ja luxuriösen Gaumenfreuden dieser Welt zugeneigt waren, indem sie frische Austern schlürften. Anzumerken bleibt freilich, daß der Umfang der Conchyliensammlung noch im letzten Drittel des 18. Jahrhunderts so bedeutend war, daß bei einer großen Revision 1776 mühelos fehlende Stücke ergänzt und Lücken geschlossen werden konnten.

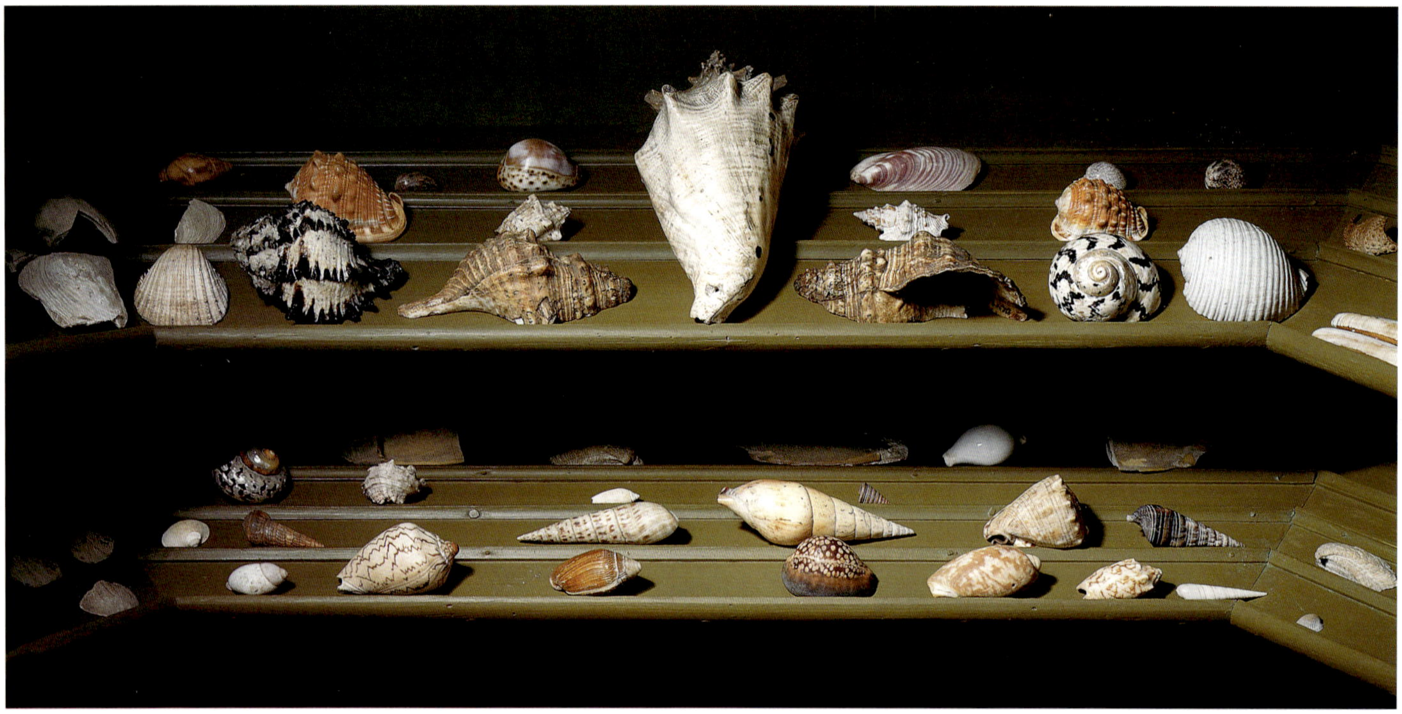

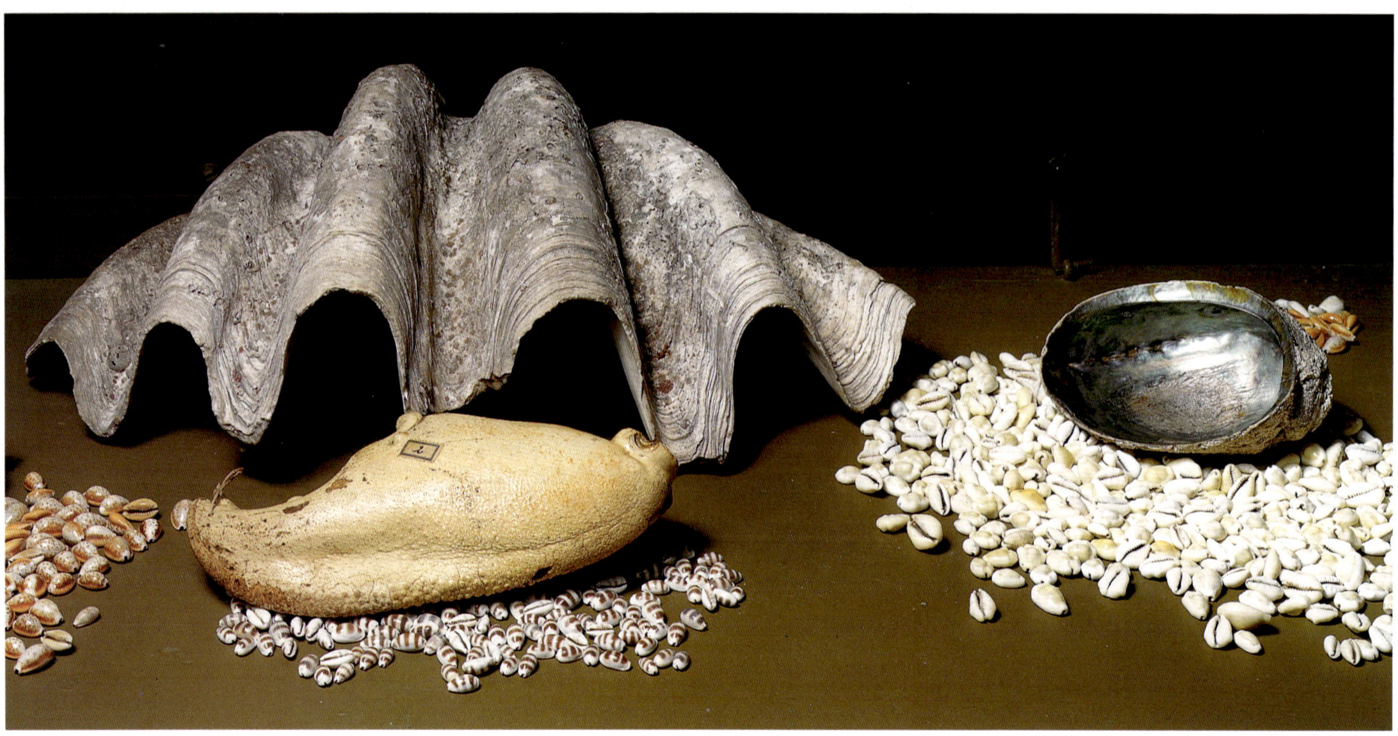

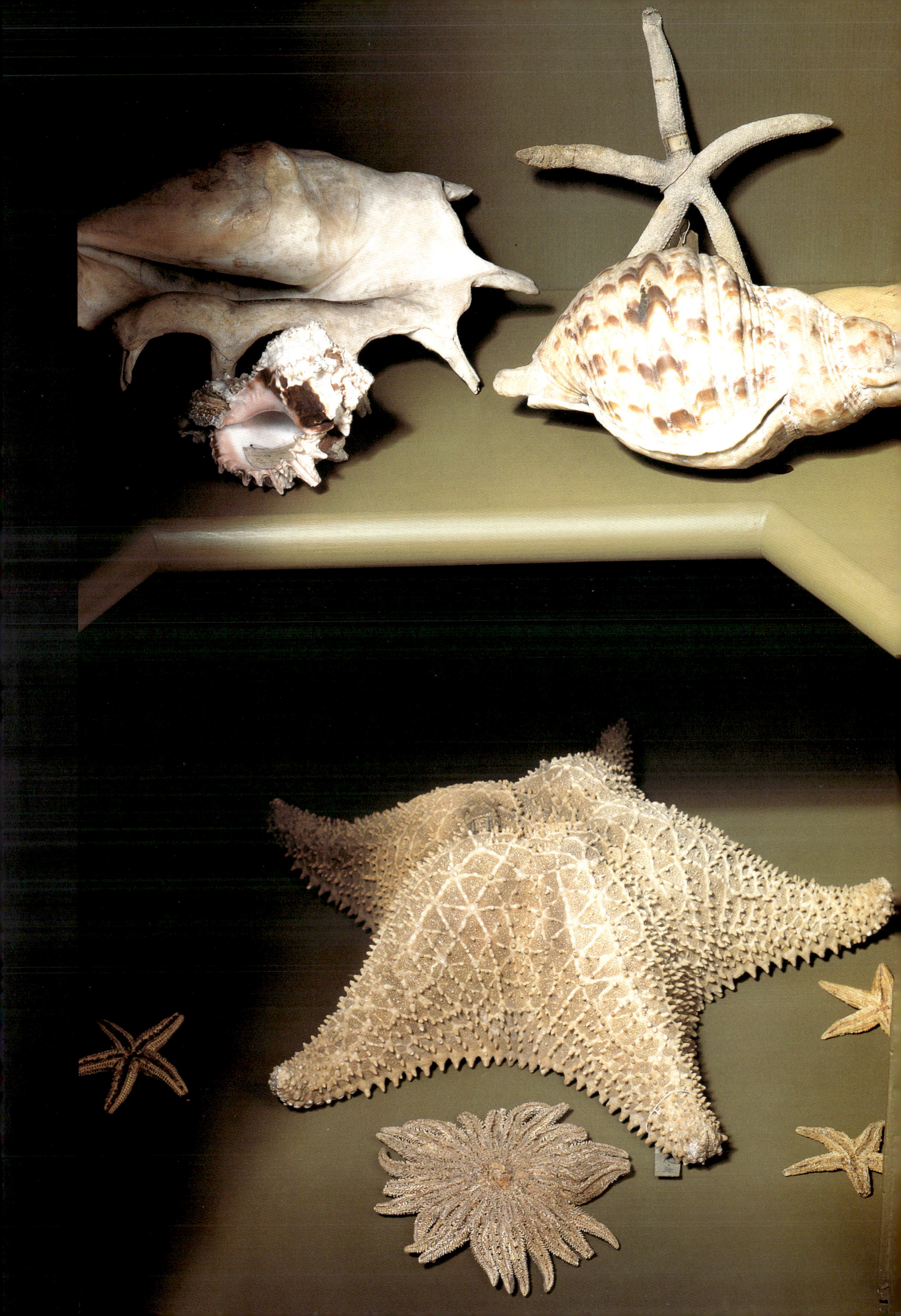

Die Naturaliensammlung im Süden des Saals wird abgerundet durch die Exponate außerhalb der Schränke. Nicht alle haben überdauert. Das Skelett der enthaupteten Mörderin fehlt ebenso wie das sechsbeinige Kalb. Über dem Westfenster stand einst ein ausgestopfter Wasserrabe, und von der Decke baumelte der etwa sechzig Zentimeter lange Zahn eines Flußpferdes, bei Gründler noch irreführend als *Zahn von einem See-Pferd* [123] beschrieben. Direkt über dem Animalienschrank hing das Horn eines Rhinozeros, ein Tier von dem man sich noch zu Beginn des 18. Jahrhunderts auch in Fachkreisen keinen rechten Begriff machen konnte. In einem Standardwerk jener Zeit heißt es deswegen recht unkonkret: *Dieses Horn wächst einem fremden Thier auff der Nasen / welches deßwegen selbsten das Nasen-Horn und Rhinoceros genennet worden: ist in West-Indien zufinden.*[124] All diese Stücke sind uns nur noch durch Gründlers genaue Angaben bekannt. Vieles andere ist dagegen erhalten geblieben und Neues im Laufe der Zeit hinzugekommen. So stammen die Schlangenhäute an den Wänden wohl aus späterer Zeit, wenngleich auch im 18. Jahrhundert je eine Schlangenhaut über dem Stein- und eine andere über dem Animalienschrank angebracht waren. Die längste, die heute quer am Unterzug zu sehen ist, gehört zu einer Bergphyton und mißt fünf Meter. Die Haut der Brillenschlange an der Westwand könnte freilich von den Missionaren aus Indien übersandt worden sein, aber verbrieft ist dies nicht.

Das Entree zu der ganzen Naturaliensammlung im Süden des Saals bildet das mächtige Krokodil, das von der Decke hängt und bereits bei Gründler nachweisbar ist: *Ein großer Crocodil, so 14 ½ Fuß lang hangt an der Decke des Saals.*[125] Solch ein Präparat durfte in keiner Naturalienkammer fehlen und ist auf zeitgenössischen Abbildungen stets ein zentraler Blickfang. Wenngleich man bereits das Wesentliche über diese Reptilien wußte, rankten sich dennoch allerlei Legenden um das Krokodil: *Die CROCODILLEN selbsten aber sind abscheuliche grausame Thiere / und die gröste Art Eydexen / welche zuweilen 18. bis 20. Schuh lang sind / weilen sie so lang sie leben / an der Grösse zunehmen ... Sie halten sich meistens in dem Fluß Nilo in Aethiopien auff / gehen aber zugleich auffs Land / die Nahrung zu suchen / allwo sie auch die Menschen / wann sie dieselbe erhaschen / verschlingen. Doch soll man sie zuweilen so zahm machen können / daß sie den Leuten auff die Achsel springen und mit ihnen spielen...*[126] Über dem Südfenster hängen wie zu Gründlers Zeiten einige Nester von Webervögeln. Mehrere weitere liegen im Animalienschrank aus. Der Missionar Benjamin Schultze übersandte 1725 die ersten davon aus Tranquebar nach Halle und erläuterte ihre Bauweise: *Weil die Vögel wegen der starcken Winde und Beugung der Bäume ihre Nester nicht auf die Aeste oder Zweige setzen können, so hängen sie dieselben an die Aeste und schweben darinnen so sanfte, wie die Matrosen auf dem Schiffe in ihren Haenge-Bettlein. Damit auch die Raub-Vögel nicht zu den Jungen kommen mögen, so haben sie die Thüre von unten auf [!]* [127]. An einem der Unterzüge ist ein Sägefisch nebst zwei verschiedenen Sägen zu sehen. Diese drei Objekte sind schon bei Gründler aufgeführt. Der Sägefisch galt im 17. und 18. Jahrhundert gleichzeitig als besonders stark und sehr dünnhäutig. Über seinen Nutzen äußerte ein Fachbuch lapidar: *...wird aber sonsten zu nichts andern gebrauchet / alß daß entweder der gantze Fisch / oder das Schwerd hin und wieder in den Kunst-Kammern gezeiget wird.* [128] Neben den Teilen vom Sägefisch hängt der schön gemusterte Panzer einer Kreuzbrustschildkröte. Von altersher schrieb man diesen Tieren einen erheblich vielseitigeren Nutzen zu. Ihr Fleisch wurde als schmackhaft gepriesen, ihr Fett für die Küche und als Lampenöl empfohlen und der Schildpatt fand zur Herstellung von allerhand Zierat oder *Galanterien,* wie es im zeitgenössischen Sprachgebrauch hieß, Verwendung [129]. Außerdem fanden Schildkröten für medizinische Zwecke Verwendung. Im 16. Jahrhundert diente Schildkrötengalle zur Bekämpfung von Augenkrankheiten. Das Blut nahm man als Gegengift vor allem bei Schlangenbissen sowie zur Linderung verschiedenster Zipperlein: *Sein Blut angeschmieret / erfüllt das abgeflossen haar / vertreybt die schueppen / und dergleichen wust: mit weyber milch wirt er eingetroeufft für den schmertzen der oren.* [130] Neben dem Schildkrötenpanzer ist schließlich der Rest eines Seehundpräparates aus der ersten Hälfte des 18. Jahrhunderts befestigt. Gründler und seinen Zeitgenossen galt es als *chagrin* oder *Fisch-Haut.* Absichtlich wurde darauf verzichtet, das Präparat zu vervollständigen. Bei der jetzigen Wiedereinrichtung der alten Kammer ging es nicht darum, alles wie neu erscheinen zu lassen. Das würde dem Sammlungscharakter nicht gerecht.

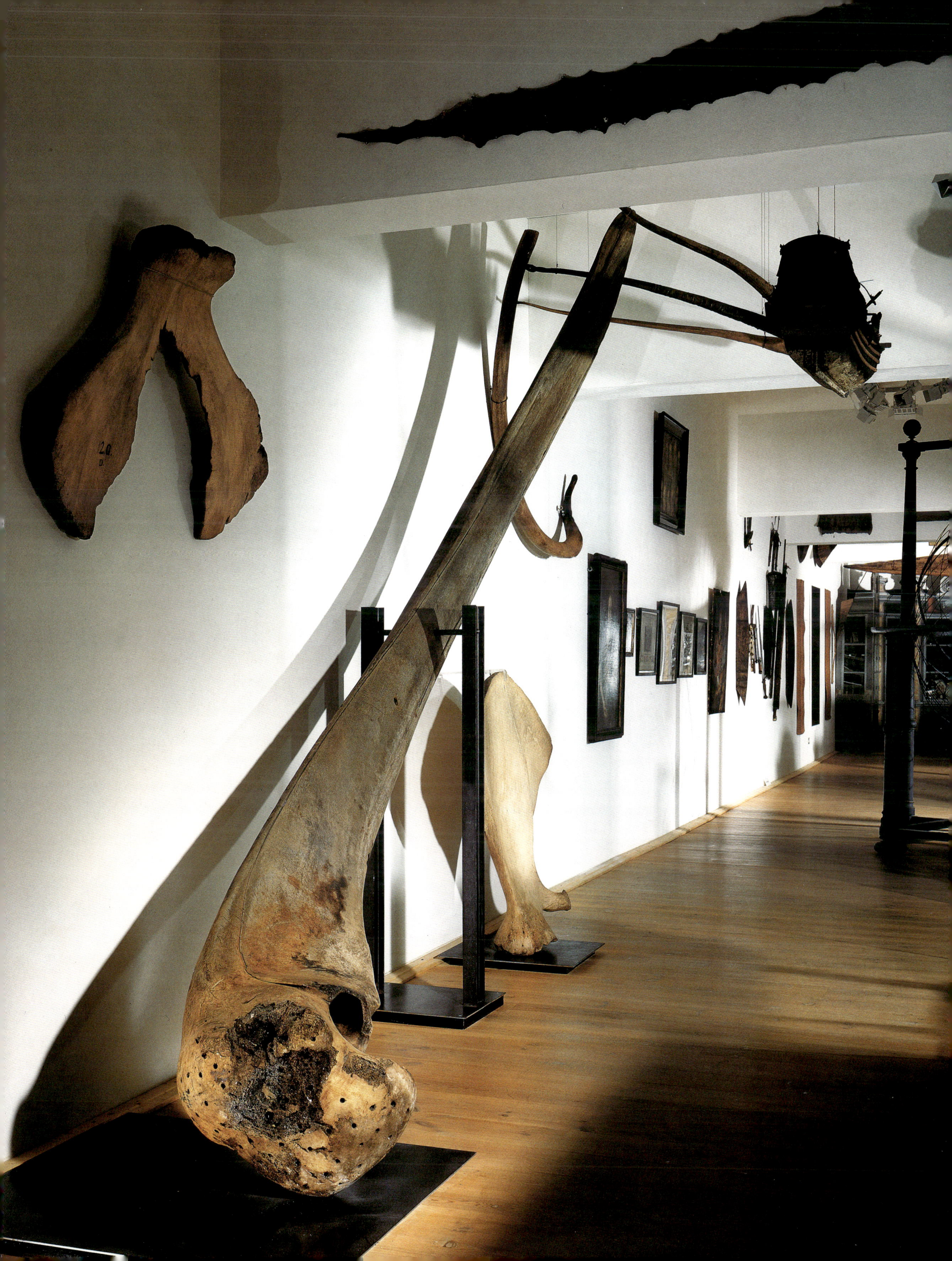

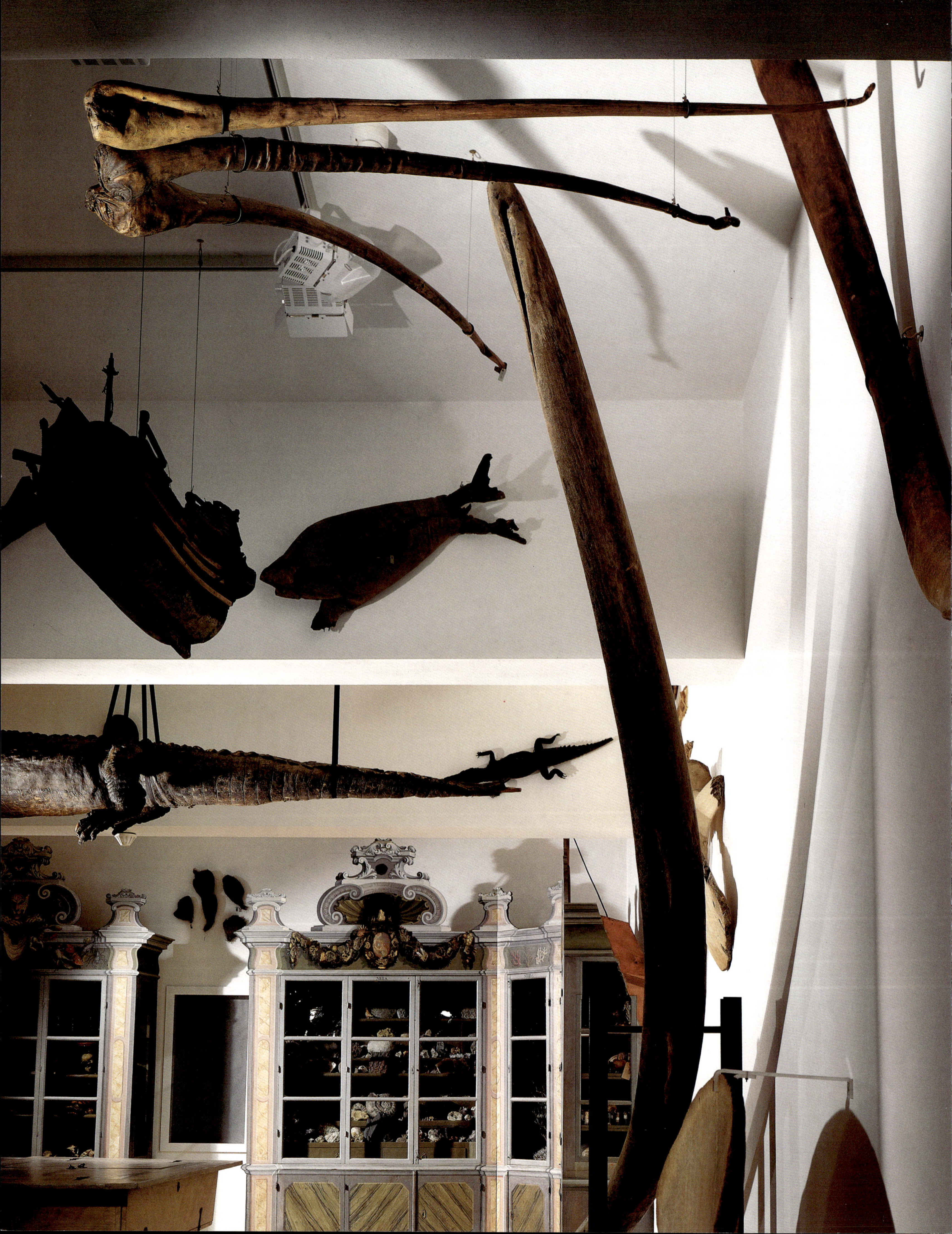

Schon Gründler fand in der bereits jahrzehntealten Sammlung stark geschädigte Stücke vor, und der Verfall setzte sich natürlich bis in das 20. Jahrhundert fort. Das lag teils daran, daß ehedem die Sammlungsstücke als Gebrauchsgegenstände im Schulalltag benutzt wurden, teils waren auch mangelnde Pflege und unsachgemäße Konservierung schuld. Und so bringen solche angegriffenen Objekte wie die Seehundhülle auf sehr authentische Weise die wechselvolle Geschichte dieser Naturalienkammer zum Ausdruck. Häute von Seehunden wurden in der Frühmoderne gerne zu Futteralen und Bucheinbänden weiterverarbeitet.[131]

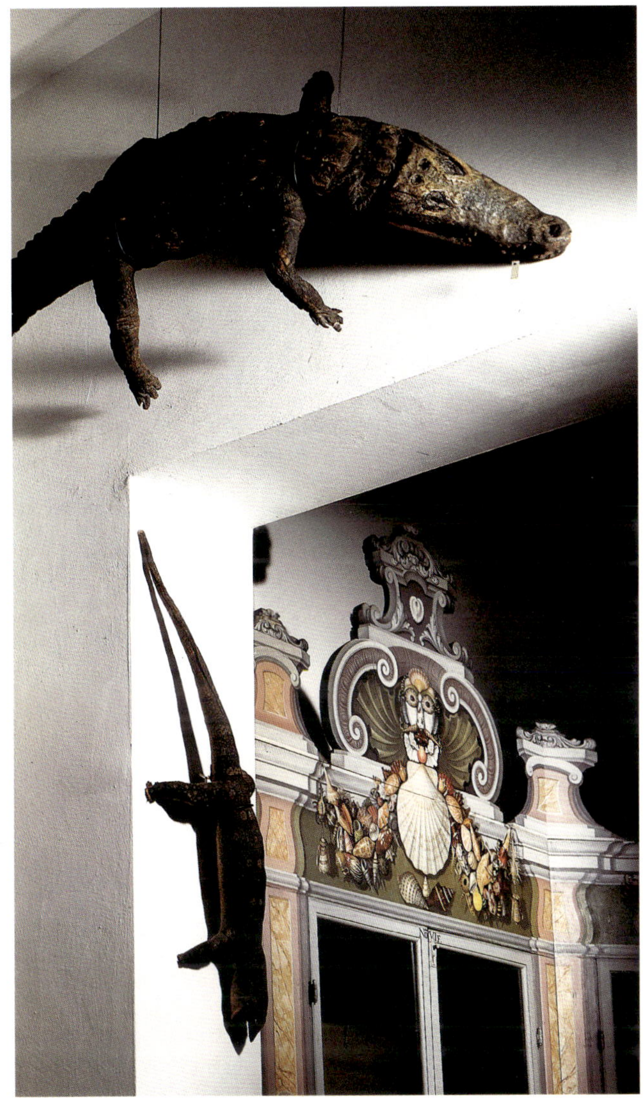

Am aufsehenerregendsten in diesem Teil des Saals ist freilich die Walecke mit dem gewaltigen Unterkieferknochen eines Grönlandwals, der vom Boden aufschwingt, und der im 18. Jahrhundert als *Ribbe vom Wallfisch* bezeichnet wurde. Allerdings war dies nur ein zeitgenössischer Sammelbegriff, unter den auch solcherlei Backenknochen fielen. Man besaß durchaus bereits recht genaue Kenntnisse von den unterschiedlichen Arten dieses großen Meeressäugers. Dennoch geisterten gerade über Wale die wildesten Geschichten durch die Fachliteratur, oftmals wohl angeregt durch die beeindruckenden Dimensionen der Tiere. Immer wieder sagte man ihnen auch übersinnliche Kräfte nach. In jedem Fall spielten sie eine herausragende Rolle in den frühmodernen Vorstellungen von der Meeresfauna, und jedes Schulkind des 18. Jahrhunderts kannte den Wal ohnehin aus den Geschichten der Bibel. Die Beschreibung der Gottorfischen Kunstkammer von 1674, eine der berühmtesten ihrer Zeit mit Vorbildcharakter für manch anderes Kabinett, setzte nach wenigen einleitenden Zeilen mit den Worten ein: *Vor dem Eingange des ersten Gemaches hänget zur lincken Hand ein Kihnbacke von einem grossen Wallfische / ist als eine Rieb anzusehen / 16. Fuß lang und 2. Fuß im Umbfang. Der Fisch war 62. Fuß lang / und die Höhe 17. Fuß. Eine lange Person kunte in seinem auffgesperreten Rachen mit außgereckten Arme stehen / und doch oben nicht anrühren. Er war anno 1659. in Eiderstett bey Westerhefer todt angestrandet. Im folgenden Jahre hernach wurde zwischen Dennemarck und Schweden Friede gemachet. Ob das Anstranden dieses Fisches den Frieden soll bedeutet haben / laß ich dahin gestellet seyn.*[132] Im Katalog der Waisenhauskammer von 1741 verschweigt Gründler die Herkunft der hiesigen Walknochen und notiert lediglich ihre Maße. Aber im zeitgenössischen Vergleich handelte es sich doch um beachtliche Stücke. Darf man den Größenangaben Glauben schenken, dann übertraf der im Waisenhaus ausgestellte Kieferknochen immerhin den am Eingang der fürstlichen Kammer zu Gottorf noch um mehr als einen halben Meter Länge. Aber über den Standort des hiesigen heißt es nur: *…lieget auf dem Boden des Saals.*[133] Heute ist rechterhand neben dem Kieferknochen eine Rippe des Meeressäugers zu sehen und in der Nähe zwei mächtige Schulterblattknochen. Eine besondere Rolle spielen die drei Walpenisse, die dort unter der Decke hängen. Nicht ohne Grund gehören sie zur Grundausstattung der Naturalienkammer, die August Hermann Francke vom Kurfürsten 1698 übersandt bekam. Sie weisen auf die sammlungsgeschichtlichen Wurzeln solcher Kabinette, die in besonderem Maße auch in den alten Apothekersammlungen des 16. und 17. Jahrhunderts zu suchen sind. Dort wurden priapri ceti zur Herstellung von Medikamenten gebraucht. Das große Universallexikon des 18. Jahrhunderts gibt unter dem Stichwort *Wall-Fisch-Ruthe* an: *Es wird für ein sonderliches Arcan wider die rothe Ruhr gehalten, welches die Europäer von den Indianern gelernet.*[134]

Der Tisch in der Mitte der Naturaliensammlung liefert ein noch lebhafteres Beispiel für die enge Verbindung zwischen den barocken Apothekersammlungen und der Kunst- und Naturalienkammer des halleschen Waisenhauses. Er ist vielleicht das interessanteste Möbelstück in der Kammer, sicher aber das älteste. Bis zum Beginn der Restaurierung galt er als der Münztisch der Sammlung. Zu dieser Annahme verleitet die gitterartige Unterteilung des Innenlebens. Tatsächlich handelt es sich aber um einen Drogentisch zur Aufbewahrung pharmazeutischer Substanzen. Mehr noch, dieses Möbelstück ist die ganz frühe Form einer Museumsvitrine, und seine Konstruktion dokumentiert, wie sich aus dem Aufbewahrungsmöbel eines Privatsammlers die Vitrine für ein öffentliches Museum entwickelt. Beide Elemente sind in diesem Tisch noch miteinander verknüpft. Die Tischplatte besteht aus zwei gleich großen Holzrahmen, in die je ein Verschlußdeckel eingelassen ist. Beide Deckel sind unverschlossen und lassen sich aufklappen. Darunter werden zahlreiche quadratische Holzfächer sichtbar. In jedem Fach lagen pharmazeutische Zutaten. Die wieder freigelegten Beschriftungen über den Fächern zeigen die Vielfalt der hier ausgelegten Ingredienzien, die von einfachen Pflanzenteilen bis hin zu Stücken menschlicher Hirnschalen und Mumienteilen reichten. Der Rahmen, in den der Deckel eingelassen ist, war ursprünglich mit einem Drahtgitter bespannt, so daß man die darinliegenden Dinge zwar anschauen, aber nicht anfassen oder herausnehmen konnte. Dieser Tisch war also für öffentliche Schauzwecke geeignet. Der Zugriff auf die Ingredienzien blieb dem Apotheker vorbehalten. Dazu diente die Rahmenkonstruktion. Denn die vergitterten Rahmen sind ebenfalls zu öffnen, allerdings – im Gegensatz zu den Deckeln – abschließbar, so daß unbefugter Zugriff verhindert werden konnte. Die Konstruktion des Tisches erlaubte demgemäß eine gleichzeitige Nutzung zur Aufbewahrung der Drogensammlung eines Apothekers und zu Demonstrationszwecken. Als weitere Aufbewahrungsmöglichkeiten besitzt der Tisch im Unterteil zahlreiche Schubladen von unterschiedlicher Größe, die sich hinter zwei zentral verschließbaren Klappen befinden. Der Drogentisch mit der darin befindlichen Simpliziensammlung stand sehr wahrscheinlich dem allgemeinen Publikum zur Besichtigung offen. Sicher aber fand er von Beginn an für Lehrzwecke Verwendung. Die *Materia Medica* waren fester Bestandteil des Realienunterrichts. An dem Tisch, der in den Quellen auch als *Mat[eria] Med[ica] Tisch* [135] bezeichnet wird, könnten die Scholaren mit Proben hiervon bekannt gemacht und bei Abdeckung der Beschriftungen über die im Tisch befindlichen Materialien examiniert worden sein.[136] Eine Kombination aus Schauzwecken für das allgemeine Publikum der Naturalienkammer und Lehrzwecken für die Anstaltszöglinge ist gerade in diesem Umfeld sehr gut vorstellbar. Auf der Oberseite des Drogentischs ist ein blasses, aber auffälliges Muster zu erkennen. Aufeinander gesetzte Halbkreise erzeugen eine unendliche Perspektive. Ähnliches kennt man von Deckenfresken barocker Kirchenkuppeln. Diese Technik setzte sich zu Beginn des 18. Jahrhunderts in Deutschland durch.[137] Das paßt exakt in die Anstaltsgeschichte. Denn sowohl der Realienunterricht in der Naturalienkammer als auch die Anstaltsapotheke nahmen um diese Zeit ihren Anfang. Als der Waisenhausbau 1701 endgültig abgeschlossen war, bezog die Anstaltsapotheke den nördlichen Flügel im Erdgeschoß und die Naturalienkammer eine Stube unter dem Dach. Die Vermutung, daß der Tisch in diesem Kontext entstand, liegt nahe. Wo er aber in der Anfangszeit gestanden hat, bleibt bisher im Dunkel. In der Offizin der Waisenhaus-Apotheke wird man sich das sperrige Möbel kaum vorstellen dürfen. Aber auch in der engen Dachstube, die der Naturalienkammer vorbehalten war, fand er keinen Platz. Allerdings wird er bereits früh zu ihrem Inventar gezählt, schon 1713 ist er dort erwähnt. Zu diesem Zeitpunkt erhielt er die Drahtgitter, mit denen er fortan als öffentliches Ausstellungsmöbel genutzt werden konnte.[138] Und bereits 1730 wurde er zweckentfremdet für die Ausstellung von Steinen gebraucht.[139] In einer verzogenen Schublade dieses Tischs fanden sich übrigens Ende 1992 die lange vermißten originalen Inventarhefte Gründlers, von denen er 1741 für jeden der 16 Schränke zwei angefertigt hatte.

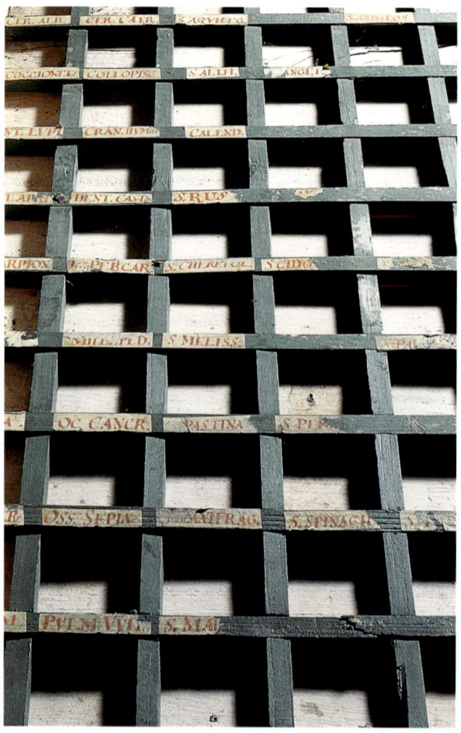

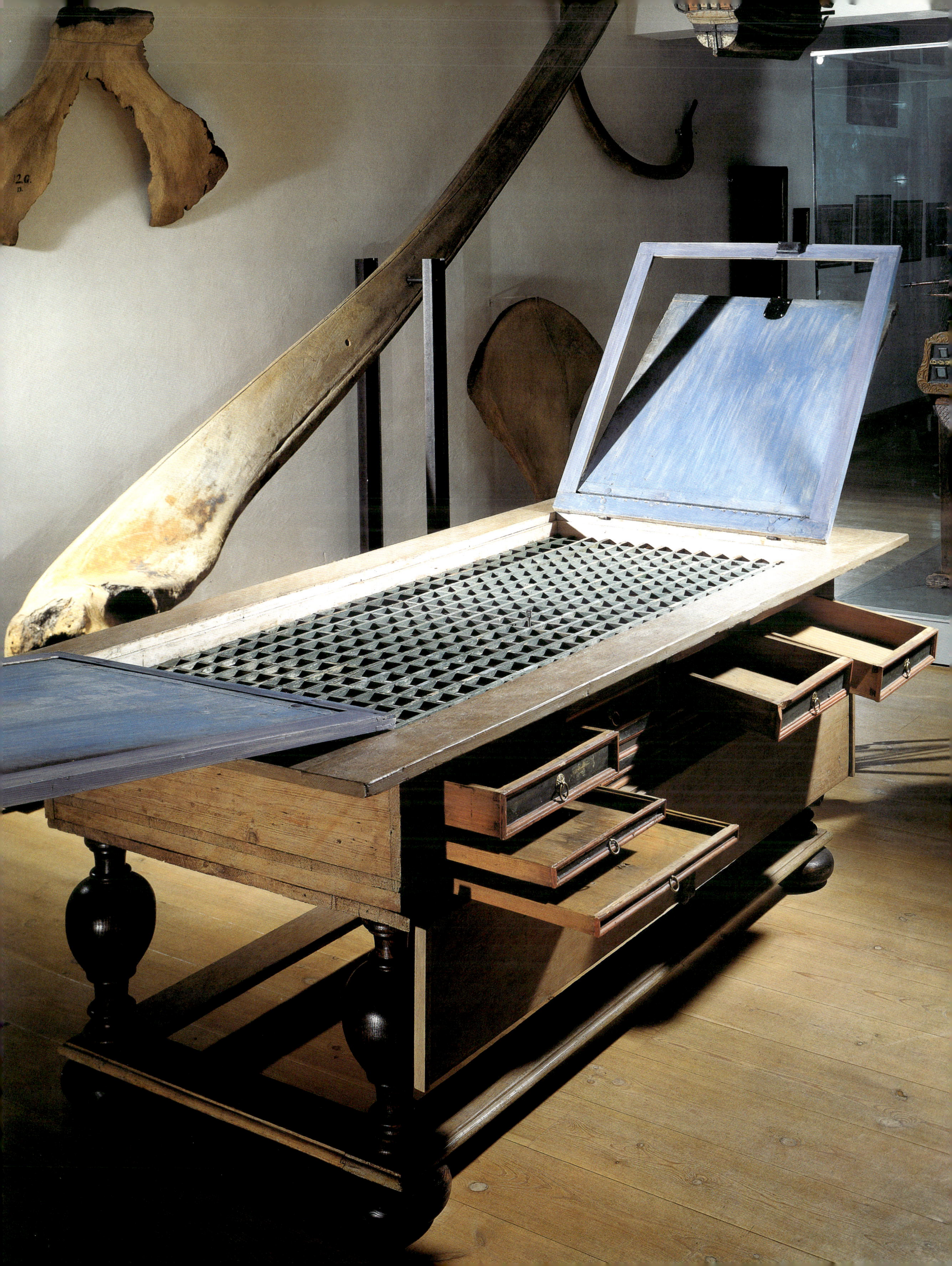

Damit wechseln wir von der Naturalien- in die Kunstsammlung über und setzen den Rundgang zunächst an dem Schrank VII.G. fort. Unschwer ist zu erkennen, daß er ursprünglich den rechten Teil eines Zweierensembles bildete. Die Profilierung an der linken Schmalseite fehlt und die Bekrönung findet auf dieser Seite keinen Abschluß. Gemeinsam mit dem Schrank VIII.H. war er für die Unterbringung der mathematischen und astronomischen Instrumente vorgesehen. Aber der Schrank VIII.H. ist als einziger aus dem alten Gründler-Ensemble verlorengegangen. Auch scheint der Schrank VII.G. im Laufe der Zeit umgebaut worden zu sein. Früher war er mit Schubladen ausgestattet, in denen die Münzsammlung aufbewahrt war.[140] Heute ist er nur mit einfachen Fächern im Magazinteil ausgestattet und im Schauteil durch zwei Fachböden unterteilt. Die meisten mathematischen Instrumente sind verschwunden. Gründler inventarisierte noch mehrere Mikroskope, verschiedene Exemplare der camera obscura, Sonnenuhren und andere Zeitmesser. Davon ist kaum etwas übrig geblieben. Ein *Horologium horizontale* zur Erklärung des Sonnenschattens ist im Schrank heute noch zu sehen, eine zwölfeckige Sonnenuhr, der Rest eines Feldspiegels für Flächenmessungen und zwei Kupferstiche von einer totalen Sonnenfinsternis im Jahr 1715. Deswegen ist jetzt zusätzlich die alte Handbibliothek der Kammer dort ausgestellt. Sie umfaßte Mitte des 18. Jahrhunderts rund fünfzig Bücher speziell zu diesem Themenbereich. Die enge Verbindung zwischen enzyklopädischen Kabinetten und Bibliotheken kann gar nicht stark genug betont werden. Erst 1771 wurde der kleine Bestand der Hauptbibliothek einverleibt. Bis dahin hatte er griffbereit im Unterteil des Schriftenschrankes XVI.Q. gestanden und zur Erläuterung zahlreicher Sammlungsobjekte gedient. Gründler verwies in seinen Katalogbeschreibungen häufig auf diese Literatur zur Erlangung weiterführender Informationen zu einzelnen Objekten. Im Falle der erwähnten Mumie, die im Animalienschrank aufgehoben wurde, lautete der Katalogeintrag beispielsweise so: *Eine kleine Hand von einer Egyptischen Mumia, Conf. Mus. Dan. Fol. 2. Valent. 1, 417.*[141] Blättert man dann an angegebener Stelle im Band von Michael Bernhard Valentinis *Museum Museorum* nach, bekommt man unter der Überschrift *Von den Mumien / Menschen-Fett / Hirnschale / Gall- und Blasen-Stein* folgende Beschreibung zu lesen: *§ I. Die Mumien oder Mumia ist ein schwartzes / hartes und hartziges Wesen / von balsamirten Menschen-Cörpern herrührend eines etwas scharffen und bitterichten Geschmacks und guten Geruchs; kommet aus Aegypten / allwo sie sich in sehr tieffen Gruben und in weisen Stein gehauenen Begräbnüß-Gemächer / bey den berühmten Pyramiden finden lässet…*[142] Die vielfältige Begleitliteratur zu den Wunderkammern jener Zeit zeichnet sich durch besonders reichhaltige Bebilderung aus, schon das Durchblättern gleicht einem Streifzug durch die frühmodernen Vorstellungswelten.

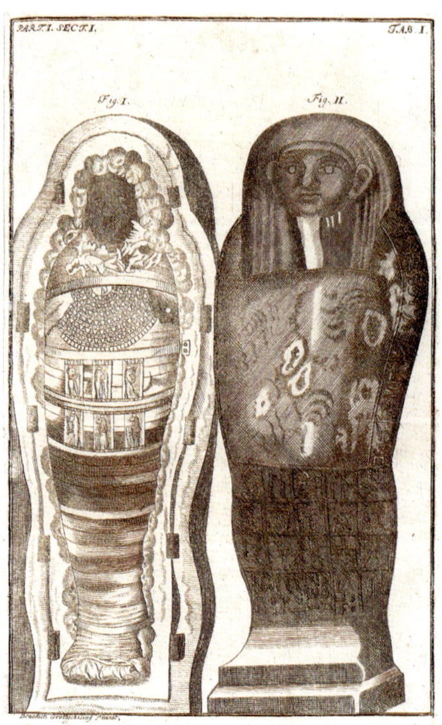

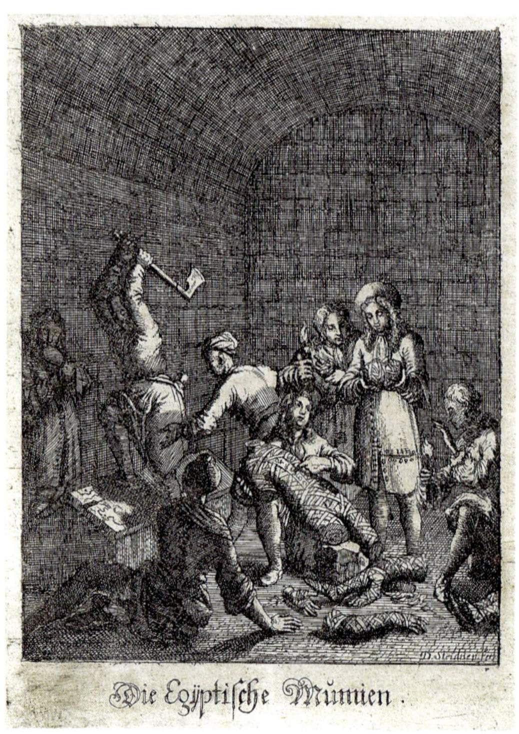

Oben links in diesem Schrank steht freilich noch ein besonders eigenartiges Exponat. Es handelt sich um eine Perücke, deren Haar aus feinen Glasfäden gesponnen ist. Perücken gehörten zu den Modeerscheinungen des 17. und 18. Jahrhunderts, und sie besaßen fraglos einen festen Platz in der zeitgenössischen Kleiderordnung. Ein eigener Berufsstand, der sich erst im Zuge dieser Modebewegung aus dem Barbierhandwerk herausgebildet hatte, widmete sich der Anfertigung von Stutz-, Beutel-, Knoten- und anderen

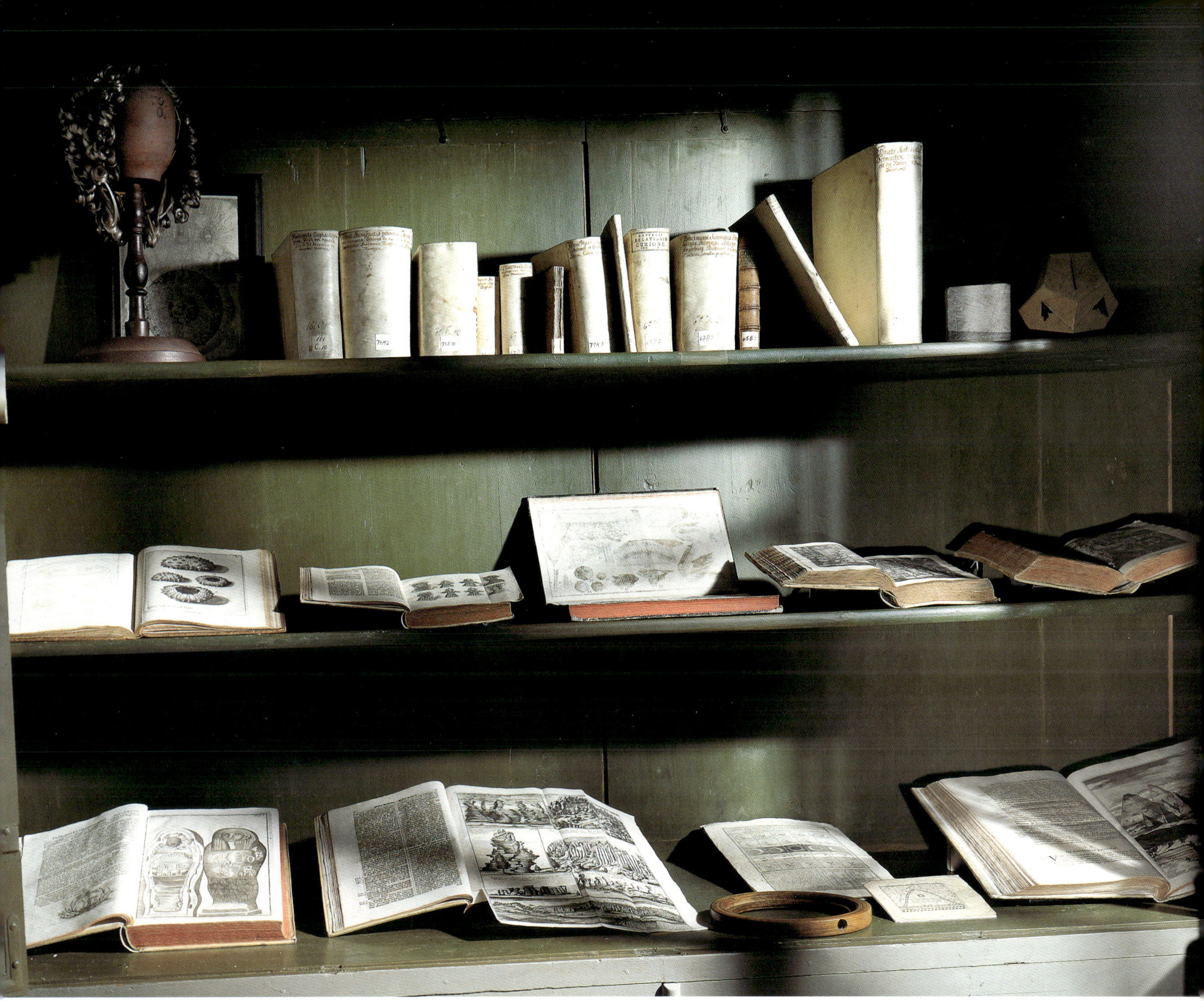

Perückenarten. Über den Beginn der Perückenmacherkunst heißt es 1768 rückblickend: *Denn die ersten Parucken waren ganz ungeheuer breit und lang, so, daß einer, welcher eine solche Parucke auf dem Kopfe hatte, einem Bären oder Löwen viel ähnlicher sahe, als einem Menschen.*[143] Ganze Berufsgruppen wie Juristen, Magistratsmitglieder oder Kavallerieoffiziere waren an der speziellen Machart ihrer Toupets zu erkennen. Das hiesige Stück wird als Abbéperücke bezeichnet, weil der römisch-katholische Klerus in dieser Zeit gemeinhin das Haar so zu tragen pflegte. Toupets waren in der Regel aus menschlichem und tierischem Haar gefertigt. Insofern ist diese Perücke eine echte Kuriosität. Der Grund für die Erfindung eines schwer entflammbaren Haarteils liegt freilich auf der Hand. Immerhin dienten offene Flammen im Alltag als gebräuchliche Lichtquelle, so daß die Gefährdung, durch Unachtsamkeit auch die eigene Kleidung in Brand zu setzen, nicht unterschätzt werden darf. Da kam jeder Einfall zur Verminderung solcher Gefahren gerade recht. Den Halleschen Pietisten, die dafür bekannt waren, daß sie mit ihrem ausgeprägten Schaffensdrang die Nacht zum Tage machten, muß diese Erfindung gut gefallen haben. Ob sich feuerfeste Glasfaserperücken allerdings tatsächlich bewährten, sei dahingestellt. Herabfallende Glasfaserpartikel konnten in der Praxis zu unerträglichem Juckreiz im Nacken führen.

Der nächste Schrank ist als Solitär konstruiert und gehört nicht zu dem ursprünglichen Ensemble Gründlers. Er enthält rund dreißig flache Schubladen zur Unterbringung der Münzen, Medaillen und Plaketten. Immerhin zählt allein diese Sammlung insgesamt rund 600 Stücke. Für sie existiert ein gesondertes sehr genaues Inventarverzeichnis aus älterer Zeit. Dennoch ist in der Zukunft eine Neuerfassung auch dieser Teilkollektion mit Unterstützung von Numismatikern geplant. Zwei der Münzschubladen sind im Schauteil zu sehen. Das Zentrum nehmen aber die Wachsmasken im Schrank ein. Oben links ist eine der wenigen Abbildungen Anna Magdalena von Wurms, der Ehefrau August Hermann Franckes, zu sehen. Bei dem Kopf rechts daneben handelt es sich um Johann Georg Knapp. Er war Nachfolger Gotthilf August Franckes als Direktor der Anstalten, überlebte ihn aber nur um zwei Jahre. Zeitzeugen trauerten ihm besonders nach, weil er der letzte Direktor war, der die Anstalten im alten pietistischen Geist leitete. Die beiden Masken in der Mitte sind noch nicht identifiziert. Unten rechts aber ist Johann Liborius Zimmermann zu sehen, ein Hallescher Pietist, der 1731 Professor an der theologischen Fakultät in Halle wurde, aber schon in jungen Jahren verstarb. Mit einer Ausnahme kamen die Wachsmasken erst nach 1741 in die Sammlung. Bei Gründler wird nur die Totenwachsmaske registriert, die heute unten links im Schrank zu sehen ist. Dabei handelt es sich Johann Caspar Schade, einen pietistischen Theologen und Mitstreiter Franckes aus den bewegten Tagen in Leipzig, der später in Berlin wegen seiner radikalen Kirchenkritik großen Wirbel verursachte.[144] Auf welchen Pfaden seine Abbildung in die Waisenhauskammer gelangte, bleibt verborgen. Aber das Stück zählt, ebenso wie die anderen namentlich bekannten Masken, zu den typischen Memorabilien in der Waisenhauskammer. Diese dienten allein dazu, die Geschichte des Halleschen Pietismus zu erzählen und den erfolgreichen Weg der Anstalten herauszustreichen. Dazu gehörte es natürlich auch, die Heroen der Bewegung in Szene zu setzen. Und so finden sich eine ganze Reihe von Stücken, gerade unter den Artefakten, die lediglich aufgrund ihres engen Bezugs zur Geschichte der Glauchaschen Anstalten in der Kammer ausgestellt waren. Das belegt freilich, daß die Kunst- und Naturalienkammer im 18. Jahrhundert zu weit mehr diente als zum schulischen Realienunterricht, wie ursprünglich von August Hermann Francke angekündigt. Es ging auch nicht ausschließlich darum, sich mittels Preziosen und Kuriositäten den Geheimnissen der großen Schöpfungszusammenhänge zu nähern, wie es die ursprüngliche Generalidee der enzyklopädischen Sammlung war. Vielmehr diente die Waisenhauskammer zunehmend eben auch der Selbstdarstellung. Je mehr sie aber diesem Zweck verfiel, desto weniger konnte sie für ihre Eigner selbst, die Halleschen Pietisten, als Quelle neuer Erkenntnis dienen. Statt durch ihre Wunderkammer Fragen an die Welt zu richten und Antworten zu erlangen, neigten diese dazu, in der Kammer die große Welt im Kleinen so zu präsentieren, daß sie ganz ihrem eigenen Weltbild entsprach.

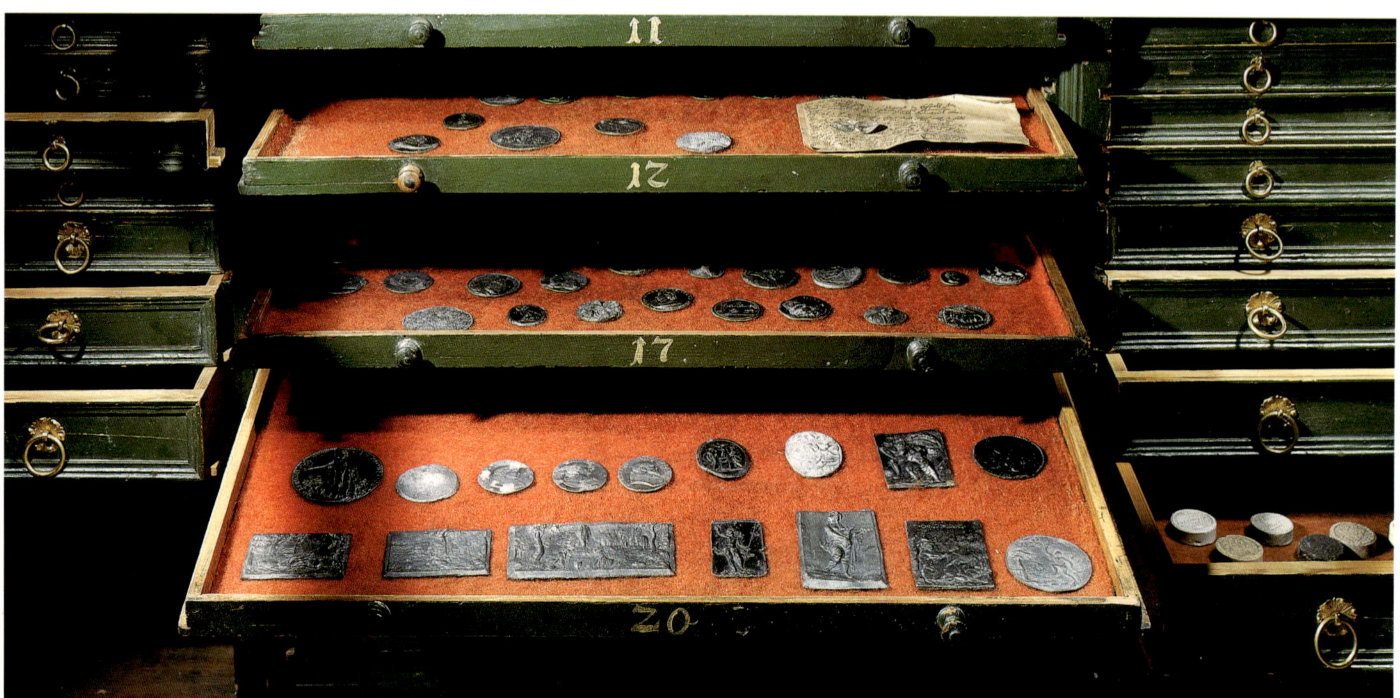

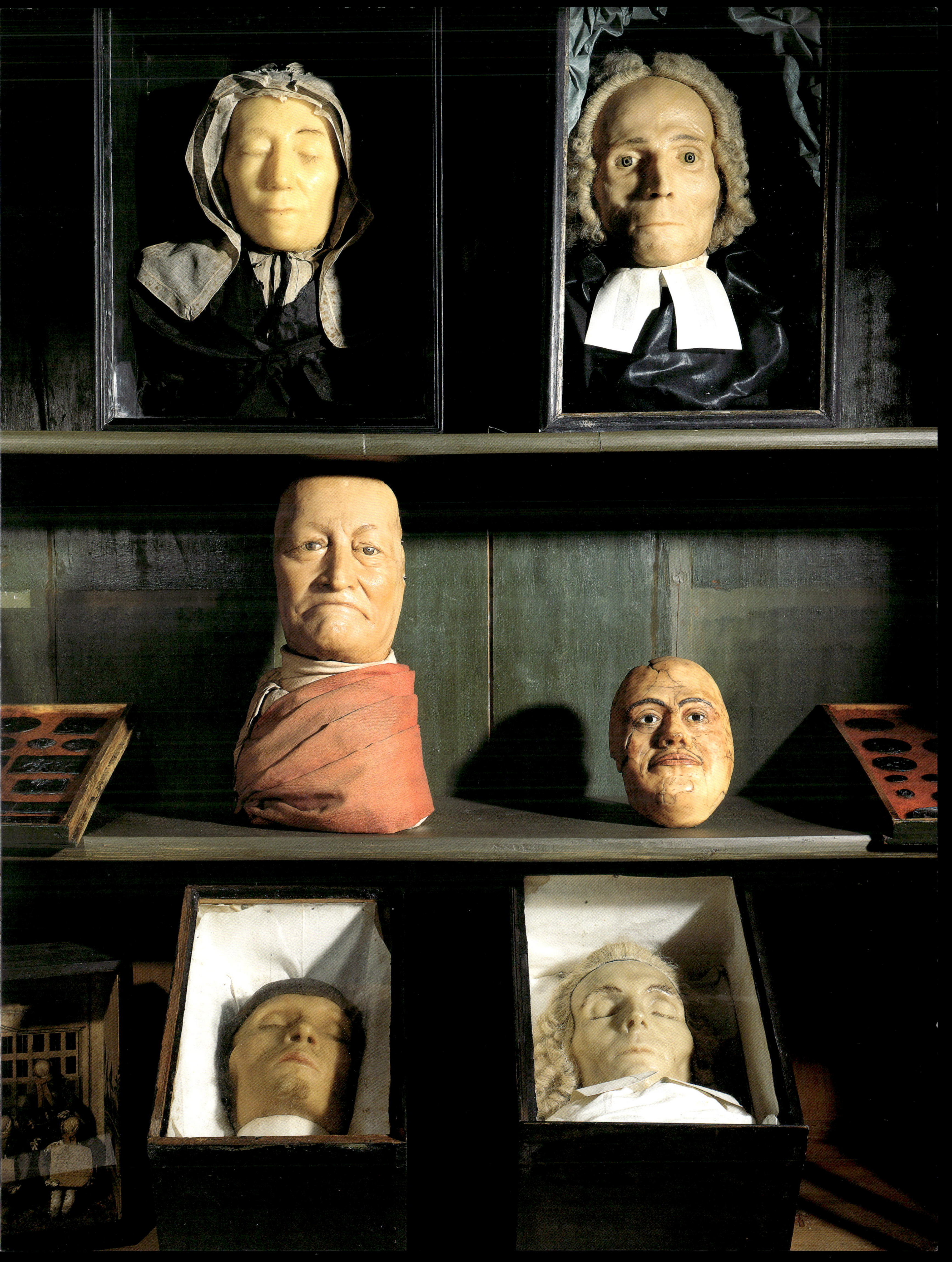

In einem besonderen Schaukasten ist das Modell einer Kurrende vor dem Waisenhaus dargestellt, bei der sich die Kinder um den Stifter scharen. In einem weiteren rundum verglasten Kasten ist die Figur des Hohepriesters aus dem salomonischen Tempelmodell zu sehen, der letzte unversehrte Überrest der vier alten Landschaftsmodelle. Zu jedem der Modelle gab es ein gedrucktes Beiheft mit exakten topographischen Beschreibungen und erläuternden Kupferstichen aus dem Waisenhausverlag. Bei dem Tempelmodell waren zusätzlich einige wichtige Einzelheiten in vergrößertem Maßstab nachgebaut und gesondert beschrieben. Dazu gehörte die Bundeslade, der Siebenarmige Leuchter und die Figur des Hohepriesters in vollem Ornat, dessen Beschreibung mit Nennung der Bibelstellen, wo die jeweiligen Details erwähnt sind, allein fünf Druckseiten einnimmt.[145] Anschaulicher konnte Religionsunterricht im 18. Jahrhundert kaum gestaltet werden.

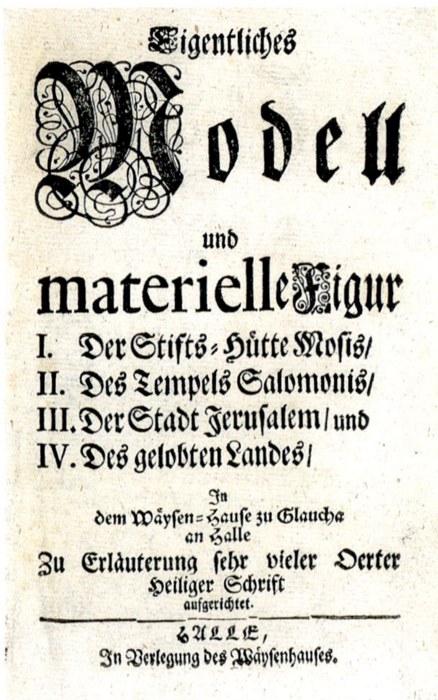
Eigentliches
Modell
und
materielle Figur
I. Der Stifts-Hütte Mosis/
II. Des Tempels Salomonis/
III. Der Stadt Jerusalem/ und
IV. Des gelobten Landes/
In
dem Wäysen-Hause zu Glaucha
an Halle
Zu Erläuterung sehr vieler Oerter
Heiliger Schrift
aufgerichtet.
HALLE,
In Verlegung des Wäysenhauses.

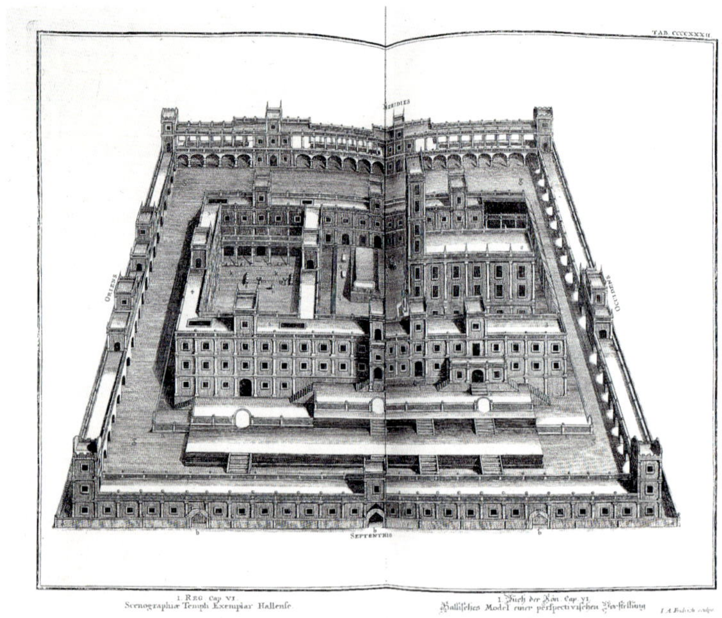

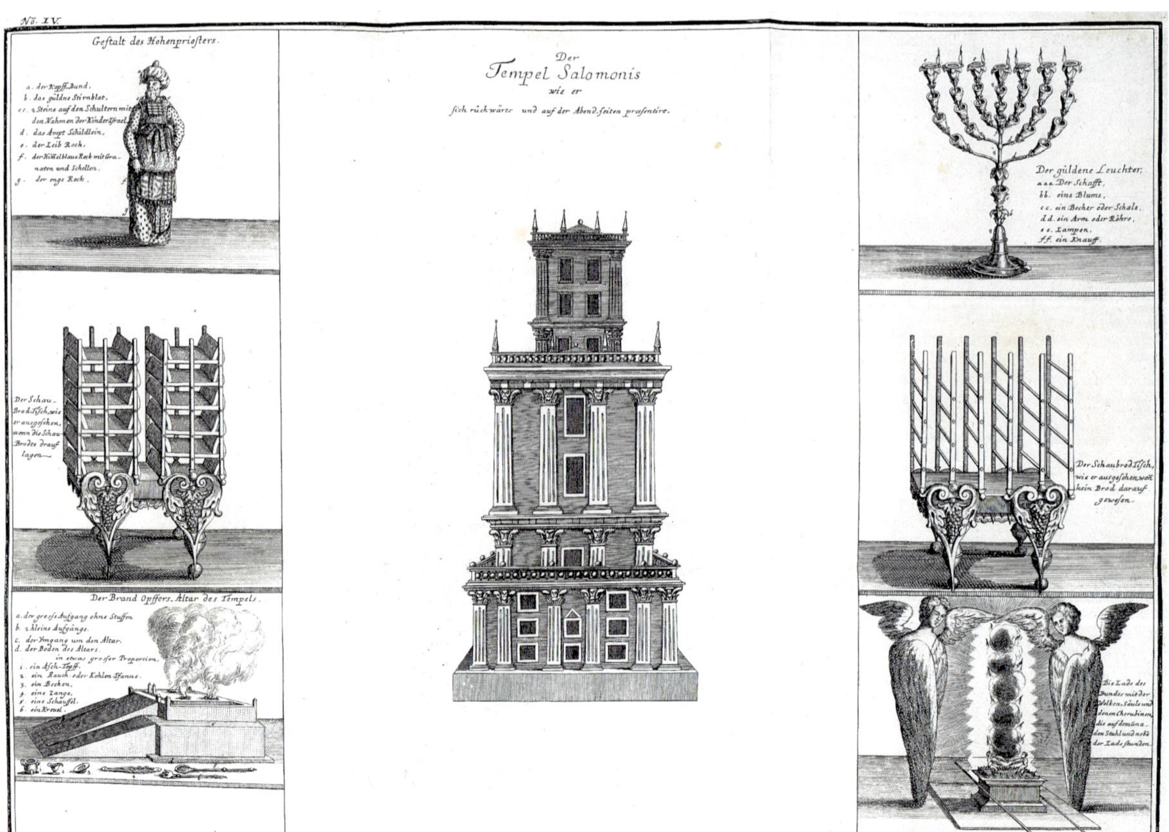

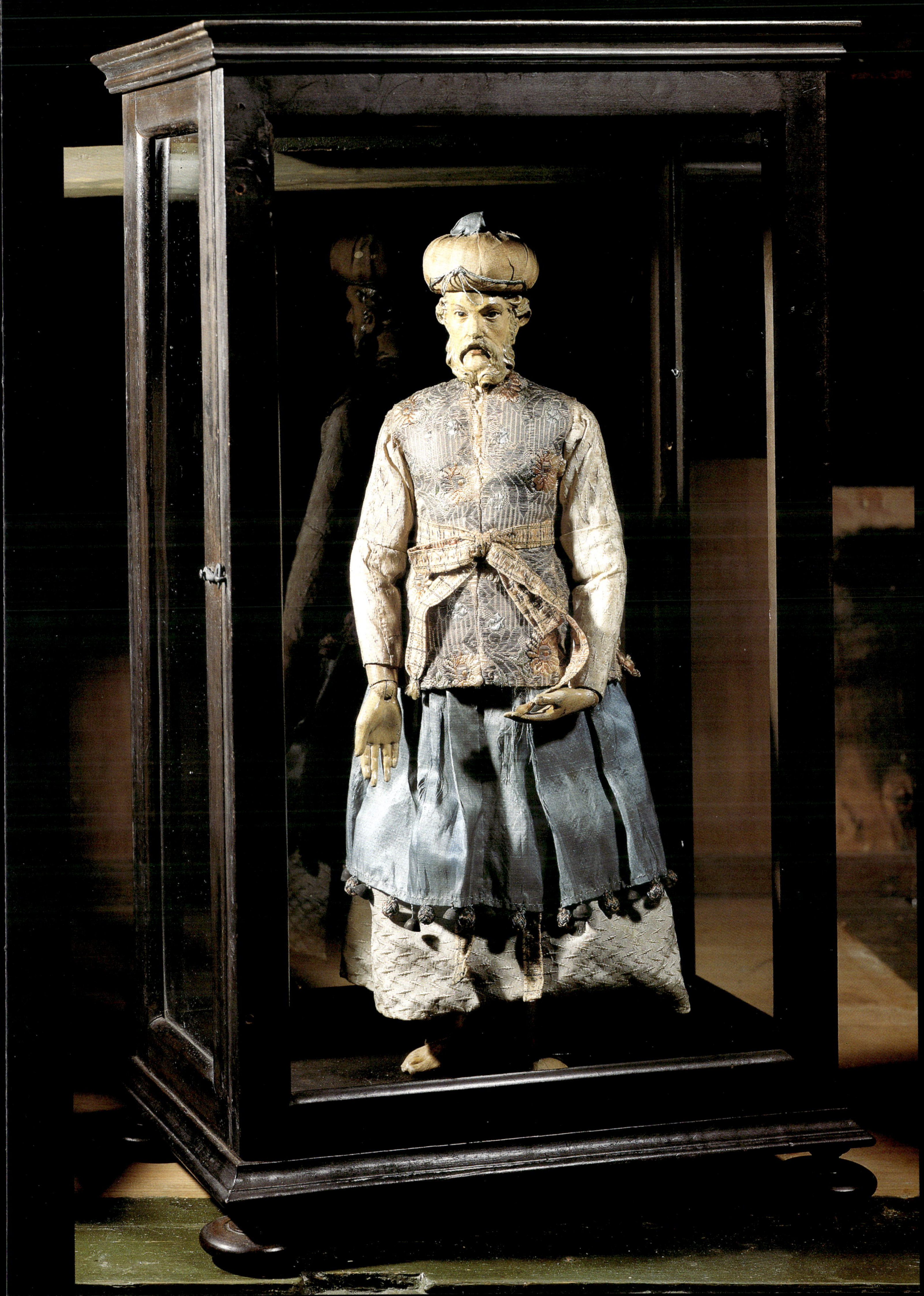

Die beiden Schränke links und rechts neben der Tür sind erheblich später entstanden als das Mobiliar Gründlers. Insgesamt schmuckloser konstruiert, waren sie durchaus als Ergänzung zu dem bereits vorhandenen Kabinett gedacht, wie die Abmaße zeigen. Vor allem fehlen aber die ausladenden Barockbekrönungen. Folgerichtig enthalten sie ausschließlich Objekte, die der Sammlung im 19. Jahrhundert zuwuchsen. In dem dreiflügligen Schrank sind ethnographische Stücke ausgestellt, die in den 1840er Jahren durch zwei Missionare von der Insel Borneo nach Halle übersandt wurden. Diese Teilsammlung erzählt davon, daß die Franckeschen Stiftungen auch eineinhalb Jahrhunderte nach ihrer Gründung noch über weltweite Verbindungen verfügten. Neben den aufsehenerregenden Unternehmungen August Hermann Franckes geraten bisweilen die Bemühungen seiner Nachfolger in Vergessenheit, das Werk in seinem Sinne fortzuführen. So war es Hermann Agathon Niemeyer, der als Stiftungsdirektor versuchte, die altehrwürdige ostindische Missionsanstalt mit neuem Leben zu erfüllen. 1833 nahm er Julius Berger als Missionszögling in die Stiftungen auf und veranlaßte 1835 seine Aussendung auf den niederländischen Teil der Insel Borneo. Im Auftrag Halles reiste Berger zum Kap der Guten Hoffnung, von dort aus nach Madras, weiter über Singapur zu den Inseln Penang und Java. 1838 erreichte er schließlich Borneo und begründete im Süden der Insel eine eigene Missionsstation. Ganz erstaunlich sind die organisatorischen Parallelen der Tranquebar-Mission im 18. Jahrhundert zu diesem Neubeginn in Südostasien: Berger wurde von Halle aus bezahlt. Regelmäßig mußte er hierher Bericht erstatten. Aus den Stiftungen erhielt er Pakete mit Büchern und Medikamenten, ganz wie die Missionare zu Franckes Zeiten. Sogar die berühmte Essentia Dulcis stand noch auf den Versandlisten an Berger. Seine Berichte wurden in Halle redaktionell bearbeitet und veröffentlicht, vor allem zum Zwecke der Spendenwerbung. Bis hin zu der Anordnung und Begründung, Naturalien und Ethnographica zu übersenden, griff Niemeyer die Eigenheiten des alten halleschen Missionsgeistes wieder auf. Am 19. Oktober 1838 schrieb er an Berger: *Auch dürfte es der Missionssache selbst förderlich sein, wenn Sie bald einmal eine Sendung von Naturproducten, namentlich von getrockneten Pflanzen und Früchten an uns abgehen ließen. Auch legen Sie denn wohl gewöhnliche Kleidungsstücke, Waffen der Wilden etc. bei. Ich würde das alles auf unserer Naturalienkammer deponiren und die das Kabinet besuchenden Freunden auf Sie und Ihre Thätigkeit aufmerksam machen lassen – ein Verfahren, wodurch doch am Ende manches Scherflein für die gute Sache gewonnen werden dürfte; wenigstens darf man, meine ich, auch solche Mittel nicht unversucht lassen.*[146] Umgehend übersandte Berger landestypische Naturalien und allerlei Gegenstände von den Dajaken, jenem Volk, dem er ausgezogen war, das Evangelium zu predigen. Die Dinge, die Berger übersandte, wurden sieben Jahre später um eine umfangreiche Sendung des Missionars Hupe ergänzt. Johann Michael Carl Hupe war Niemeyers zweiter Hoffnungsträger für die junge Borneomission. Er war bereits als Waisenkind in die Stiftungen gekommen und hatte dann schon frühzeitig den Wunsch geäußert, in den Missionsdienst zu treten. Niemeyer entsandte ihn 1842 zur Unterstützung Bergers. Aber Hupe entsprach nicht den Erwartungen, geriet in Streit mit Berger und kehrte schließlich 1848 wieder nach Deutschland zurück. Er war der letzte von den Franckeschen Stiftungen

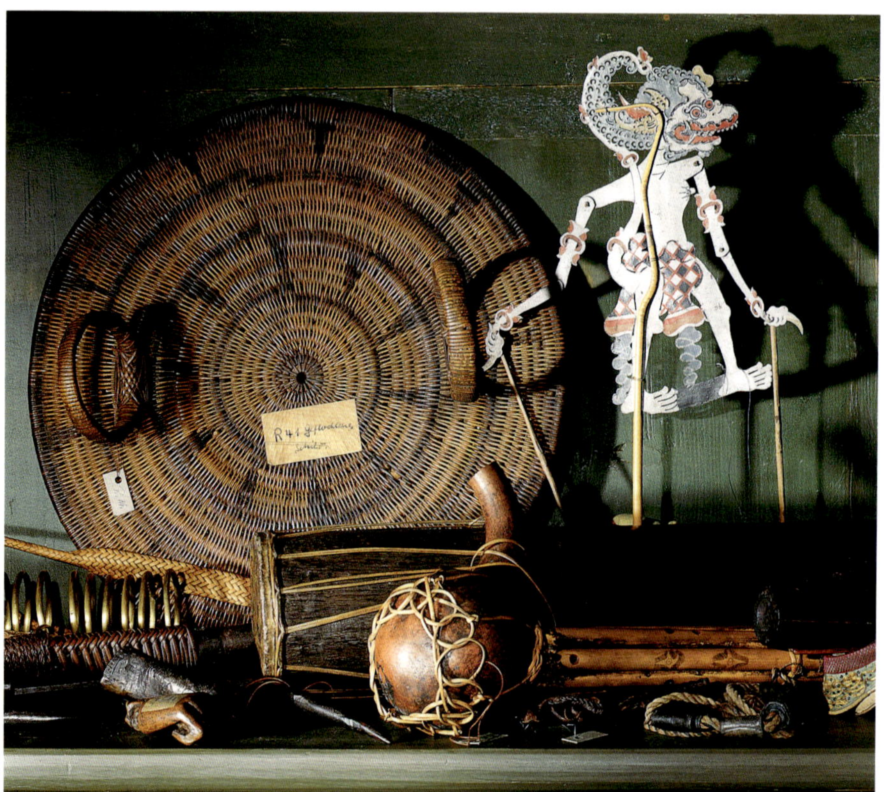

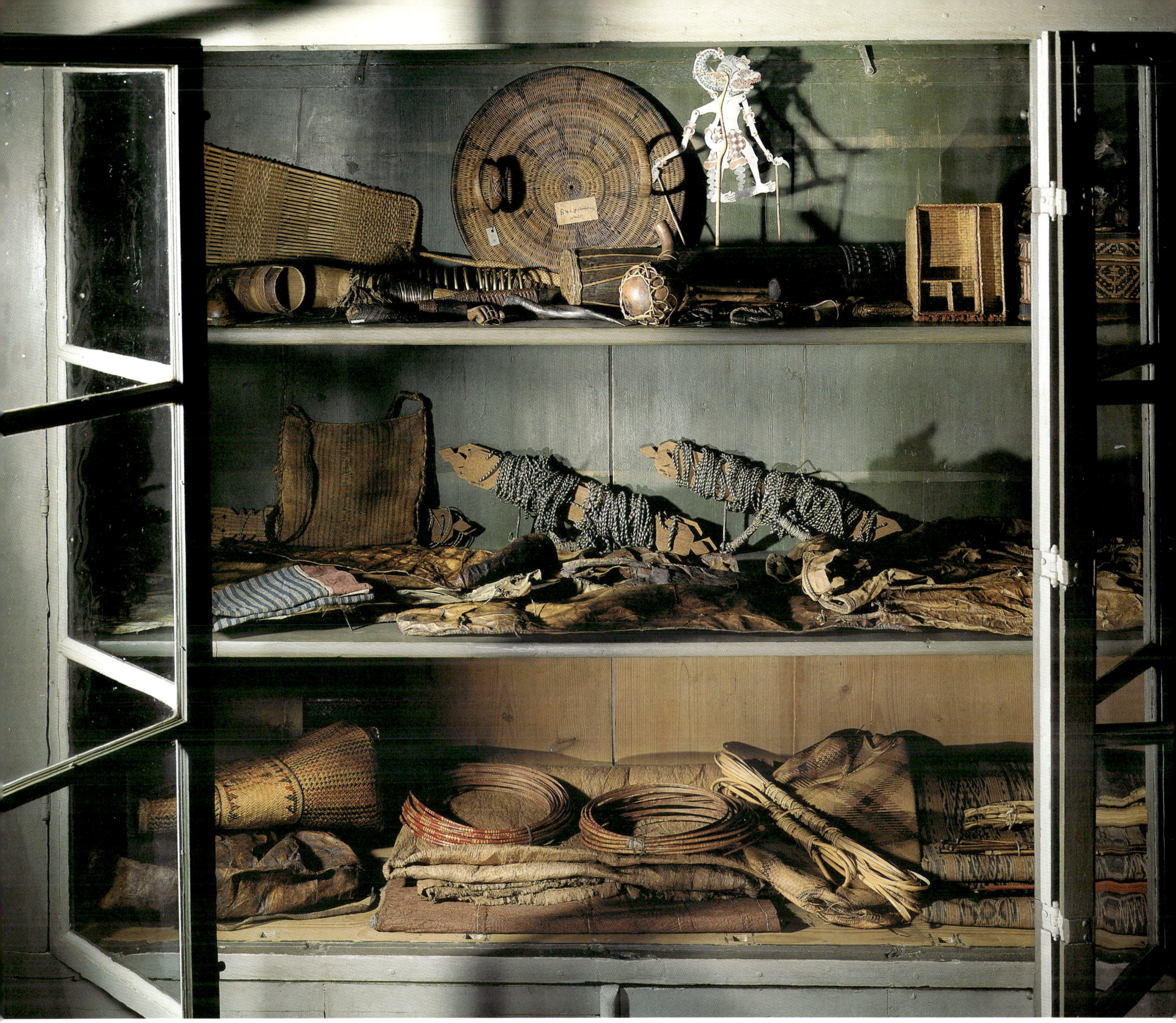

eigenständig entsandte Missionar. Die Übersendung der gewünschten Objekte für die Kunst- und Naturalienkammer gehörte zum Abschluß seiner Tätigkeit, bevor er die hallesche Mission in Südostasien aufgab.

Der kleinere Nachbarschrank zeigt drei prunkvolle Porzellanstücke aus dem Vermächtnis der preußischen Grafen Sebastian Albert von Sack, die er als Geschenk aus der Hand des preußischen Königs Friedrich Wilhelm III. empfangen hatte.[147] Deutlich ist den Objekten in diesen beiden Schränken die veränderte Museumsphilosophie anzumerken. Nicht mehr die universale Schau der großen Welt im Kleinen bildet den ideellen Ausgangspunkt für die Sammlung, sondern eine zielgerichtete völkerkundliche Ausstellung in dem einen und die Präsentation prunkvoller Einzelstücke in dem anderen Fall. Auf ihre Art dokumentieren diese beiden Schränke also die museumskundliche Entwicklung nach dem Aussterben der alten Wunderkammertradition. Und auch wenn sie in krassem Gegensatz dazu stehen, sind sie dennoch integraler Bestandteil der Kunst- und Naturalienkammer in den Franckeschen Stiftungen, nicht nur weil sie davon zeugen, daß dieses Museum auch im 19. Jahrhundert eine Geschichte hat.

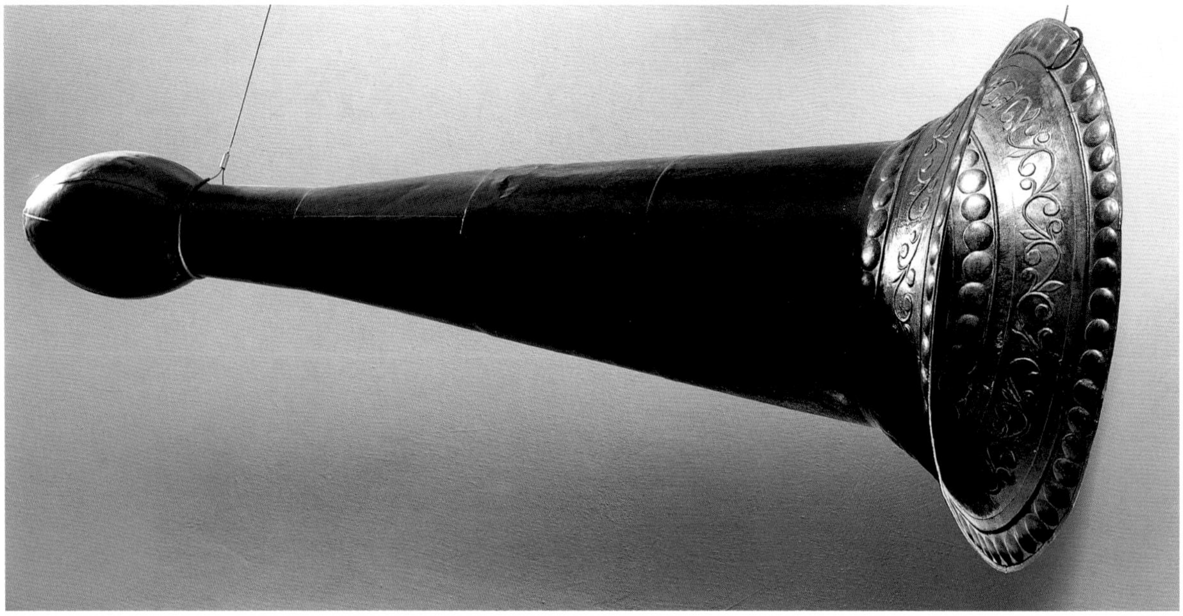

Nach diesem Exkurs kehren wir zurück mitten in die Blütezeit des Halleschen Pietismus. In einer eigenen Vitrine steht das große Modell eines Segelschiffs aus dem 18. Jahrhundert im Raum. Mit Schiffen dieser Art wurde der rege Handel zwischen Europa und den überseeischen Besitzungen aufrechterhalten. Für die Glauchaschen Anstalten fernab der Seeküsten besitzt dieses Modell eine besondere Symbolkraft, reisten auf solchen Schiffen doch die halleschen Emissäre in die entferntesten Winkel der Erde, und die enge Kommunikation zwischen Halle, Indien und Nordamerika wäre ohne die christliche Seefahrt nicht vorstellbar gewesen. Über dieser Vitrine hängt ein frühmodernes Sprachrohr von der Decke. Aus sehr fein gewalztem Blech gefertigt, wiegt es keine drei Kilogramm. Zusammen mit zwei weiteren Instrumenten dieser Art gehörte es früher zur Sammlung der mathematischen Geräte.

Im Archiv der Franckeschen Stiftungen finden sich zahlreiche Berichte von Schiffsreisen aus dem 18. Jahrhundert. Auch der Pietist Heinrich Melchior Mühlenberg führte ein genaues Reisetagebuch, als er 1742 im Auftrag Halles den Atlantik überquerte, um deutsche Lutheraner in Nordamerika zu betreuen. Solch eine Überfahrt barg vielfältiges Unbehagen, zumal, wenn man sich auf dem Schiff einer kriegführenden Nation befand. Mühlenbergs Aufzeichnungen, in denen er von sich in der dritten Person schreibt, vermitteln einen lebendigen Eindruck hiervon:

Montag den 19. Juli war Mühlenberg wieder krank, weil sein Magen eine Zeitlang her Abends und Morgens die Speisen durch Erbrechen ausgeworfen, so hatte er Unterleibs-Beschwerden, welches ihn sehr incommodirte, und die Arzenei wollte nicht anschlagen. Mittags entstand ein Geschrei, daß zwei Schiffe im vollen Segeln auf uns zukämen. Man vermuthete, daß es Spanier wären. Sie kamen so geschwind, daß uns kaum eine halbe Stunde zur Rüstung übrig blieb: daher gerieth alles durcheinander in Verwirrung; Fluchen und Schwören brach wieder aus. Der Capitain rief Jedermann zu seinem Posten. Die Passagiere trugen ihre Betten auf's Verdeck, befestigten solche an dem Geländer oder Gitterbäumen zu einiger Brustwehr, wohinter sie fechten sollten. Mühlenberg vergaß seine Krankheit, betete für sich und alle Uebrigen, munterte die Salzburger auf zum Gebet und Vertrauen auf den allmächtigen, gnädigen und barmherzigen Vater in Christo und stellete sich neben die Passagiere auf seinen Posten. Der Capitain wollte ihm auch eine Brustwehr von Betten machen, er sagte aber, daß er eine bessere aus dem 91. Psalm hätte und keine andere gebrauchte. Indem die zwei fremden Schiffe nun unsers in der Mitte hatten und feuern wollten, redeten die Capitaine erst miteinander durch's Sprachrohr und fanden aus, daß sie Engländer und Freunde waren, nämlich eins von Genua und das andere von Gibraltar nach Portsmouth und London bestimmt, und daß wir ungefähr 50 französische Meilen von Lissabon wären. Mühlenberg und die Salzburgische Familie dankten dem allmächtigen und gütigsten Gott für den verliehenen gnädigsten Schutz! [148]

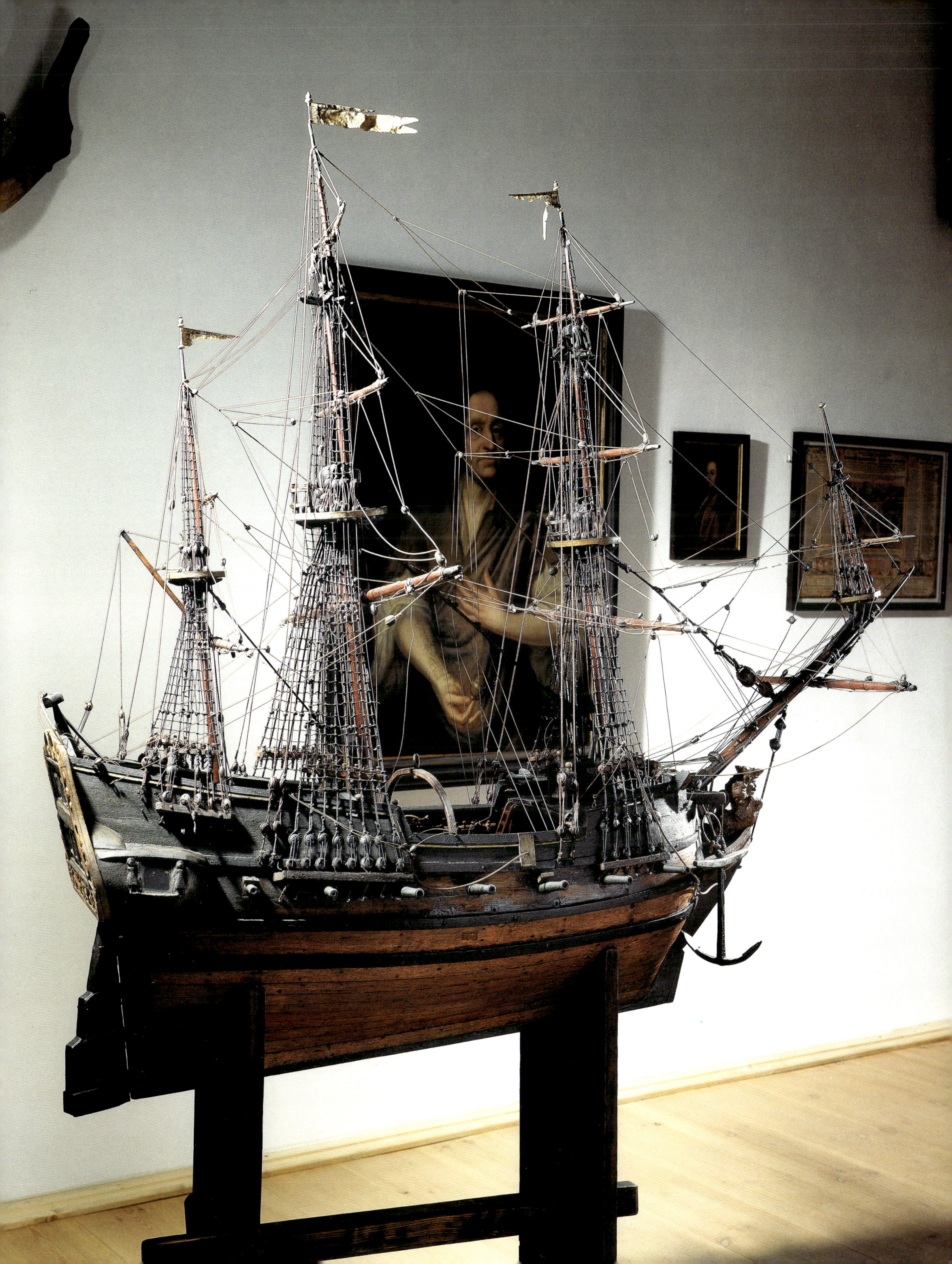

Die beiden folgenden Schränke IX.J. und X.K. beinhalten das eigentliche Charakteristikum dieser Sammlung, die zahlreichen Anschauungsmodelle. Gründler baute die Schränke als mobiliare Einheit, heute sind sie durch einen Unterzug voneinander getrennt. In den beiden mächtigen vierflügligen Repositorien brachte er die sogenannten *Mechanischen Modelle* unter. Die Magazinteile sind nur in einige große Fächer unterteilt. Im Schauteil ist Platz für die Unterbringung von Modellen unterschiedlichster Beschaffenheit und Größe. Die Bekrönungen der Schränke waren nur noch als Bruchstücke vorhanden und entstanden im Zuge der Restaurierung neu. Im Inneren dominieren die Funktionsmodelle, die zum guten Teil aus der Mechanischen Kammer Christoph Semlers stammen. Er hatte die Modelle für seine eigene Realschule gebaut und später August Hermann Francke überlassen. Gleichzeitig hatte er regelrechte Unterrichtseinheiten zu den einzelnen Sachthemen entwickelt, deren Niederschriften heute noch überliefert sind. Daraus läßt sich ersehen, wie der Realienunterricht tatsächlich vonstatten ging. Ob es um die Zimmermannsarbeit, die Landwirtschaft, die Salzgewinnung, die Pferdehaltung oder auch die Baukunst, mechanische Physik, Astronomie oder das chemische Laboratorium ging, stets entspann sich die Wissensvermittlung an einem Modell. Dessen Teile wurden erläutert, die notwendigen Fachbegriffe erklärt und wenn nötig ließ es sich in Bewegung versetzen, um bestimmte Funktionen zu veranschaulichen. Dazu gehören heute noch die Modelle eines Hammerwerks, eines hölzernen Zahnradgetriebes, einer Ramme und der Buchdruckerpresse, um nur eine Auswahl zu nennen. Gerade an den verschiedenen Gebäudenachbauten läßt sich erkennen, daß es sich nicht um Schmuckmodelle handelt, sondern um schulische Anschauungsobjekte. So ist das Modell des zweigeschossigen Gebäudes mit der weißen Fassade durchaus der Bauweise der Stiftungsbauten nachempfunden. Aber es weist auf den beiden Längsseiten je unterschiedliche Konstruktionsmerkmale auf, um so den Schülern verschiedene Bautechniken vorführen zu können. Obwohl die reinen Schulungsobjekte überwiegen, enthält dieser Sammlungsteil auch skurrile Modelle, in denen sich der Übergang zwischen rationaler Zweckbestimmung und kunstvoller Kuriosität dokumentiert. Ein Beispiel ist das Modell einer vollständigen Druckerwerkstatt in einem Glas, oder das aus Steinen zusammengesetzte Bergwerk, in dessen Höhlungen die Hauer zu erkennen sind.

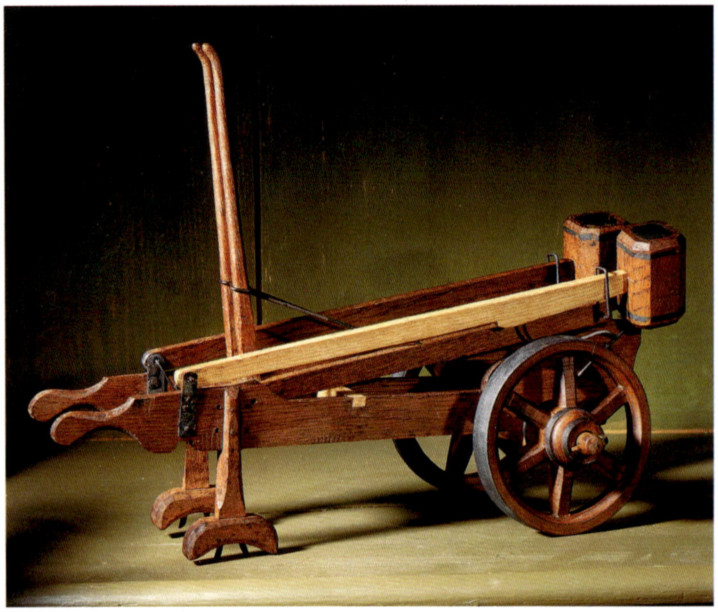

Im Schrank X.K. steht oben bei den landwirtschaftlichen Geräten ein merkwürdiger Karren mit zwei großen hammerartigen Hebeln: In Gründlers Katalog wird dieses Stück 1741 als *Mayländischer Pflug* ausgewiesen.[149] Nachforschungen ergaben, daß es sich hierbei um eine Erfindung des italienischen Marchese Don Allessandro del Borro handelt.[150] Anlaß war eine verheerende Viehseuche in Oberitalien Anfang des 18. Jahrhunderts. Da kaum noch Zugtiere für den Ackerbau zur Verfügung standen, ersann der Graf um 1713 eine Landmaschine, die eine Feldbestellung ohne Zugtiere erlaubte. Durch geschickte Ausnutzung mechanischer Kräfte war es möglich, den Apparat allein durch Menschenkraft über das Land zu manövrieren. Begleitend erschien eine ausführliche Anleitung zum Einsatz und Nachbau dieser Landmaschine. Diese eigenwillige Erfindung galt den Zeitgenossen als Meilenstein der Technik. In Leipzig erschien 1721 eine Übersetzung des italienischen Begleitbüchleins.[151] Es ist bezeichnend, daß sich in der Kammer ein Nachbau dieses *Oeconomischen Acker-Messers* befindet, zeigt es doch, wie aktuell man den Realienunterricht hier gestaltete. Man stelle sich vor: Bereits wenige Jahre nach Erfindung dieser bahnbrechenden Maschine in Oberitalien wurde sie den Schülern in Halle vorgeführt und erklärt! Charakteristisch ist freilich auch das weitere Schicksal dieses Modells. Später ordnete es Gründler dem Schrank X.K. zu. Es hatte seine Aktualität eingebüßt, kam im Schulunterricht nicht mehr zum Einsatz und bereicherte nun die museale Schau als Kuriosität.

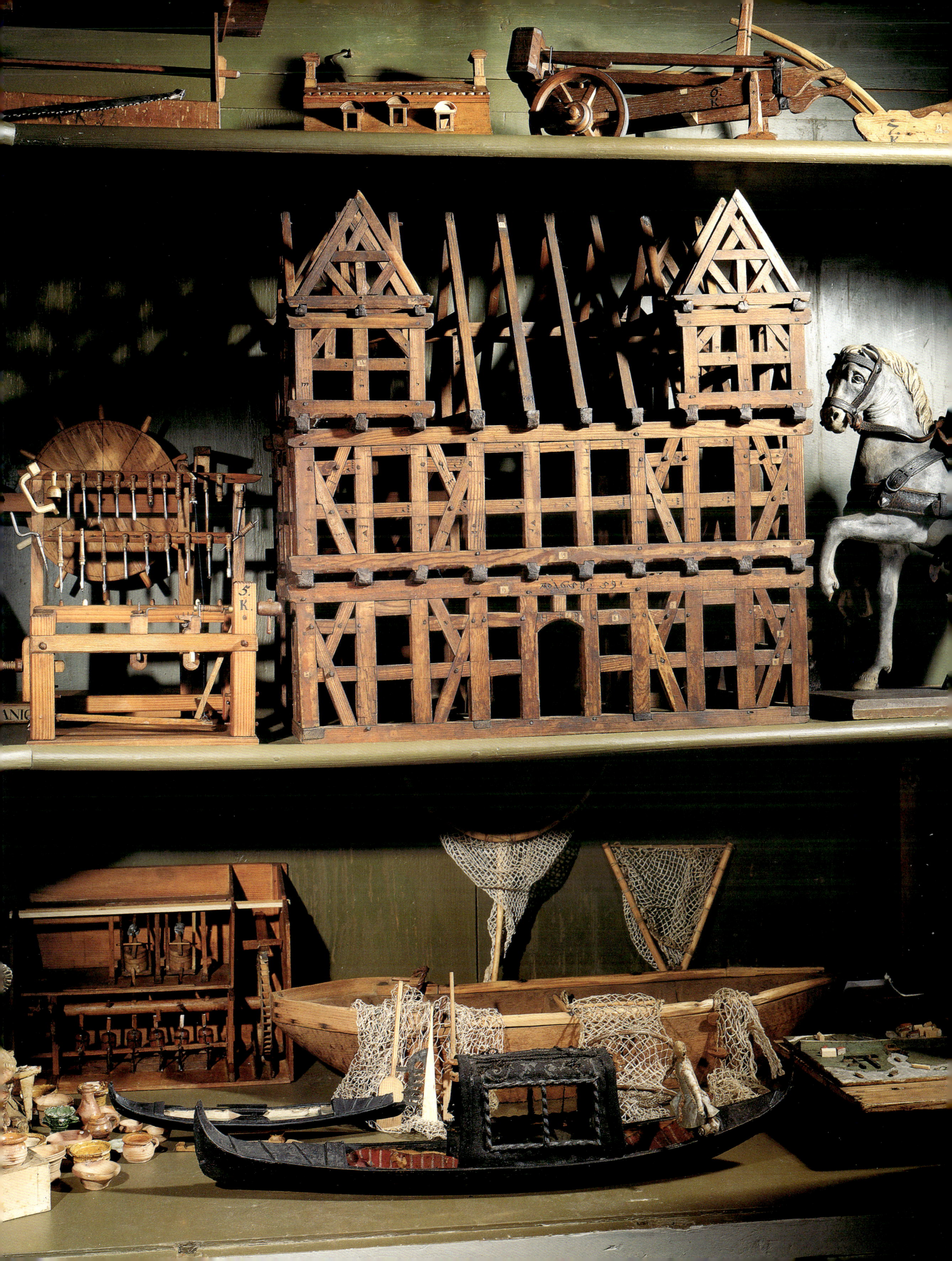
5. K.

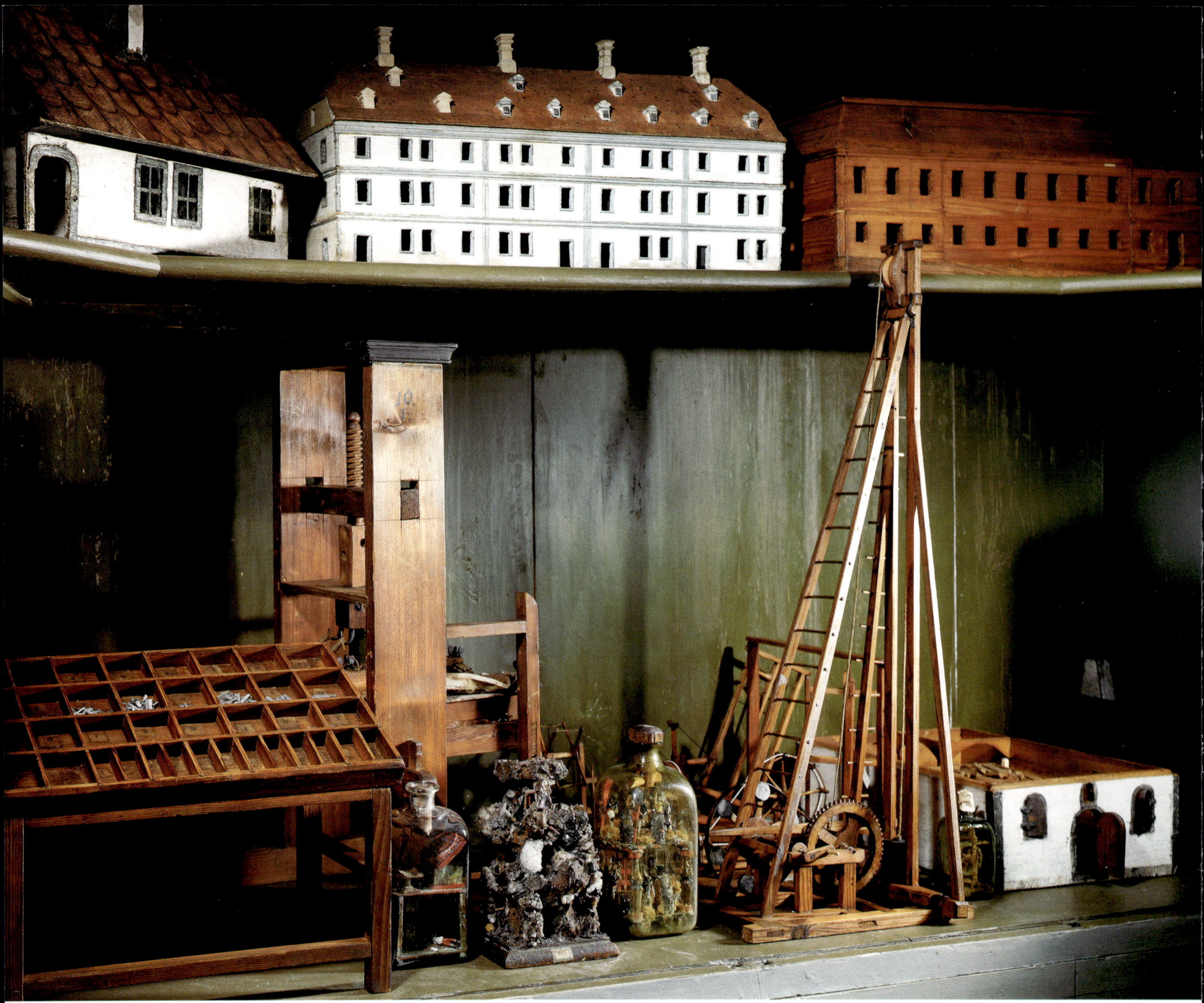

Oben im Schrank IX.J. sind Häusermodelle ausgestellt. Der eingeschossige Bau links stellt eine Glashütte dar. Im curriculum des Realienunterrichts gab es eine eigene Lerneinheit über die Glasherstellung, die mit folgenden Worten begann: *Die Glaßhütten werden gemeiniglich in großen Waldern, oder wo sonst viel Holtz auch wohlfeil ist. Sie sind ohngefehr 300 Ellen lang und 20 Ellen breit. Die Hütten im Wald sind nur mit Schindeln gedeckt und 1 Stockwerk hoch. Es ist keine Wohnung noch Stube drinnen…* All dies ließ sich unmittelbar an diesem Modell veranschaulichen. Das weiße Modell daneben zeigt die Bauweise der Gebäude in den Anstalten Franckes. Während dies kein Nachbau eines bestimmten Hauses ist, handelt es sich bei dem rechten Gebäude um ein Modell des Bibliotheksgebäudes von 1728. Wie bei den anderen Bauten auch sind das Dach und die einzelnen Stockwerke abnehmbar und gewähren einen Blick in das barocke Kulissenmagazin, das hier allerdings nur angedeutet ist. Darunter ist ein Brauhausmodell ausgestellt. Im 18. Jahrhundert gab es allein zwei anstaltseigene Brauereien auf dem Gelände. Auch diesem Thema widmete man sich ausführlich im Realienunterricht. Die hoch aufragende Maschine stellt eine Pfahlramme dar, die heute noch funktionstüchtig ist. Links sind schließlich ein kleiner Setzkasten und dahinter eine Druckerpresse zu sehen. Sie dienten zur Einführung in das wichtigste Handwerk für die Halleschen Pietisten, die Druckerkunst.

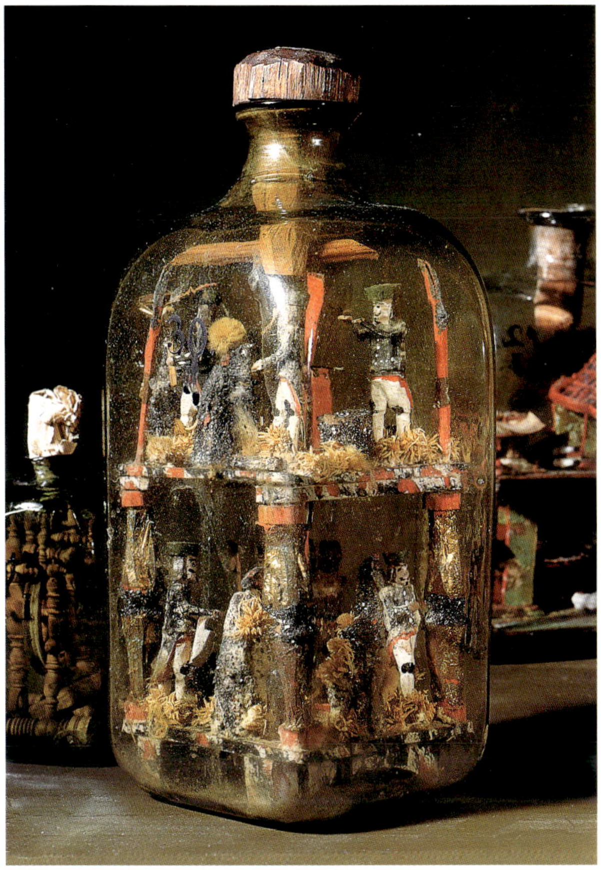

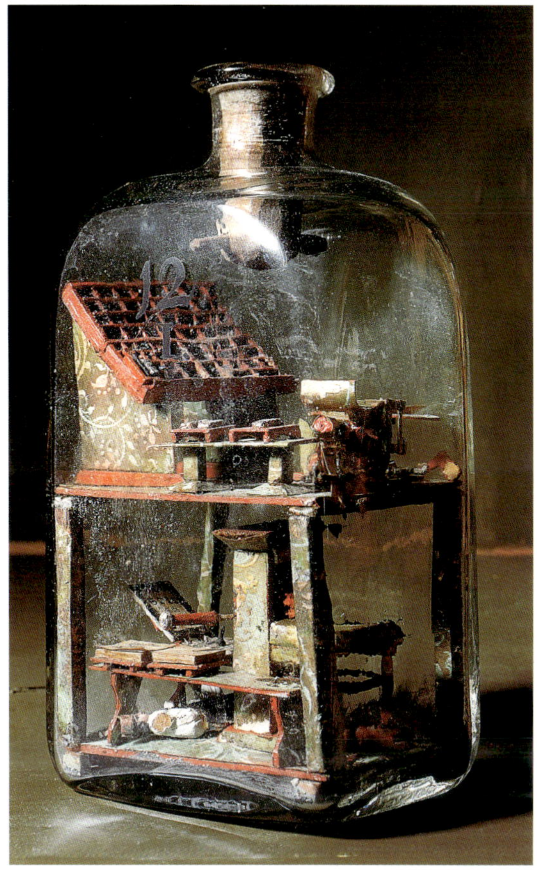

Eingerichte oder *Geduldflaschen* waren beliebte Sammlungsobjekte in der Frühmoderne. Links ist eine Bergwerksszenerie zu sehen, in dem Glas dahinter ein Spinnrad. Im Glas rechts ist eine komplette Druckerei installiert. Unten handelt es sich um ein chemisches Laboratorium mit unterschiedlichen Ofenmodellen aus Pappmaché. Die Vorbilder waren wohl auch in den pharmazeutischen Laboratorien des Waisenhauses zu finden.

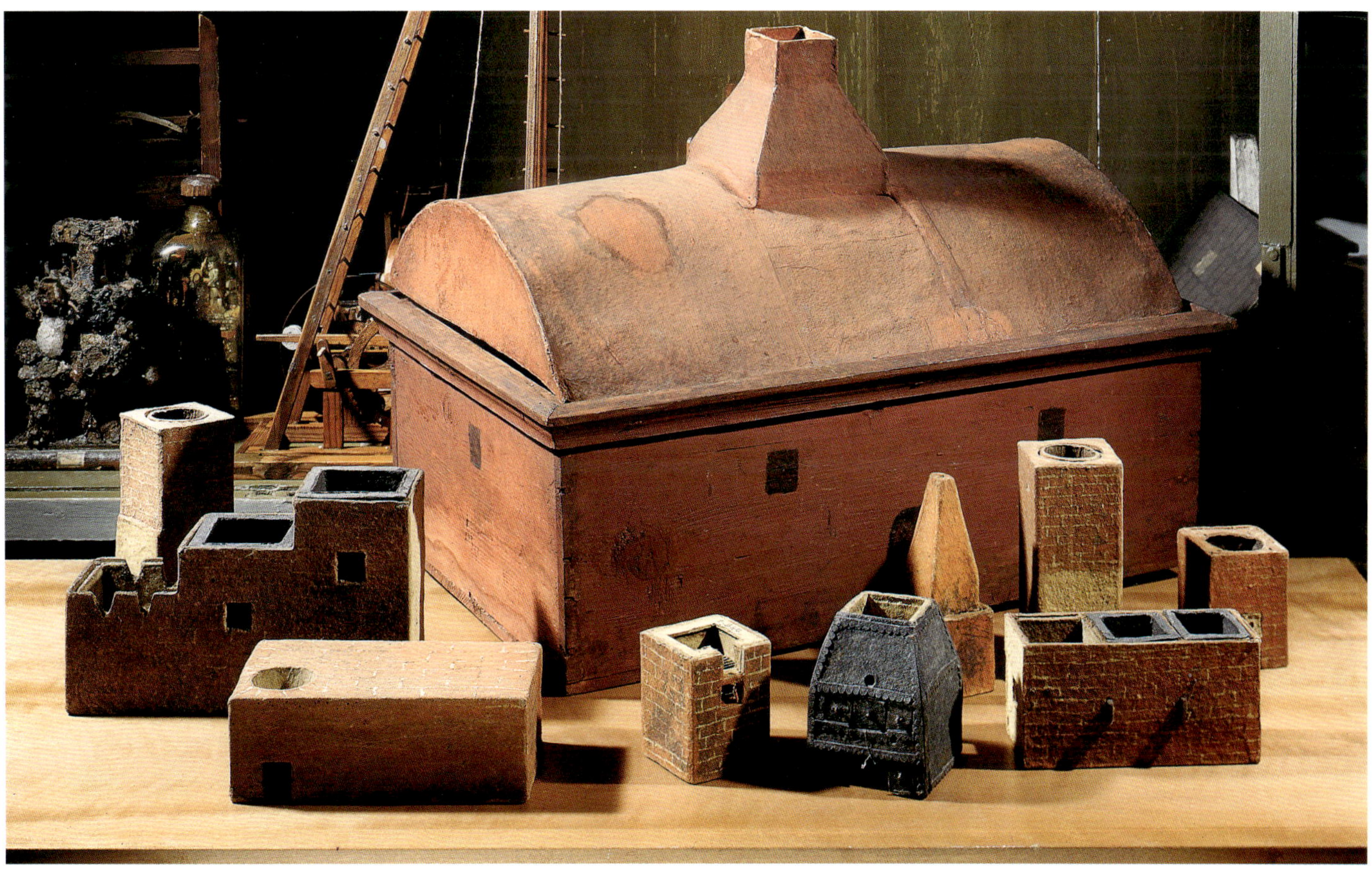

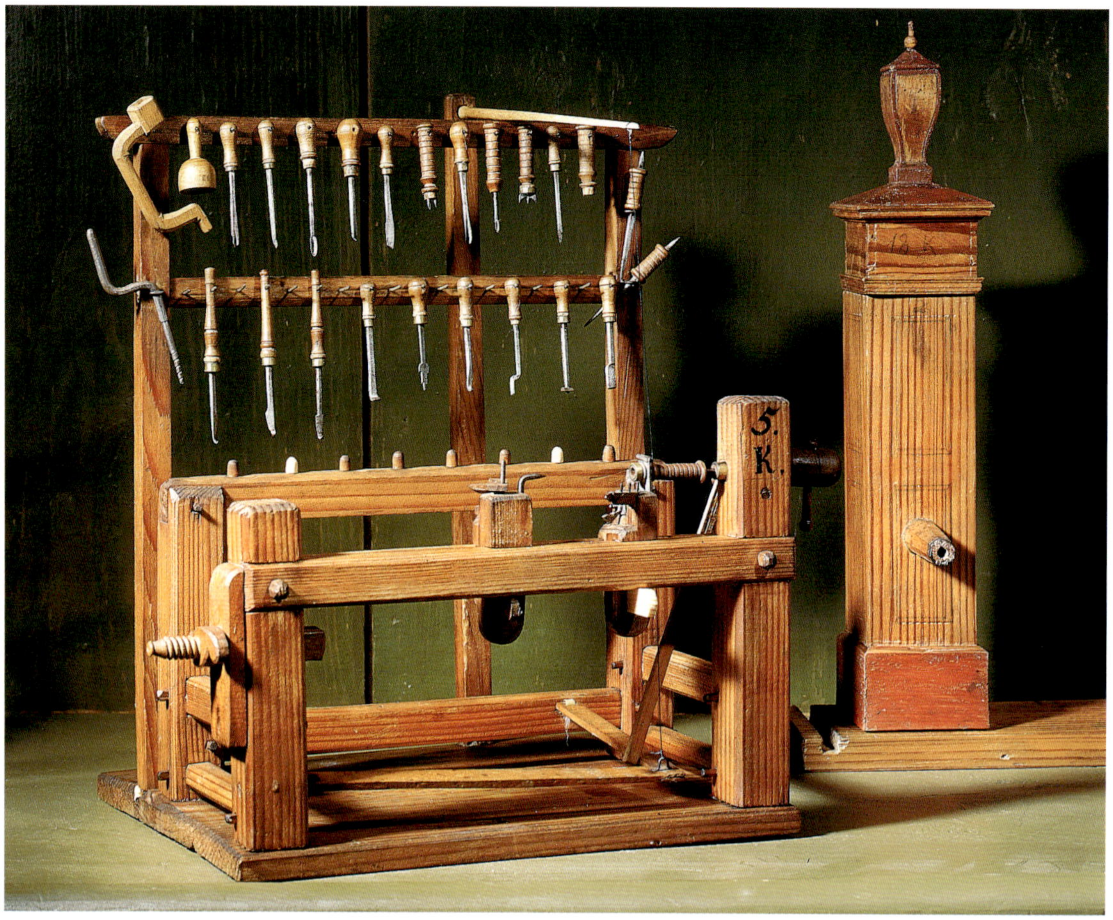

Modell einer Drechselbank mit allen dazugehörigen Werkzeugen. Daneben Modell eines Pumpbrunnens.

Modell eines Hammerwerks.

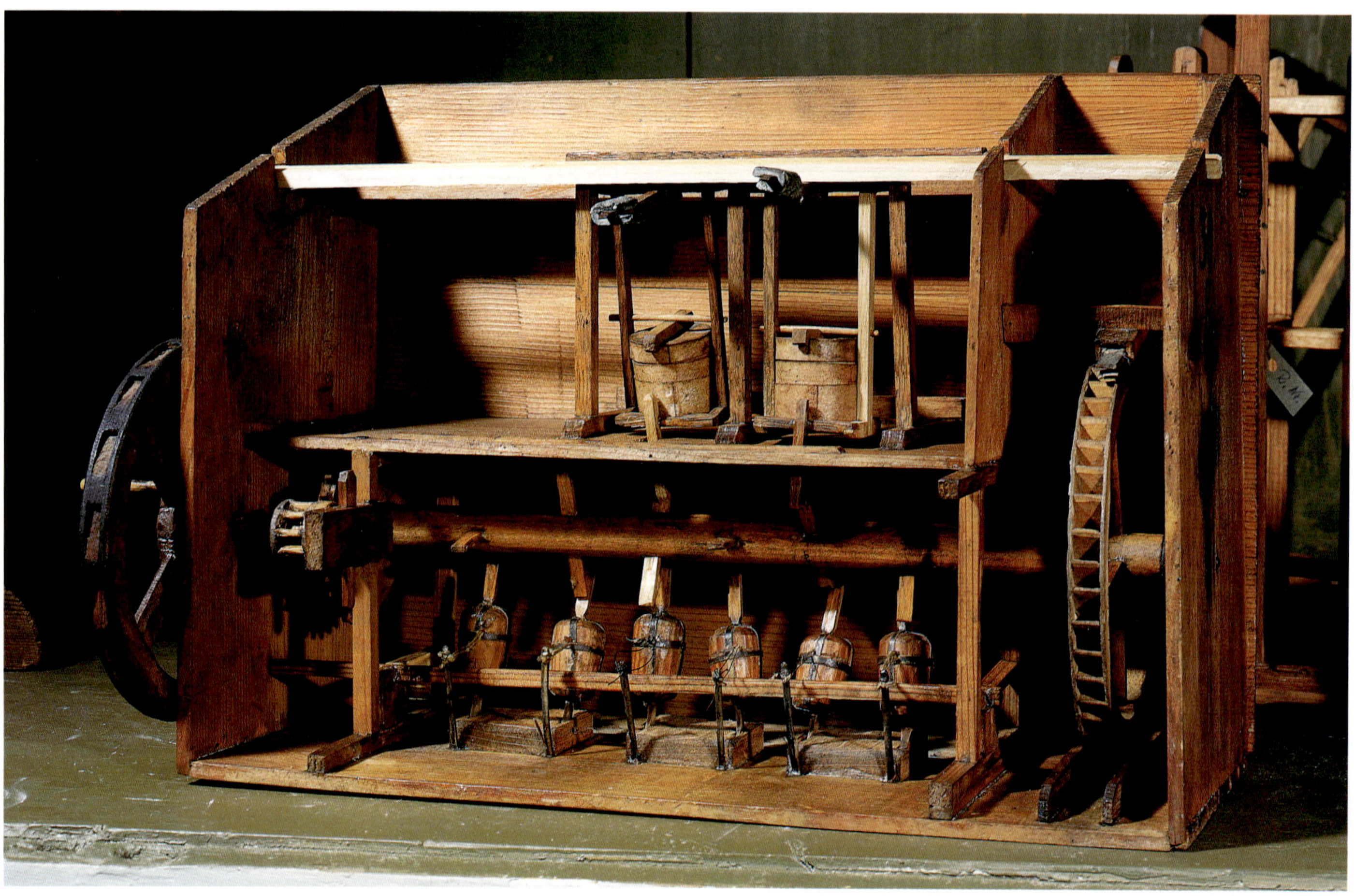

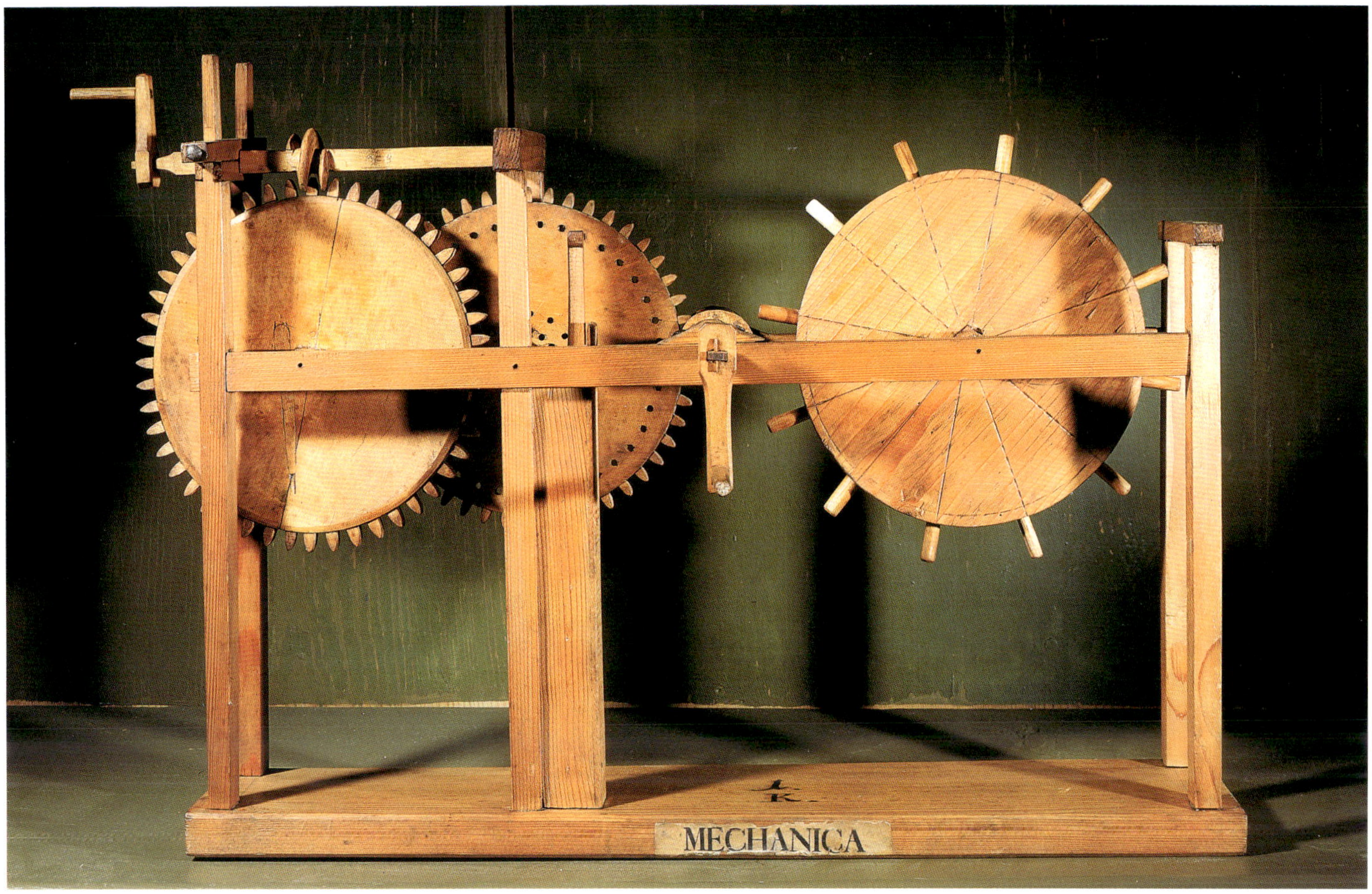

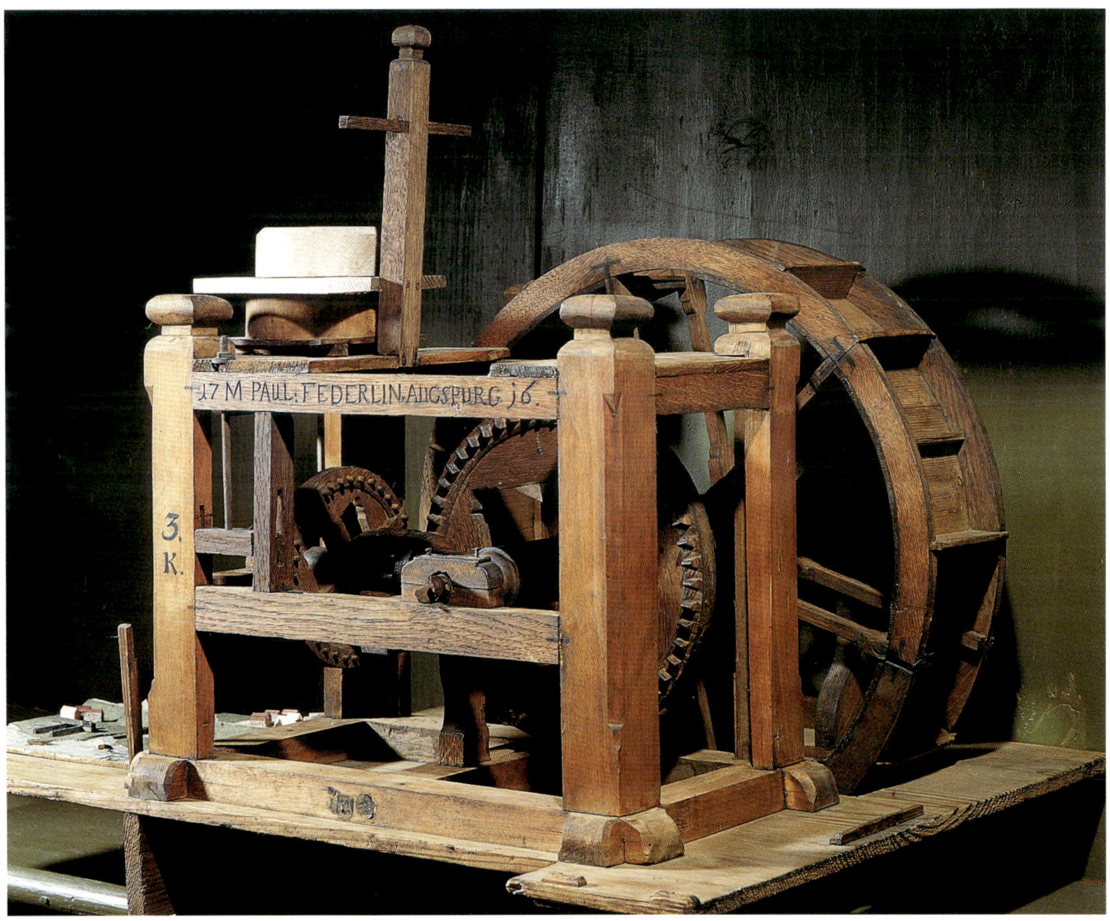

Modell eines Zahnradgetriebes.

Modell der Pulvermühle in der Königlichen Hofapotheke zu Berlin.

Vor den beiden Modellschränken sind in Vitrinen weitere Gebäudenachbauten ausgestellt. Zwei Salzkothen sind dort zu sehen. Auch bei diesen beiden handelt es sich um ausgesprochene Schulungsmodelle. Jahrhundertelang bildete Salz das wichtigste Wirtschaftsgut für Halle. Bis hin zu ihrem Namen ist die Stadt davon geprägt. Das Salzwerk gehörte jahrhundertelang zu den bedeutendsten in Deutschland. Dessen Kern bildete die *Thalsaline*, die sich unterhalb der Marktkirche auf dem heutigen Hallmarkt befand und bis hinunter zur Saale erstreckte. Dort standen dicht gedrängt etwa einhundert Siedekothen, denen diese beiden Modelle nachgebildet sind. In den Siedekothen fand die eigentliche Salzgewinnung statt, und der Realienunterricht erstreckte sich natürlich auch auf dieses Thema. Eigens für Demonstrationszwecke im Schulunterricht konstruiert, ist das mit Stroh und Lehm gedeckte Dach an einer Seite ausgespart, so daß den Schülern die Arbeitsabläufe bei der Salzgewinnung im Gebäudeinneren gezeigt werden konnte. Beide Häuser stehen heute auch als Nachbau im örtlichen Salinemuseum.

In einer eigenen Vitrine ist das besonders beeindruckende Modell des Waisenhauses mit den angrenzenden Bauten des vorderen Lindenhofes zu sehen. Es ist aus Holz, Pappe und Stroh gefertigt. Jedes Stockwerk ist abnehmbar, und die einzelnen Räume waren einst in zeitgenössischer Manier eingerichtet. Dieses Modell ist deswegen eine hochinteressante Sachquelle zur Stiftungsgeschichte, weil es noch in der ersten Hälfte des 18. Jahrhunderts entstanden ist.[152] Auch wenn sich die Inneneinrichtung nicht vollständig erhalten hat, entsteht ein lebendiger Eindruck davon, wie die Anstalten in der Anfangszeit aussahen. Übrigens ist auch die erste Naturalienkammer, die sich in einer Stube direkt unter dem Altan befand, mit ihren Schränken nachgebaut, ebenso wie der alte Schlafsaal der Waisenknaben, bevor diese ihren Neubau bezogen. Im Erdgeschoß ist der erste Buchladen Franckes zu sehen. Die Gestaltung des alten Bet- und Singesaals mit der Kanzel in der Mitte führt das veränderte Gemeindeverständnis im Pietismus vor Augen, bei dem sich die Gemeinschaft der Gläubigen um das Wort versammeln soll, um darüber miteinander ins Gespräch zu kommen. Im Erdgeschoß dieses Gebäudes befanden sich die Speiseanstalten. Das Modell gibt bis hin zur Anzahl der Gedecke je Tisch eine Vorstellung des originalen Raums. Interessant sind die turmartigen Lesekanzeln, von denen aus während der Mahlzeiten Erbauliches oder aktuelle Zeitungsnachrichten vorgelesen wurden.

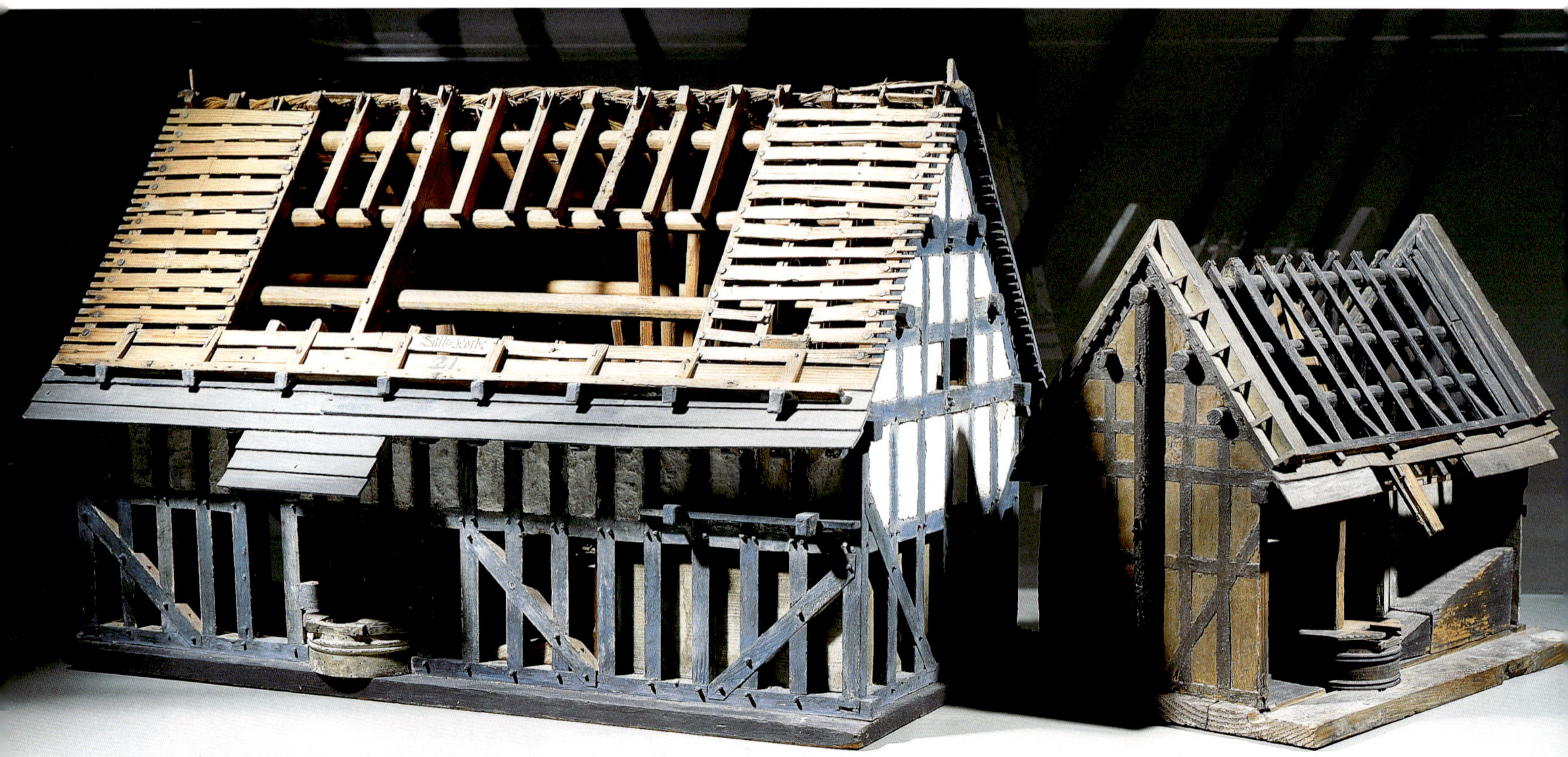

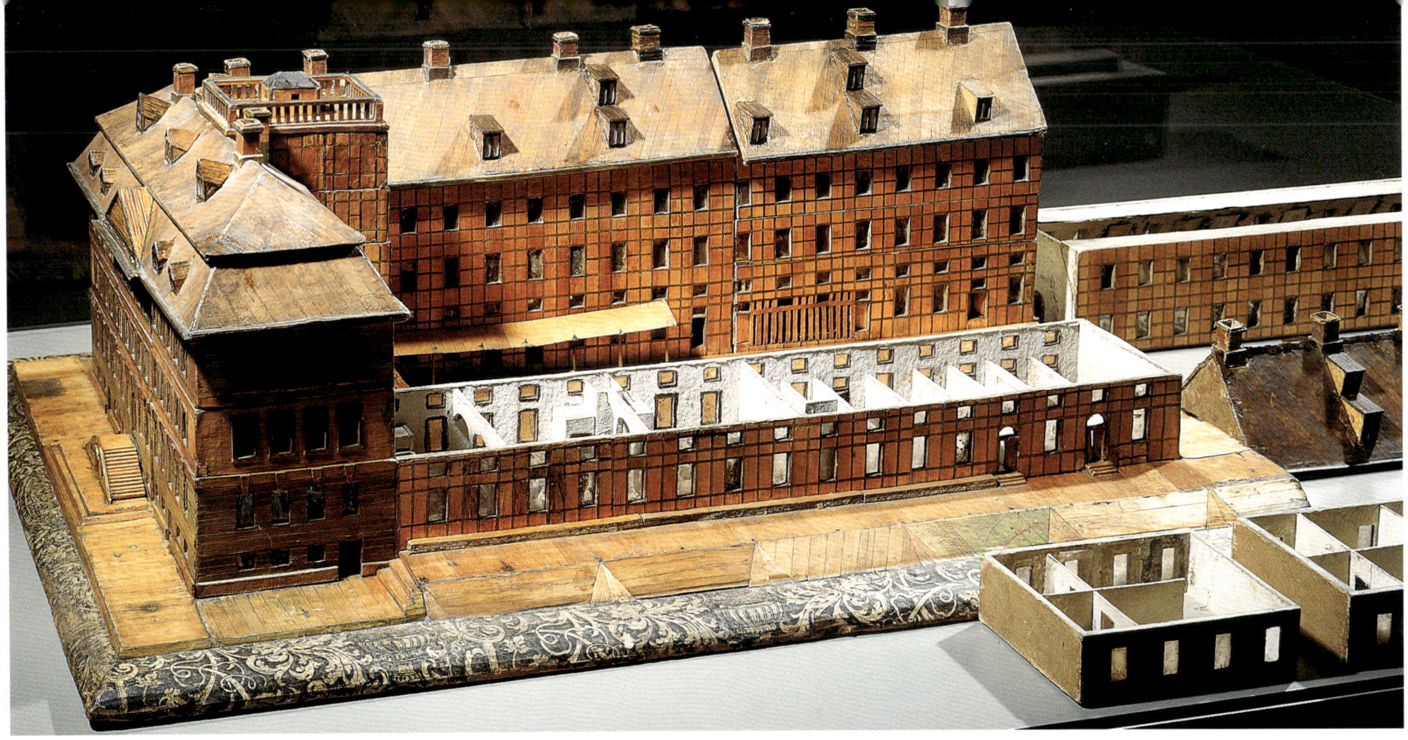
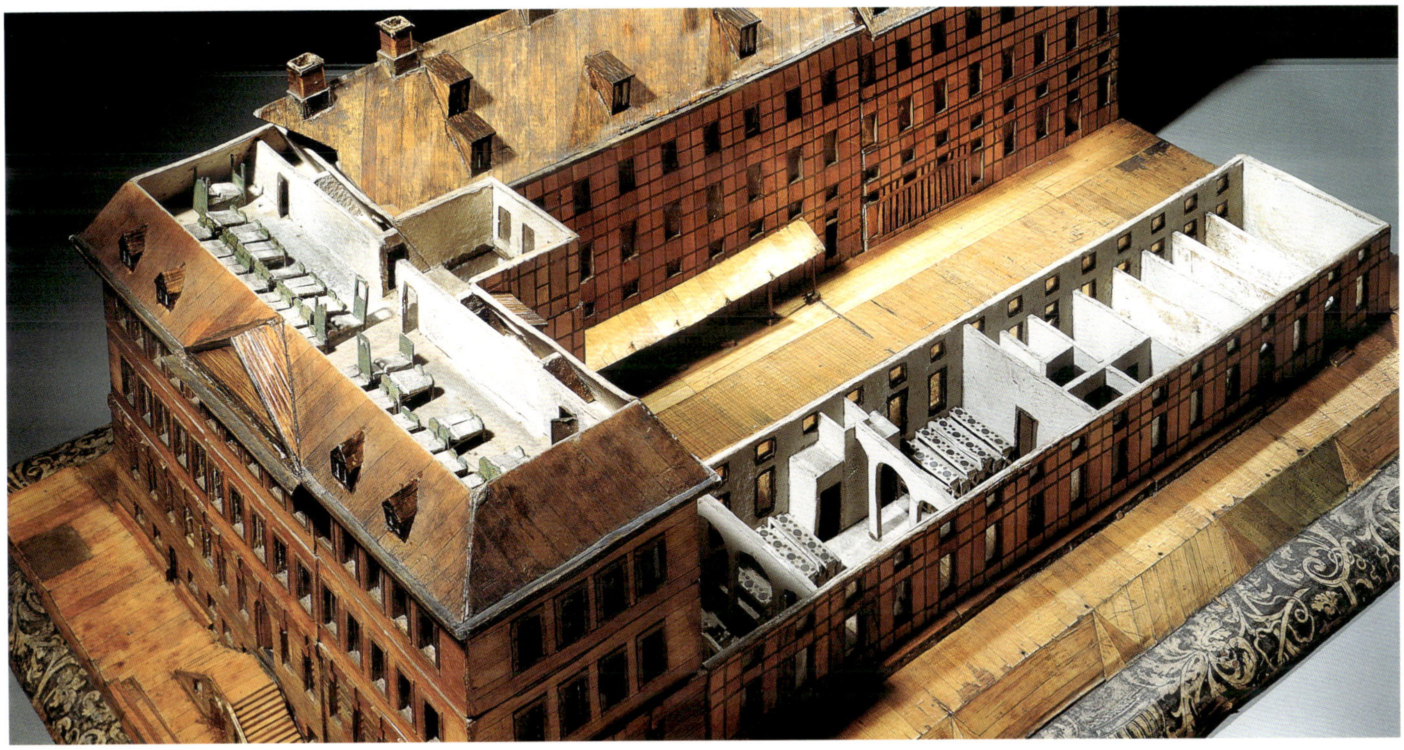
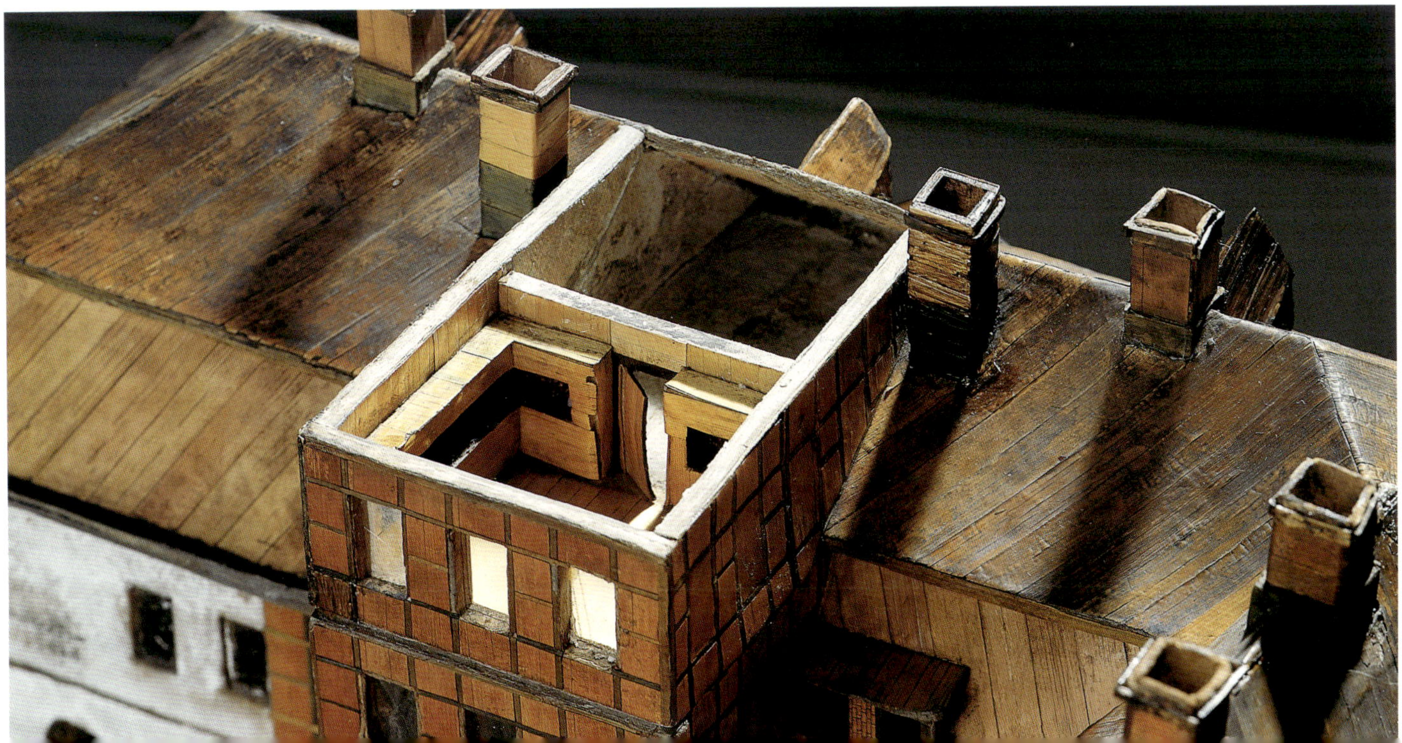

Als Pendant zu den sechs Naturalienschränken im Süden des Saals stehen am gegenüberliegenden Ende in gleicher Anordnung sechs reich verzierte Kunstschränke. Der zweiflüglige Schrank XI.L. ist ausschließlich Sammlungsgegenständen aus Indien vorbehalten. Es verwundert nicht, daß Gründler etwa 100 davon vorfand. Seit Anfang des Jahrhunderts hatten Mitarbeiter der Dänisch-Halleschen Mission aus Südindien neben regelmäßigen Berichten auch in großer Zahl Kuriositäten nach Halle geschickt. Die längliche Federzeichnung an der Wand neben diesem Schrank zeigt die geographische Lage der Missionsstation. Viele der halleschen Missionare pflegten neben ihren seelsorgerlichen Aufgaben wissenschaftliche Interessen und betrieben landeskundliche Studien. Einige von ihnen übersetzten die Bibel, wichtige Bücher des Pietismus, Gebete, Predigten und Lieder in die Sprachen Tamil und Telugu. Vor allem der Missionar Benjamin Schultze verfaßte die Übersetzungen in der landesüblichen Literaturform als Palmblatthandschriften, indem er die Schriftzeichen mit einem speziellen Griffel in die getrockneten Blätter einer bestimmten Palmenart ritzte. Sein Vorgänger Bartholomäus Ziegenbalg, der heute als Vater der protestantischen Mission verehrt wird, hatte bereits mit der Anfertigung solcher Palmblattmanuskripte begonnen. Bündelweise gelangten diese Manuskripte nach Halle. So enstand eine der größten Palmblatthandschriftensammlungen Europas. Gemeinsam mit den originalen Schreibwerkzeugen wurden die Palmblätter zunächst in der Kunst- und Naturalienkammer des Waisenhauses ausgestellt. Heute werden sie als Sondersammlung im Archiv aufgehoben. Die aus Indien übersandten Objekte finden sich in den verschiedensten Sammlungsteilen, namentlich in allen Bereichen der Naturaliensammlung wieder. Zum Malabarenschrank schrieb Gründler im Katalog einleitend: *In dem XI. L. Schranck befinden sich Diejenige Sachen, so von der Königl. Dänischen und Königl. Englischen Indischen Missionen aus Malabaria an hiesiges Wäysenhaus überschicket worden. Alle diese angezeigte Stücke sind von Malabaren verfertiget, und ist bey ieden angeführet, wo in dem Hällischen Missions-Berichten Nachricht davon gegeben wird.* [153]

Der Unterschrank ist links mit zwei Fächern und rechts mit fünf Schubladen ausgestattet. Der Vitrinenteil ist mit mehreren umlaufenden Regalböden von unterschiedlicher Tiefe versehen. Diese ballustradenartige Konstruktion wiederholt sich in den anderen Kunstschränken. Einige der Böden sind schräg angebracht, um dem Betrachter eine möglichst gute Sicht zu bieten. In der Bekrönung ist ein dunkelhäutiger Mann abgebildet, der sich mit konzentrierter Miene der Beschriftung von Palmblättern widmet. In

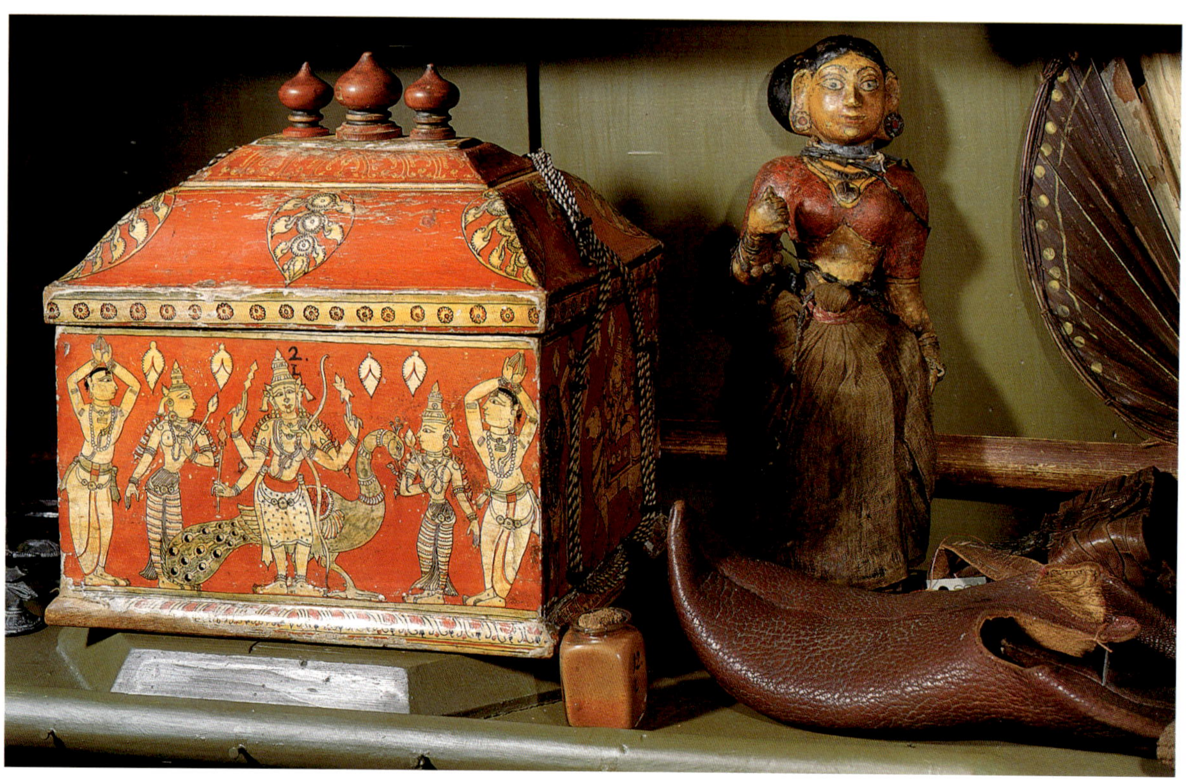

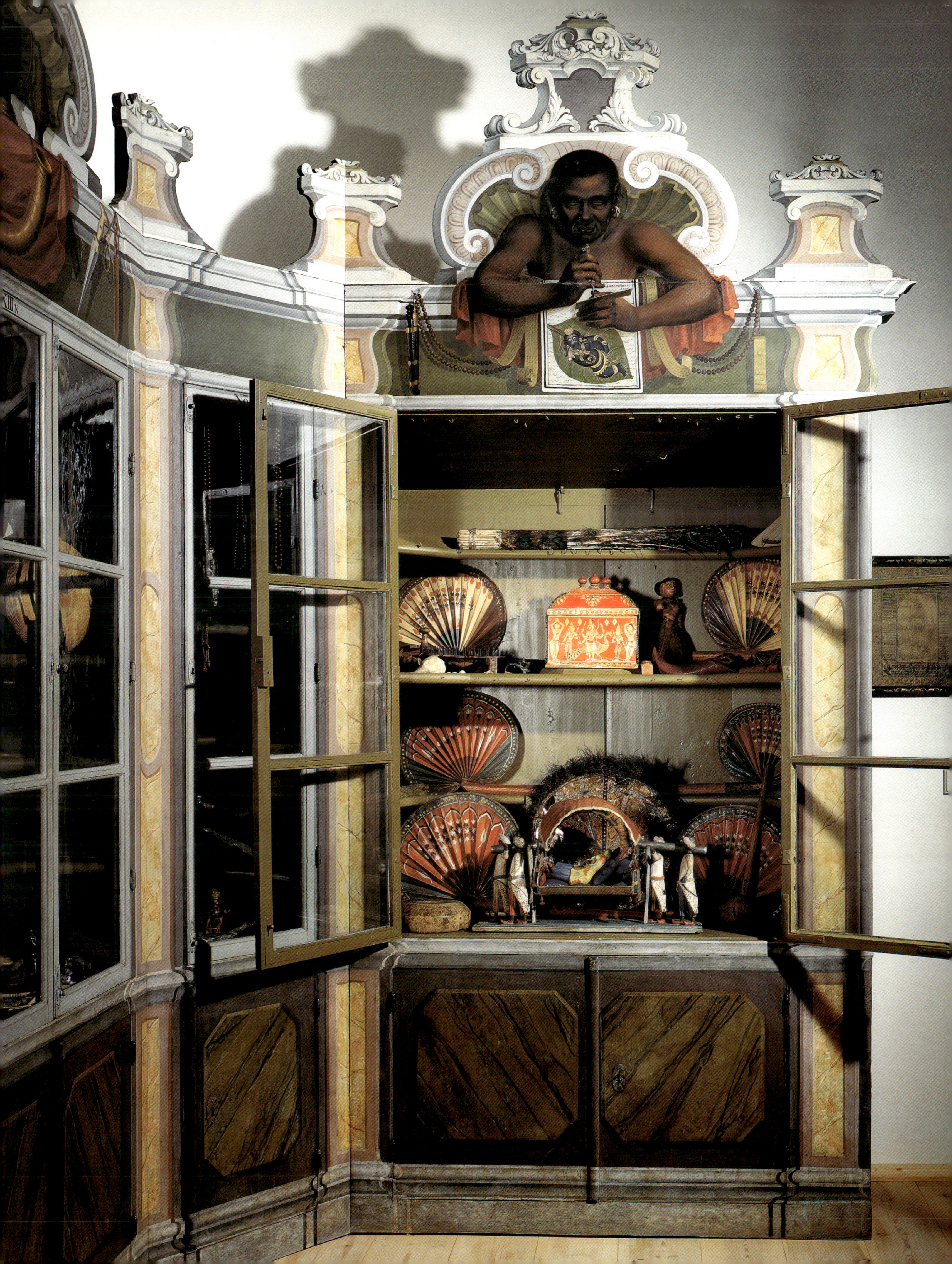

der einen Hand hält er den dafür notwendigen Spezialgriffel, in der anderen ein Palmblatt. Er scheint sich dabei auf die gemalte Brüstung des Schrankes zu stützen, von der weitere Palmblatthandschriften herabhängen. Der muskulöse Oberkörper, dessen einzige Bekleidung ein Paar goldene Ohrringe sind, strahlt kraftvolle Gelassenheit aus. Gründler zeigt diesen Malabaren keineswegs als halbwilden Exoten, dessen heidnische Fremdheit dazu geeignet ist, dem gesitteten Museumsbesucher des 18. Jahrhunderts Schauer über den Rücken zu treiben. Vielmehr wirkt die gepflegte Erscheinung gebildet und würdevoll. Gründlers Darstellung zeugt von Respekt vor der fremden Kultur.

Bei den Ausstellungsstücken wird der Blick zunächst auf die hölzerne Miniatursänfte gelenkt, die allerdings erst nach 1741 in die Sammlung gelangte. Ganz oben im Schrank liegt quer ein langes Federbüschel, das Gründler folgendermaßen beschreibt: *Ein Malabarischer Fliegen-Wedel von Pfauen-Federn rund zusammen gebunden. Mit solchen wehren sie* [die Malabaren] *den Götzen die Fliegen.*[154] Weiter unten steht ein rotes Holzkästchen, das bei Gründler nur eine kurze Beschreibung erfährt: *Ein kleines laqvirt Götzen-Kästchen, außen mit vielen Götzen-Figuren bemahlet, und inwendig befindet sich Wischtnu auf einem kleinen Throne, beydes von Metall. Es stellet ihm in seiner neunten Verwandlung vor, da er sich als ein kriechendes Kind zeiget. Dieses hat ein Malabarisch Weib angebetet, und ihn nach ihrer Bekehrung zur Christlichen Religion an die Malabarische Missionarios abgegeben. Vid. Cont. XXII. pag. 893.*[155] Nicht im Schauteil ausgestellt ist ein noch größerer Götzenkasten in der Form eines Klappaltars. Mit sechs Türen ausgestattet steht in seinem Inneren die Gottheit Wischnu. Auf dem reich verzierten Kasten sind die Stationen ihrer Verwandlung dargestellt. Der Beschreibung nach reisten Brahmanen mit solchen Kästen über Land und veranschaulichten damit den Menschen die Geschichte des Wischnu. Gründler gibt in diesem Katalogteil bei zahlreichen Stücken an, wo sie in den Berichtsreihen der Dänisch-Halleschen Mission ausführlich beschrieben sind. In dem selben Fach steht links daneben ein Exemplar von jenem *Paar stachlichte Poenitenz-Pantoffeln, davon ein jeder 100. Stacheln hat, und jeder Stachel 1. Zoll hoch ist, auf welchen ein Malabar (ein Töpfer seines Handwercks) von einem Dorf zum andern betteln gegangen; er hat sich aber hernach zum Christlichen Glauben bekehret, und solche von sich gegeben. Vid. Contin. XXI. Pag. 621. XXV. p. 4.*[156] Dieses Marterwerkzeug ist ein gleichermaßen aufsehenerregendes und denkwürdiges Ausstellungsstück. Noch heute wirkt es fast unwirklich und vermittelt einen

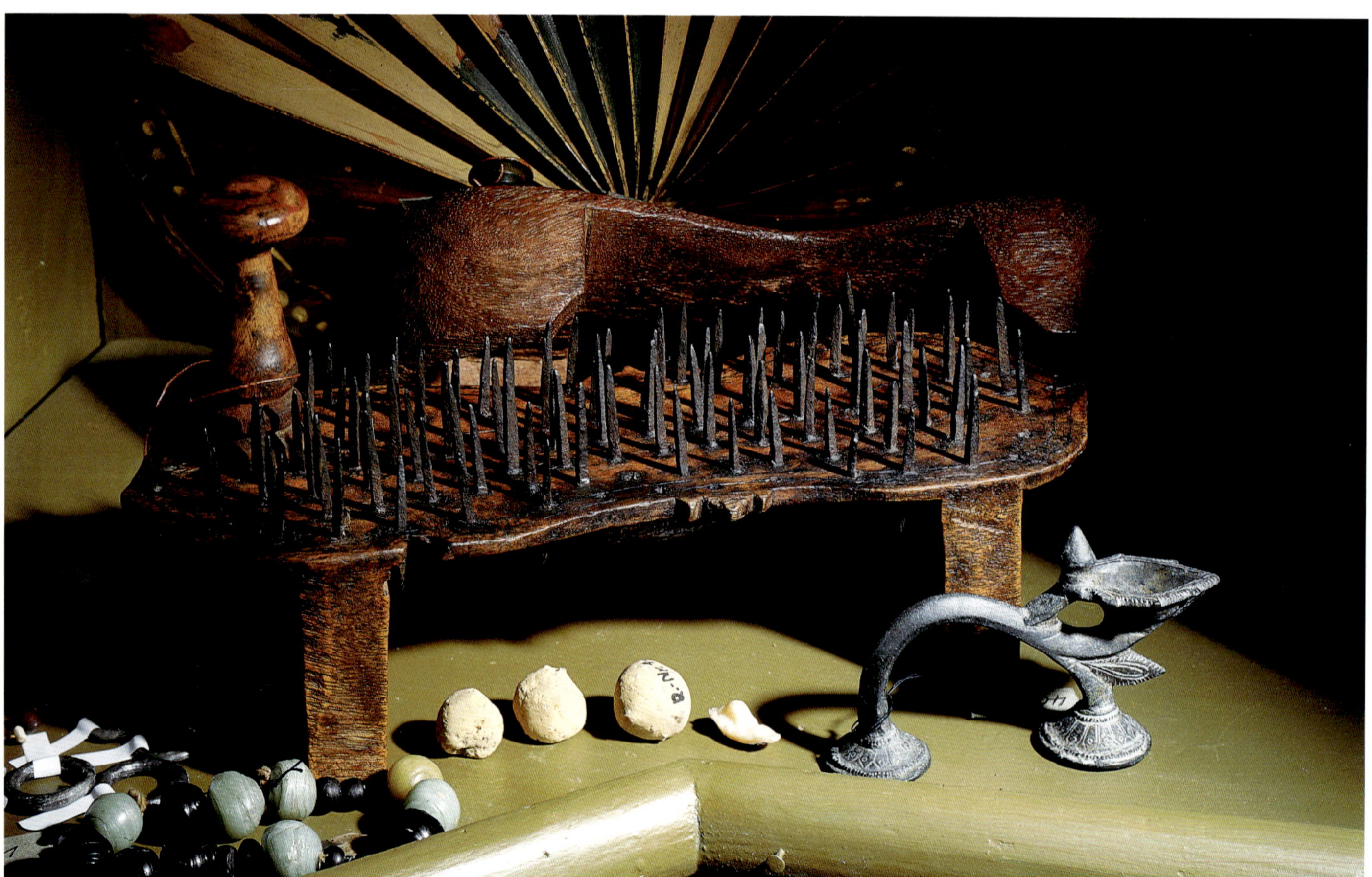

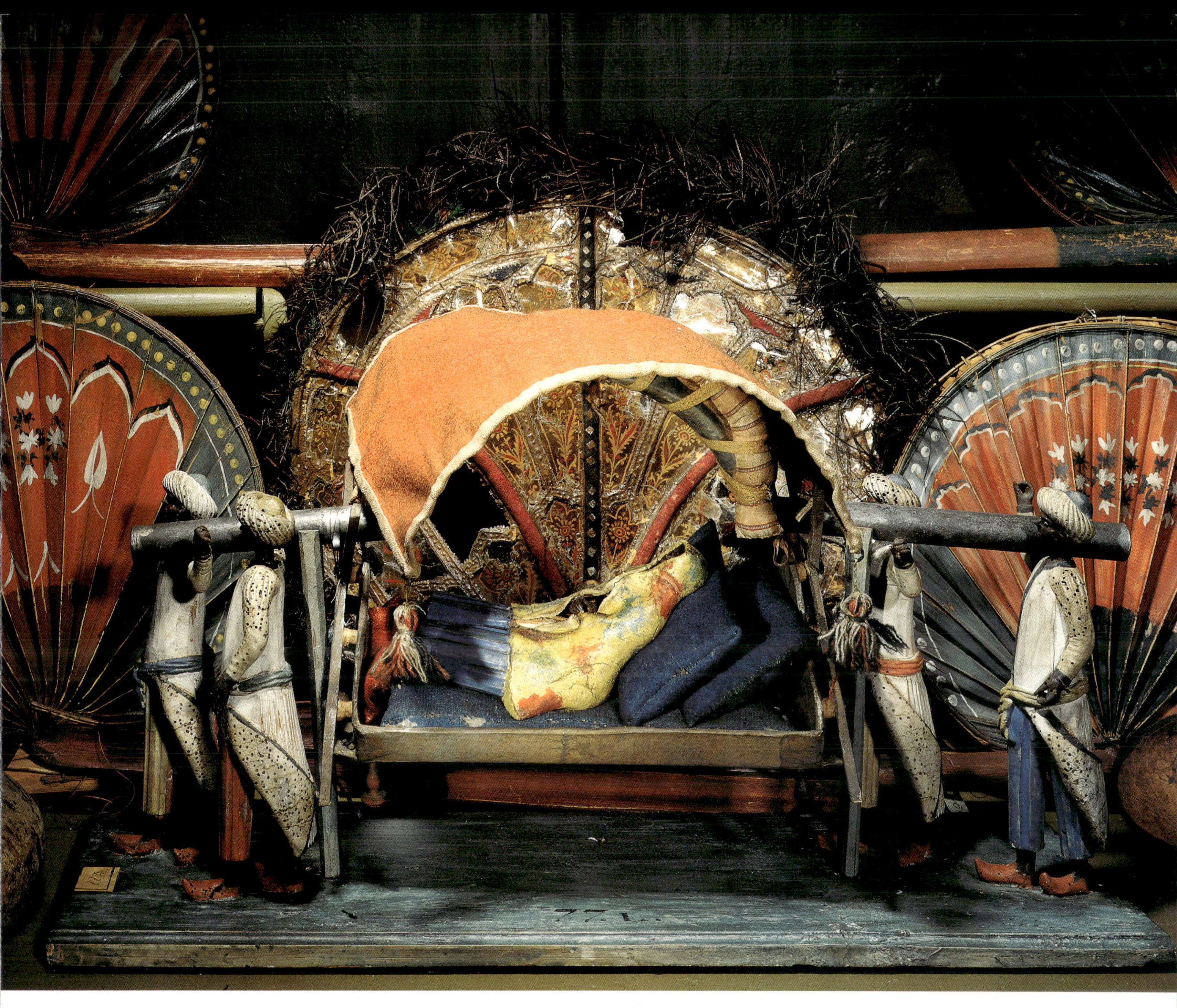

Eindruck von einer uns fernen Welt. Der Schuh ist eines jener Stücke, die für eine Wunderkammer wie geschaffen zu sein scheinen. Schon auf den ersten Blick regt es an zum Staunen, Fragen und Forschen. Als dieser Schuh etwa 1725 in die Ausstellung gelangte, wird das bei den zeitgenössischen Betrachtern besondere Neugier geweckt haben. Und genau diesen Umstand wußten die Halleschen Pietisten geschickt auszunutzen: Indem sie zu dem Ausstellungsstück dessen Geschichte erzählten und im Druck verbreiteten, vermittelten sie ganz beiläufig auch etwas von der eigenen Missionsarbeit und deren Erfolgen. Denn kurz nachdem diese schaurig schönen Pantoffeln der Kammer beigefügt worden waren, erschien im Waisenhausverlag die neueste Ausgabe des *Berichts Der Königlichen Dänischen Missionarien in Ost-Indien*. Dort stand ausführlich zu lesen, was es mit den Büßerpantoffeln auf sich hatte und wie sie in die Hände der halleschen Missionare gelangt waren. Eine Textprobe aus diesem gedruckten Bericht Benjamin Schultzes vom 25. April 1725 liest sich so: [Es] *trat zu mir ein heydnischer Mann … und sprach: Er wolte auch gerne selig werden, wie ers denn anfange solte? Er hätte unsere Bücher gelesen, und wüste, daß JEsus CHristus der Erlöser der Menschen wäre. … Hiebey nahm ich denn Gelegenheit, ihm und seinem gantzen Hause eine kleine Rede zu halten, darin ich sie alle ermahnete, wie sie mit dem kleinen Erkäntniß weiter wuchern solten, so würde GOTT sich über sie*

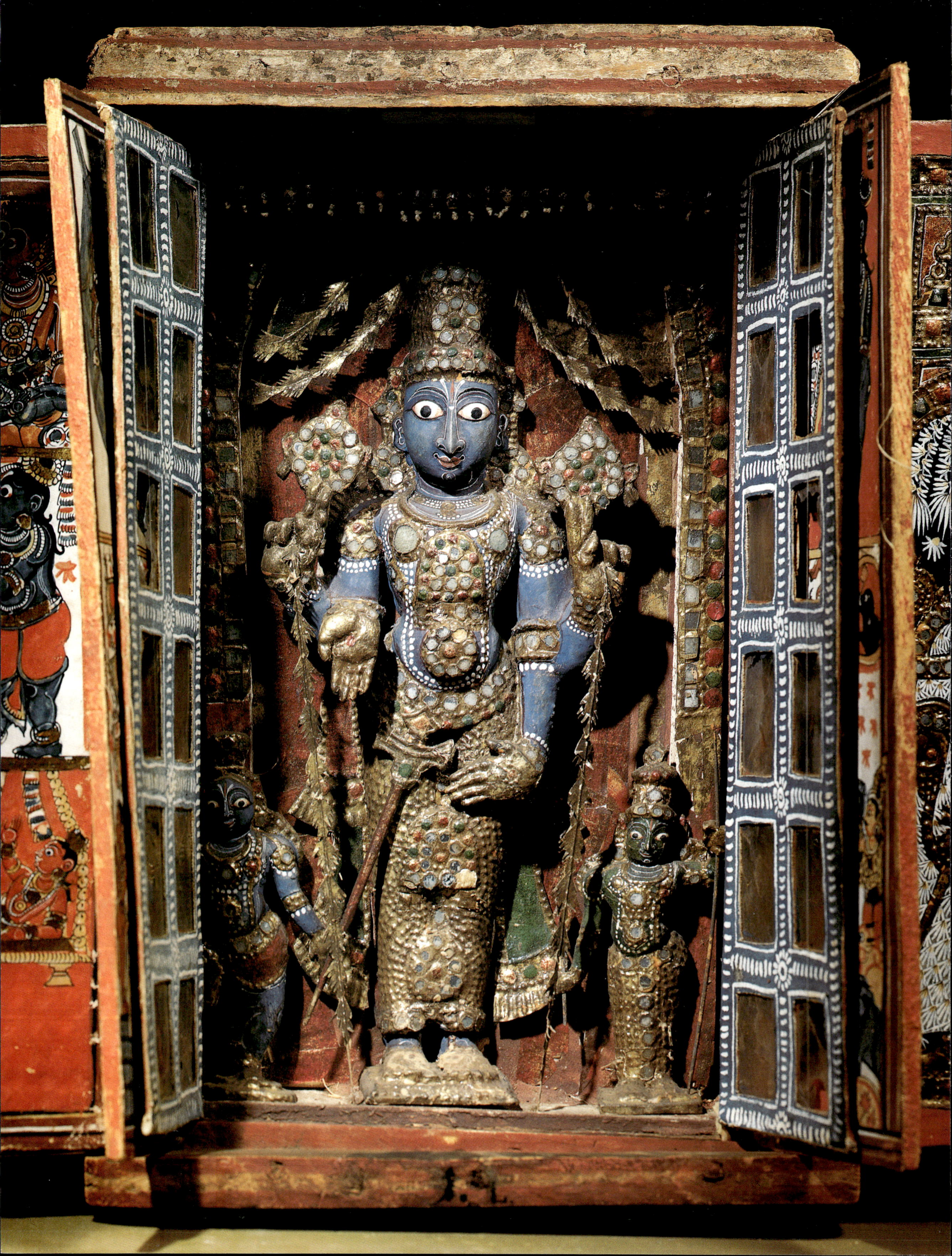

alle erbarmen. Nach geendigter Rede erzehlete sein Vater, und er selbst mir klagend, was er bishero für harte Busse thun müsse. Denn zuweilen käme von ihren Göttern einer über ihn. …und dieser Gott zwinge ihn sodann, auf höltzernen Pantoffeln voll spitziger Nägel zu tantzen. Uber diese Erzehlung erschrack ich, und noch mehr, als sie mir die Pönitentz-Pantoffeln selbst zeigeten. Hier fing ich an, ihnen das Christenthum zu recommendiren … sagte auch, wenn der böse Geist künftig ihn wieder zwingen wolte, auf den Stachel-Pantoffeln zu gehen, … so solte er nur beten. Wie er aber beten müste, wies ich ihm, und zeigete ihm in dem einen Buche, ein feines Gebet, welches er von dieser Stunde an fleißig lesen und sichs wohl bekant machen solte. Alles nahm er mit hertzlichem Danck an, und versprach auch, diesem meinem guten Rath nachzukommen. … Hiermit nahm ich meinen Abschied, und ging zum Dorfe heraus. Der Mann aber lief mir einen Büchsen-Schuß weit nach. … Es fiel mir aber noch ein, ob ich ihm trauen könte, daß er auf meinen Rath seinem GOtt ungehorsam seyn würde, zumaln wenn er die spitzigen Pantoffeln bey sich behielte. Deßhalben stellete ichs ihm nochmals vor, und sprach: Du hast mir zugesaget, daß du nicht mehr auf diesen schädlichen Pantoffeln gehen wilst, so sind sie dir ja nichts mehr nütze. Damit ich nun dessen möge recht gewiß seyn, wilst du sie mir geben? Hierauf antwortete er mit Freuden: Ja. Alsobald schickte ich einen Knaben nach dem Dorfe zurück zu seinem Vater, und ließ mir die Pantoffeln bringen.[157] Eingebettet in die Publizistik des Waisenhauses rückte dieses Exponat so die Bemühungen der Hallenser um eine Weltverbesserung auf eindrückliche Weise in das rechte Licht. Ähnliches läßt sich an einem anderen Exponat beobachten. Der erste durch die halleschen Missionare ordinierte indische Landprediger Aaron nahm einen besonderen Stellenwert in den Berichten über die Tranquebar-Mission ein. Er wurde gleichsam zur Symbolfigur der halleschen Missionserfolge hochstilisiert. Natürlich wurde seiner auch im Malabarenschrank der Kunst- und Naturalienkammer gedacht. Noch heute wird hier eine kolorierte Handzeichnung aufbewahrt, die in Indien auf Verlangen Halles mit der Maßgabe angefertigt wurde, eine möglichst naturgetreue Abbildung Aarons zu geben. So konnte man sich auch in Halle eine Vorstellung von ihm machen und konnte das Bild in die eigene Öffentlichkeitsarbeit einbeziehen. Der Zeichnung ist ein Schriftstück beigefügt, das die Abbildung genauestens beschreibt, aber auch die Abweichungen von dem lebenden Vorbild aufzählt: *Die Nägel an den Fingern laßen sich die Malabaren lang wachsen, sonderlich den auf dem Daum lincker Hand, welcher eingekerbet wird, daß der Griffel, wenn sie auf Oles* [Palmblätter] *schreiben, darin ruhen kan. … Die Nase ist zu lang und starck gewachsen, und das Gesicht überhaupt paustet zu weit heraus (sie sind gewohnt ihre Abgötter so zu mahlen) es solte planer seyn. Das Kinn ist hingegen zu kurtz. Die Stirn müste nicht so schräge liegen. Wenn es einem Kupferstecher solte unter die Hände gegeben werden, so müste zuvor ein im Reißen erfahrener Mensch einen neuen Riß machen, und darin alles itzt gedachte verbeßern… Die Farbe ist auch zu roth und zu hoch. Die mehresten Malabaren sind Castanienbraun.*[158] Tatsächlich machte man sich die Mühe und berücksichtigte diese Anweisungen genau, als man eine Kupferplatte herstellen ließ. Der kolorierte Stich, der heute im Schrank zu sehen ist, wurde dann mit folgendem Gedicht verbreitet:

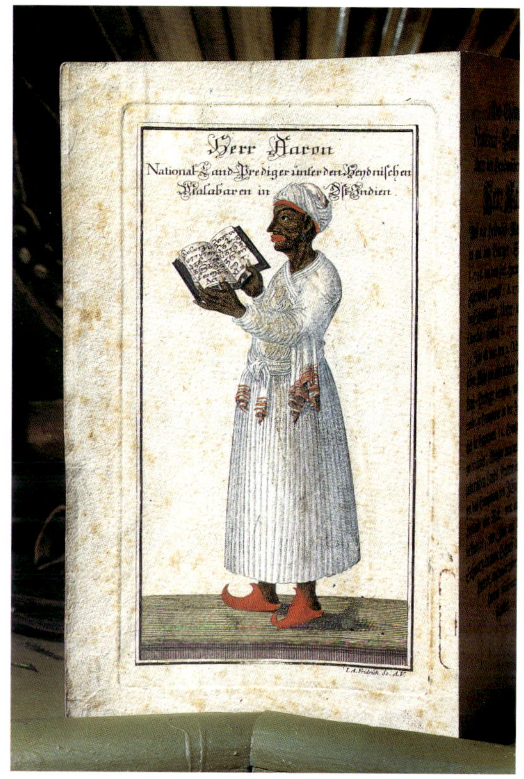

SO sieht Herr Aaron aus von drey und viertzig Jahren,
Der erste Prediger, selbst aus den Malabaren:
Schwartz-braun ist sein Gesicht, nach seines Volckes Art;
Doch liegt in seiner Brust das Licht aus GOTT verwahrt.
Man kan die Freundlichkeit, das Anmuthvolle Wesen,
Den Ernst und Redlichkeit aus seinen Augen lesen.
Der Ertz-Hirt, Jesus Christ, laß bey den schwartzen Heerden
Dis muntern Mannes Fleiß und Treu geseegnet werden![159]

Der schmale Schrank XII.M. trägt keine gegenständliche Bemalung in der Bekrönung. Nichts weist auf seinen Inhalt hin, und doch handelt es sich um ein Sammlungsgebiet, dem die Pietisten größte Aufmerksamkeit widmeten. Erst der Katalog gibt Aufschluß über die Objekte: *Res, vulgo dictae sacrae. Heilige Sachen aus verschiedenen Religionen.*[160] Der Schrank war schon bei Gründler zu klein, um alle Kostbarkeiten dem Auge darzubieten. Einige mußte er deswegen von Beginn an in den Unterteil verbannen. Interessant ist seine Binnenordnung: *Diese Stücke, die von Abgöttischen und Abergläubigen fälschlich dafür gehalten werden, daß sie zur Christlichen Religion gehören, befinden sich in dem I. II. und III. Unterschied dieses Schrankes.*[161] Gründler ordnete in diese Kategorie überwiegend Stücke aus dem Katholizismus. Gegenstände, die im katholischen Ritus keinen besonderen Seltenheitswert besitzen, wie geweihte Kerzen und Rosenkränze, gerieten in der pietistischen Kammer zur Kuriosität. Dennoch war man auch hier um ausgefallene Stücke bemüht. Ein originaler Ablaßbrief aus dem Jahr 1505 gehörte ebenso dazu wie ein Stückchen *Kalck von der heiligen Petri-Pforte aus Rom.*[162] Aufregender war die Geißel eines Kapuzinermönchs oder gar ein Fläschchen mit dem Blut der ersten Christen aus den römischen Katakomben. Einige besonders kunstvolle Stücke sind heute noch erhalten, so zwei Miniaturen des Heiligen Grabes aus Zedernholz und Elfenbein mit Einlegearbeiten aus Perlmutt. Die nur wenige Zentimeter großen Nachbildungen wurden der Beschreibung nach als Souvenir im Gelobten Land angefertigt. Wohl auch nur als Schmuckstücke gedacht, waren die filigranen Kruzifixe aus Elfenbein von der Größe eines Zahnstochers, die heute zu den kleinsten Sammlungsstücken in der Kammer zählen. Den alten Katalogbeschreibungen ist deutlich anzumerken, daß diese Stücke den halleschen Lutheranern fast ebenso fremd vorkamen wie die Objekte in den nachfolgenden Fächern. Eine eigene Kategorie bildeten die Gegenstände aus der russisch-orthodoxen Kirche, darunter ein silberner Anhänger aus Astrachan mit einer Abbildung des heiligen Michael. In der nächsten Untergruppe faßte Gründler Gegenstände aus dem Islam und anderen nichtchristlichen Religionen zusammen: *Diese aus der Mahometischen, wie auch heidnischen Religion befindliche Stücke…*[163] konnte auch der kenntnisreiche Gründler nicht alle zweifelsfrei zuordnen. Zu entlegen waren die Kulturen, aus denen die Objekte kamen. Die chinesische Drachenfigur und der indianische Hausgötze, die vorne im Schrank liegen, sind solche Zeugen weit entfernter Zivilisationen. Näherliegend und doch ebenso kurios die Stücke aus der islamischen Welt wie das türkische Beschneidemesser oder *Eine Türckische Zahn-Bürste aus einer besondern Wurtzel, welche bey dem Grabe Mahomets zu Mecca geschnitten wird,*[164] die Gründler in seinem Katalog beschrieb, die aber später verlorengingen. In die letzten beiden Fächer ordnete Gründler schließlich antike Fundstücke. Bei den verschiedenen Urnenresten, die er im Katalog inventarisierte, handelt es sich allerdings möglicherweise um Fehlbestimmungen. Vergleicht man diese Objekte mit Scherbenresten aus frühneuzeitlichen Abfallgruben, so ist die auffallende Ähnlichkeit nicht von der Hand zu weisen.[165] Immerhin ist aber eins der Gefäße noch gefüllt. Gründler schreibt dazu: *Eine große Vrna, worin noch Asche und Knochen. Sie ist am Petersberge bey Halle gefunden worden.*[166]

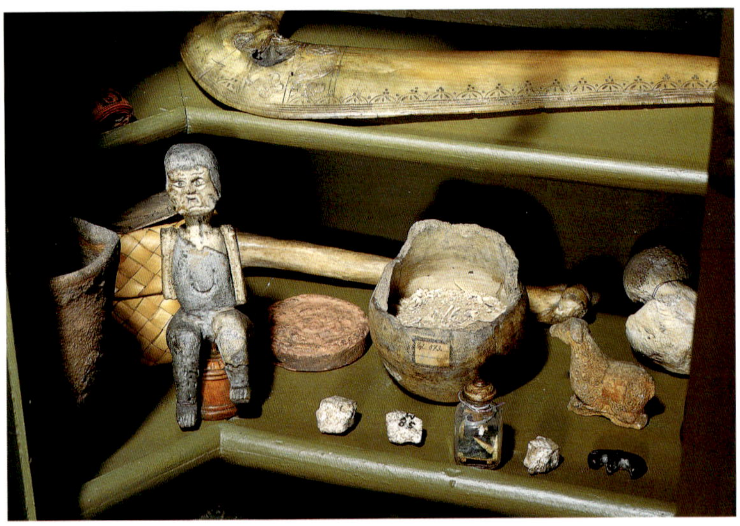

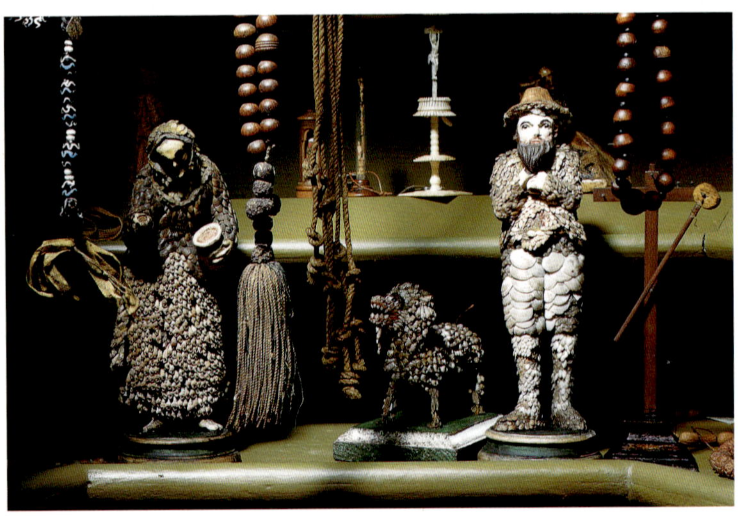

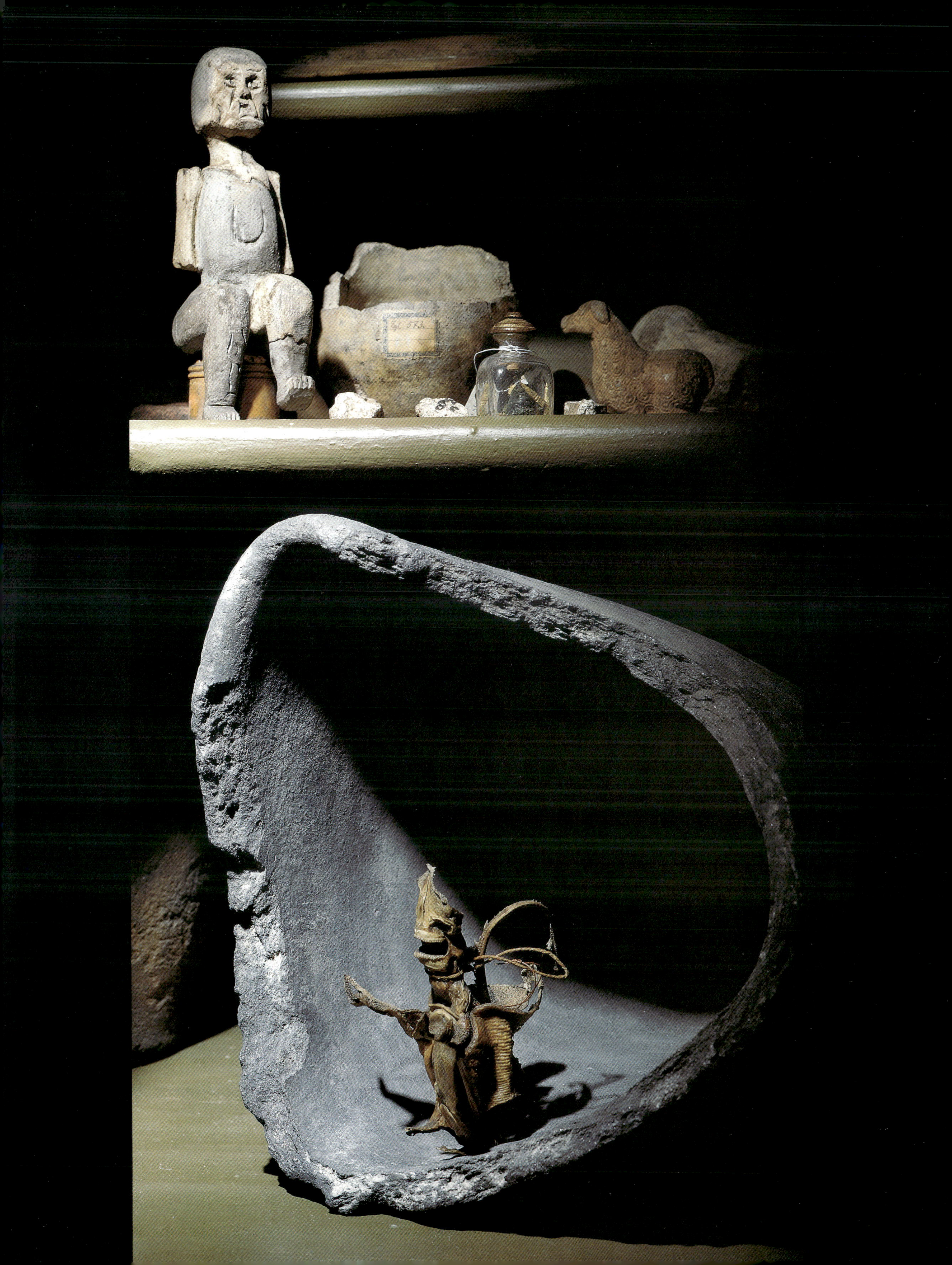

Dem dreiflügligen Schrank XIII.N. ordnete Gründler Kulturgegenstände im weitesten Sinne zu. Er selbst beschrieb sie als *Sachen, welche zu Speiß und Tranck gehören, oder als Instrumenta dabey gebraucht werden. Item, einige zum Krieg gehörige Dinge, wie auch verschiedene andere künstliche Sachen.*[167] Das war sicher zu kurz gegriffen, denn es findet sich auch Schmuck und allerlei Zierat darin. Hier scheint Gründler all jene Dinge untergebracht zu haben, die in den übrigen Kunstschränken keinen Platz fanden. Demgemäß bestand der Unterschrank aus zwei großen Fächern und zwölf Schubladen, gerade recht, um eine disparate Teilsammlung aufzunehmen. Die Bekrönung weist auf allerlei fein gearbeitete Gegenstände hin. Verschiedene Schneideinstrumente sind abgebildet. Auf der imaginären Bekrönungsballustrade stehen kunstvolle Gefäße auf rotem Tuch, und im Zentrum hängt ein goldenes Horn. Im Inneren sind die Stücke auf fünf Regalböden verteilt. Auf einem der oberen steht eine Anzahl von Gläsern aus der Waisenhaus-Apotheke. Bei genauem Hinsehen kann man stets das handgemalte Emblem der Anstalten mit den beiden zur Sonne aufsteigenden Adlern entdecken. Diesem Schrank sind auch die Waffen zugeordnet, die schräg gegenüber an der Westwand zu sehen sind. Gründler gab in diesen Schrank auch Speiseproben. Westindisches Wurzelbrot, holländisches Pumpernickel und später sogar russischer Kuchen aus Rosinen und Himbeeren wurden hier aufgehoben. Heute ist immerhin noch der unansehnliche Rest eines *Moscovitisch Brot aus Beeren und Meth gebacken*[168] erhalten sowie ein über 250 Jahre alter ungarischer Käse. Im Katalog von 1741 folgten dann in ordentlicher Reihenfolge ein Dutzend Messer aus aller Welt und etwa gleich viele Löffel unterschiedlicher Herkunft und Machart. Darunter auch *Ein höltzerner Löffel, welchen ein Saltzburgischer Emigrant, da sie Anno 1732 durchzogen, und im Speiße-Saal des Wäysenhauses gespeiset worden, liegen laßen.*[169] Auch wenn dieses Besteck heute nicht mehr da ist, zeigt die Eintragung doch, wie wichtig den Anstalten die positive Präsentation der eigenen Geschichte war. In diesem Fall machte man sich eine typische Eigenart frühmoderner Wunderkammern zunutze und zeigte einen eher belanglosen Gegenstand, der erst durch die damit verbundene Geschichte zu Bedeutung und belehrender Aussagekraft gelangte. Gründler zählt im folgenden eine Reihe von Trinkgefäßen auf, und das Sortiment reicht von einem Kelch aus Schlangenholz bis zu gläsernen Teeschälchen aus China. Erhalten sind u. a. türkische Trinkgefäße aus Kürbisfrüchten, moskowitische Branntweinschalen und ein Schälchen aus lackierter Schweinshaut. Im Zentrum des Schrankes überragt die anderen Kelche und Becher ein sogenannter *Birkenmeier*, der mit einer ansehnlichen Höhe von 43 und einem Durchmesser von 14 Zentimetern schon im 18. Jahrhundert historischen Schauwert besaß.[170] Der Katalog wird mit Tabaksutensilien fortgesetzt. Ganz vorne in dem Schauteil des Schrankes ist heute noch eine Tabakspfeife der Creek-Indianer zu sehen. Sie ist von dunkler Farbe und an dem daran befestigten Lederband zu erkennen. Möglicherweise schickte Hermann Heinrich Lemke, Seelsorger unter den Salzburger Siedlern in Georgia, dieses Stück Mitte des 18. Jahrhunderts nach Halle.[171] Die Pfeife gehört zu den ältesten ethnographischen Objekten, die sich von den nordamerikanischen Indianern in europäischen Kunstkammern erhalten haben.[172] In Gründlers Katalog folgt nun die Abteilung der Waffen sowie schließlich Schmuck und Ziergegenstände. Darunter befanden sich die erstaunlichsten Dinge: *Eine Kutsche mit 6. Pferdten in einer Zoll langen Elfenbeinernen Capsel, so eine Mücke wegziehen kan;*[173] *Ein curieuser von Pfundleder gemachter und ausgepichter Schuh, woraus man trincken kan: es gehet ein Maaß Waßer hinein, und ist ein Kunst-Stück der Schuster*.[174] Die Aufzählung endet mit antiken geschliffenen Steinen und umfaßte etwa 170 Stücke. Dieser Abteilung war auch eine Sammlung von Münzen, Medaillen und Plaketten mit weiteren 1376 Stücken angegliedert. Allerdings bewahrte man schon damals diese Teilkollektion nicht hier, sondern vornehmlich im Schrank VII.G. auf.

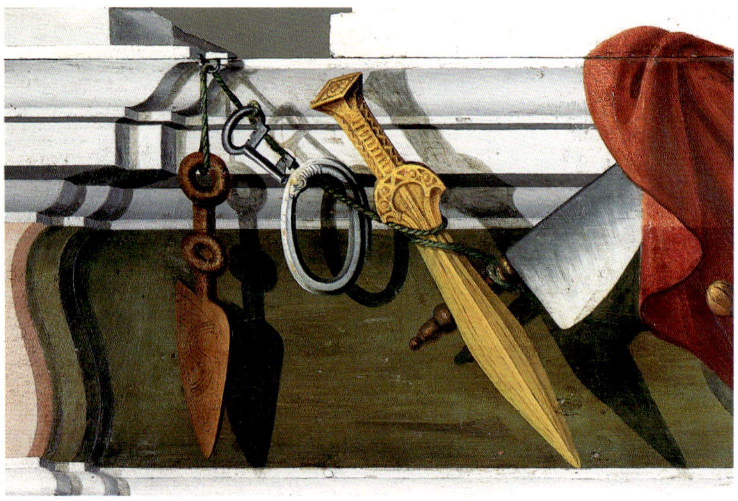

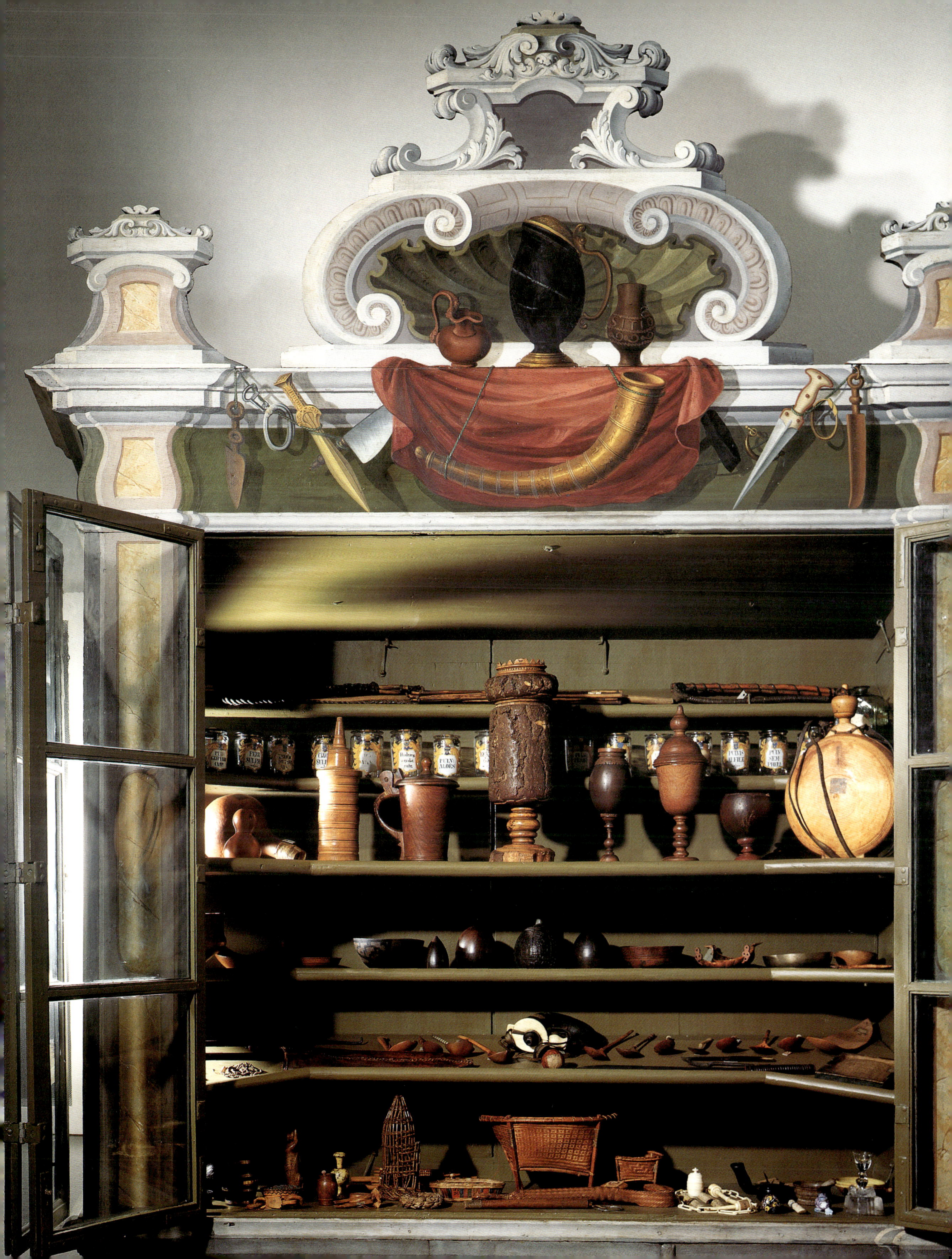
FERR SULPH
PULV ALOES

Vorne im Schrank liegen einige Sammlungsstücke aus Horn und Elfenbein beisammen. Umgeben von einer Gliederkette, die aus einem Stück Elfenbein gefertigt ist, sind eine winkelige Tabakspfeife aus Horn und weiter oben ein filigranes Zunderfäßchen aus Elfenbein zu erkennen. Dieses Stück, so der Katalog, habe der Fürst zu Köthen August Ludwig im Jahr 1736 selbst gedreht.[175] Von ihm wird berichtet, daß er sich besonders um die Salzburger Exulanten kümmerte. Diese selbst hoben die freundliche Aufnahme hervor, die man ihnen 1732 bei ihrem Zug durch Köthen bereitet hatte. Die Geistlichkeit und der Landesherr seien den 900 Flüchtlingen aus der Stadt entgegengekommen, und kaum die Hälfte von ihnen habe den Marktplatz erreicht, weil die Köthener Bürger sie schon vorher von der Straße weg in ihre Häuser aufgenommen hätten.[176] Das Engagement für die Salzburger teilte der Köthener Fürst mit Gotthilf August Francke, mit dem er in Kontakt stand.[177] Auf diese Weise wird auch das Fäßchen als Geschenk nach Halle gelangt sein.

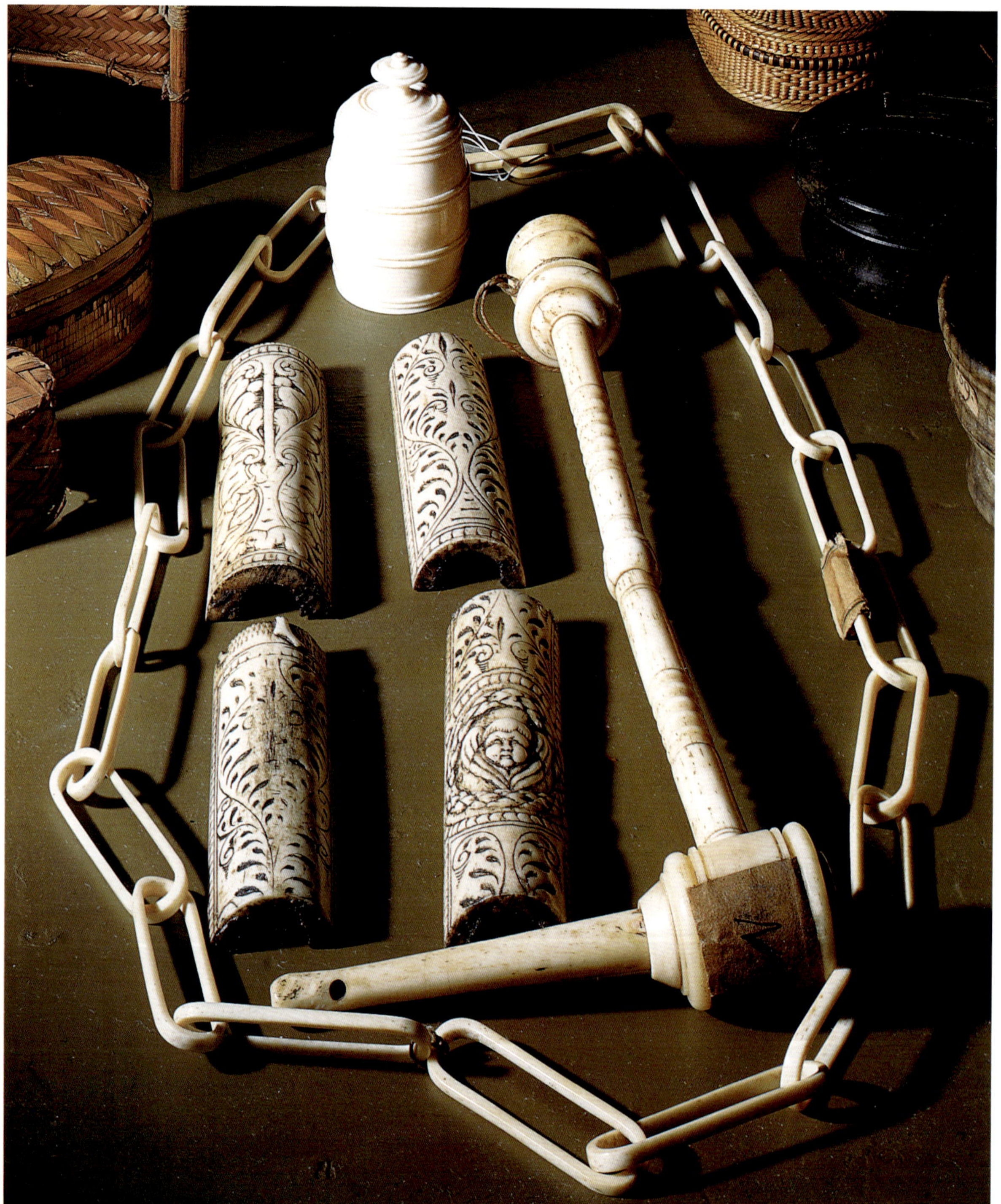

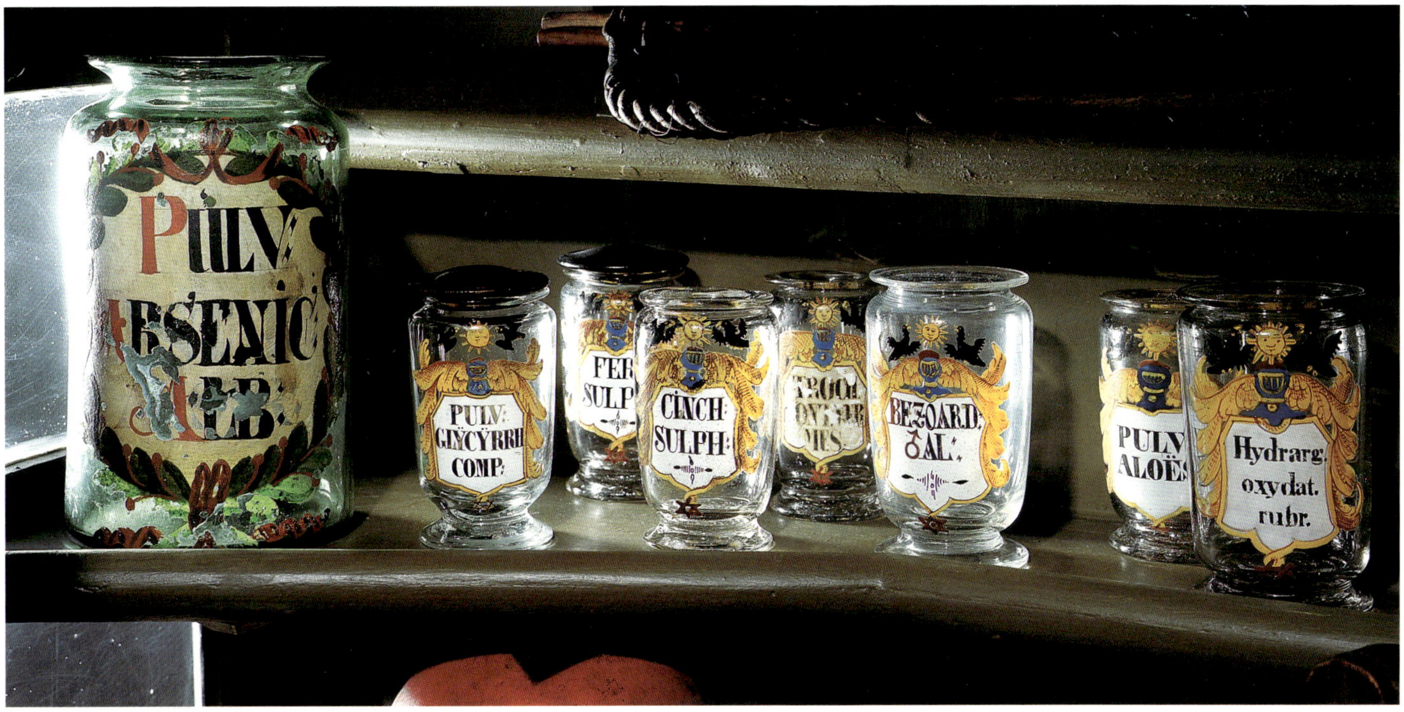

Die Gläser aus der Waisenhaus-Apotheke im oberen Vitrinenteil gehörten ursprünglich nicht zur Ausstattung der Kunst- und Naturalienkammer. Heute werden sie hier ausgestellt, weil eine vielfache und enge Verbindung zwischen beiden Einrichtungen besteht. So entwickelte sich allgemein die Blüte der Kunst- und Naturalienkammern hauptsächlich aus der Tradition der Apothekersammlungen heraus. Nicht zufällig entstanden im halleschen Waisenhaus Naturalienkammer und Apotheke zur selben Zeit und waren das ganze 18. Jahrhundert hindurch im Hauptgebäude untergebracht. Unten im Schrank sind Löffel aus Rußland, Indien und der Türkei zu sehen sowie ein altes Pulverhorn, das aus Holz und Elfenbein gearbeitet ist.

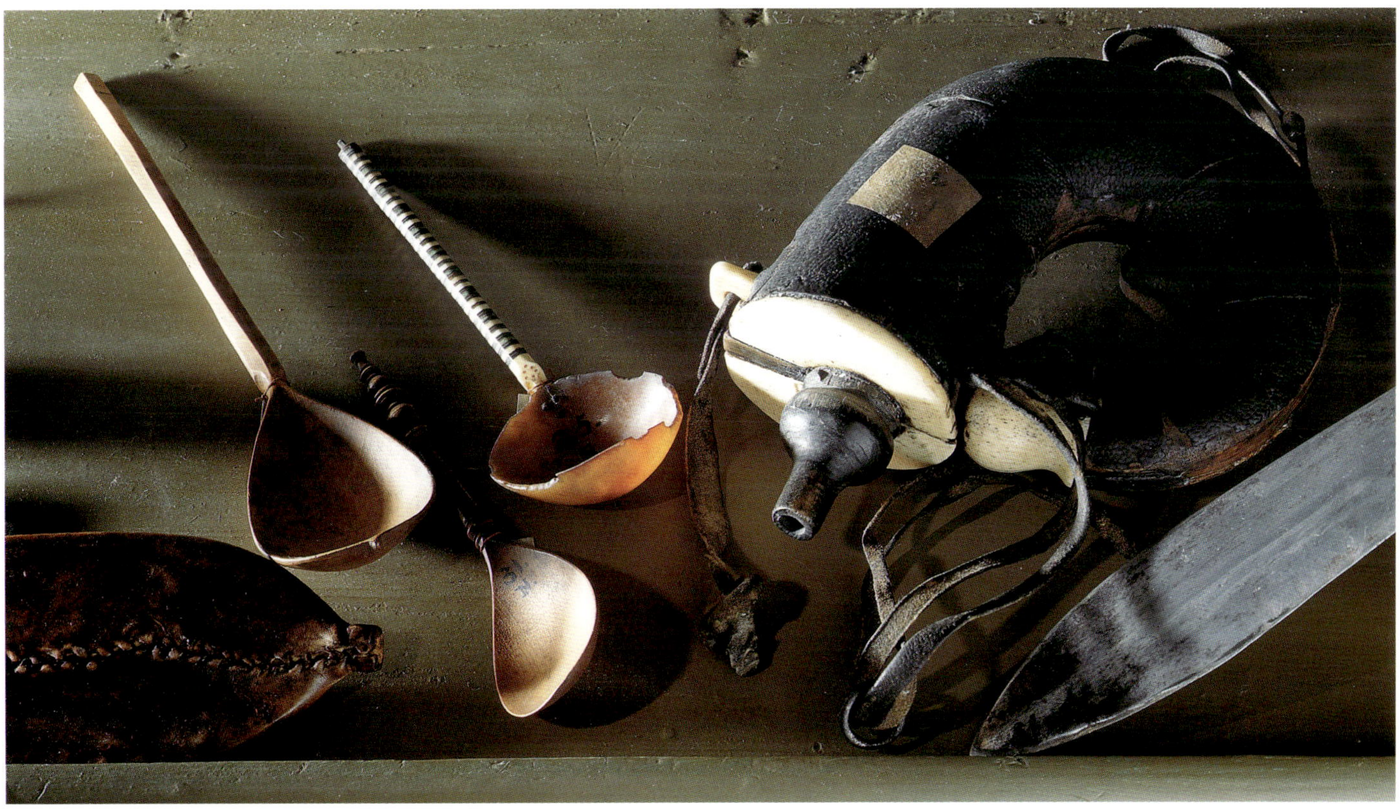

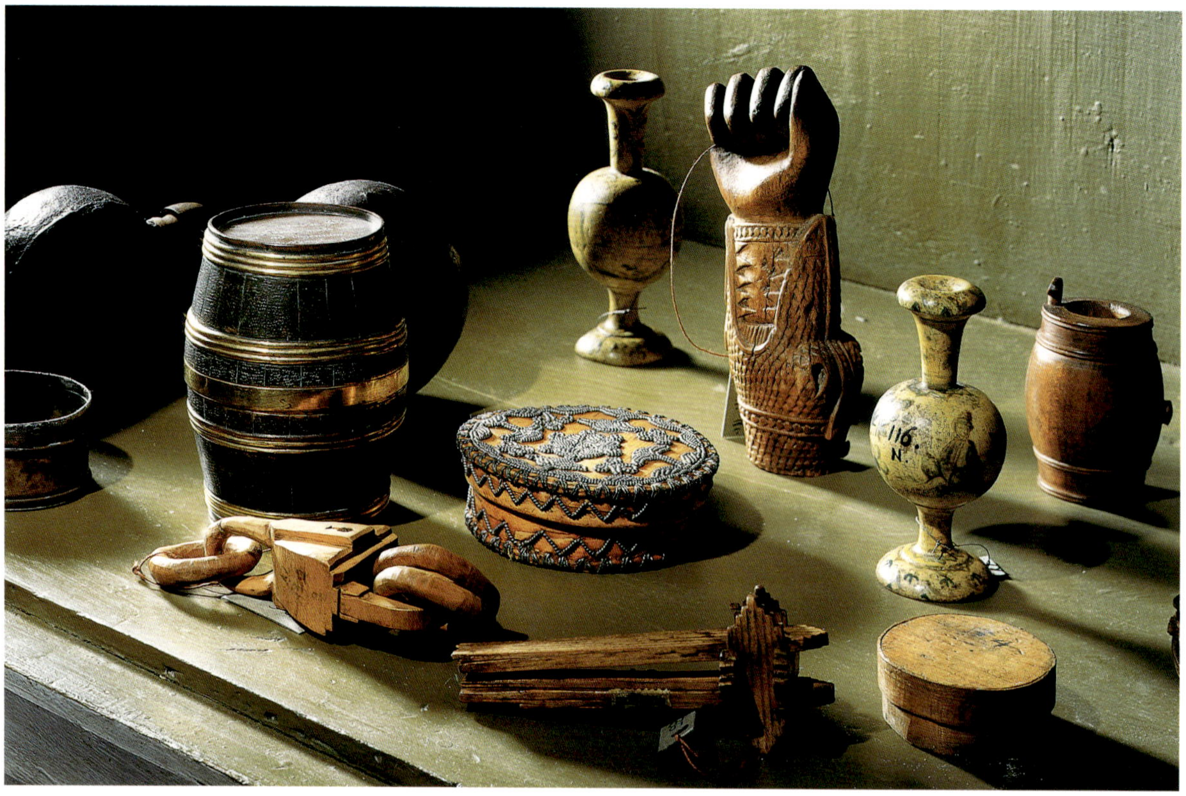

Die kleine Holzfaust unten links im Schrank ist Teil eines Wandleuchters und wurde laut Katalogeintrag *aus einer unterirdischen kaiserlichen Moschee gesägt.*[178] Davor liegt eine Bastdose, deren Äußeres kunstvoll mit Zinndraht verziert ist. Daneben steht ein Fäßchen, das aus zwei aufeinander gestülpten Bechern besteht. Auch wenn der Katalog nichts darüber sagt, handelt es sich sehr wahrscheinlich um eine Herrengrunder Kupferarbeit aus dem slowakischen Erzrevier. Dort wurden Becher, Schalen und Dosen aus feuervergoldetem Kupfer hergestellt. Doppelbecher, wie dieser, gehören zu den selteneren Stücken dieser Herkunft.[179] Rechts davon ist eine der Speiseproben aus fremden Ländern zu sehen, wenngleich kaum noch als solche zu erkennen: Der kleine Kranz vorne im Schrank ist ein ungarischer Käse aus dem 18. Jahrhundert!

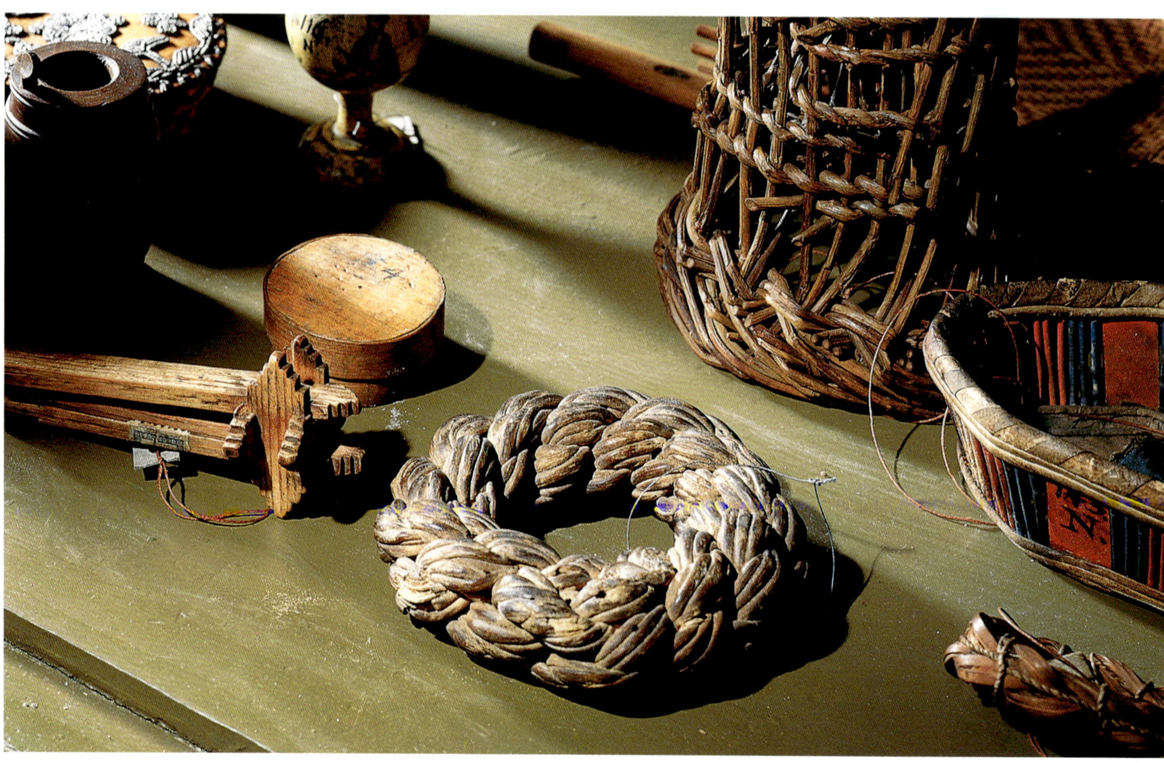

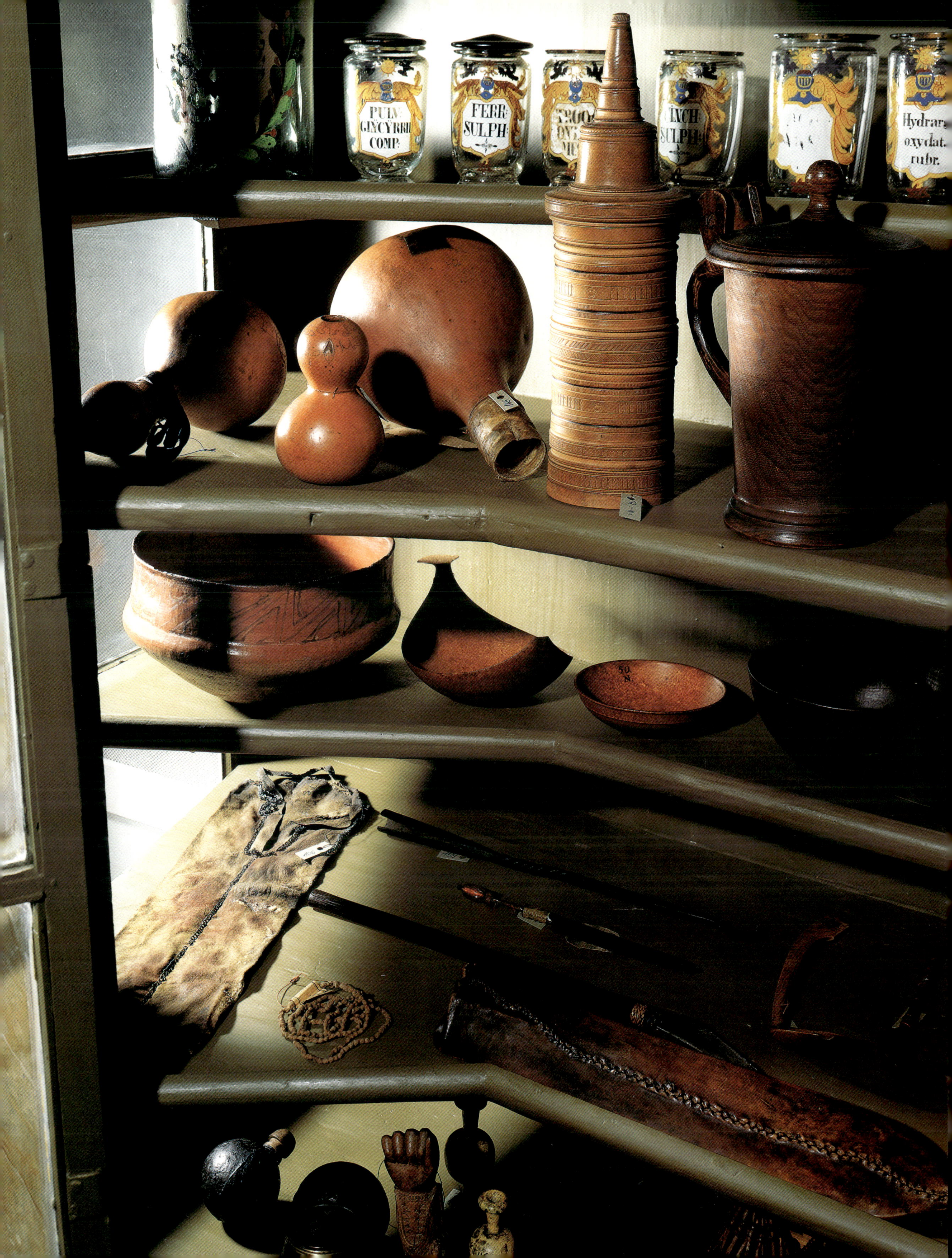
PULV GLYCYRRH COMP
FERR SULPH
Hydrar oxydat. rubr.
50 N

Im Schrank XIV.o. sind ausschließlich Kleidungsstücke untergebracht. Schon die Bekrönungsmalerei mit dem prunkvollen Turban in der Mitte weist auf die seltenen Stoffe und Gewänder hin, die im Waisenhaus aus allen Weltgegenden eintrafen und hier einen weiteren Beweis für die weitläufigen Verbindungen der Halleschen Pietisten zu liefern vermochten. Der dreiflüglige Schrank, dessen Unterteil ebenso wie der vorhergehende Nachbarschrank zwei geräumige Fächer und zwölf Schubladen aufweist, ist im Schauteil mit fünf umlaufenden Regalböden versehen. Im Vordergrund steht eine Figurensammlung mit unterschiedlichen Trachten vorwiegend aus dem deutschsprachigen Raum. Allein die Schuhe füllen ein ganzes Regalfach, darüber sind Kopfbedeckungen, Hals- und Armschmuck ausgestellt. Auffällig ist der rote Turban, der laut Katalog von einem Türken stammt und bei Belgrad erobert wurde.[180] Ebenso exotisch sind freilich die Mückenhaube aus Astrachan, die zu den frühen Stücken in Franckes Kabinett gehörte, und *Eine Isländische Weiber-Haube von bunten Corallen und kleinen weißen Schnecken gemacht.*[181] Für die Präsentation größerer Kleidungsstücke bietet der Schrank allerdings keinen Raum.

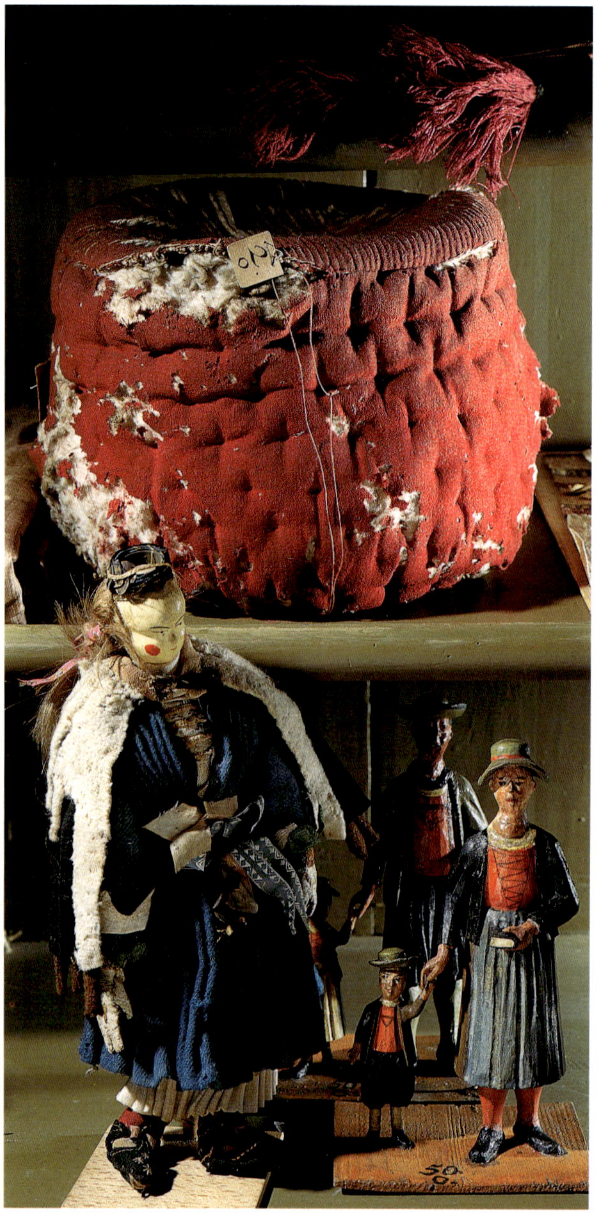

Eine der ersten Memorabilien, die August Hermann Francke in die Kammer aufnahm, war *Ein rother Seidener Beutel, worinnen Printz Ludwig von Würtenberg 500. Ducaten verwahret, so Er dem Hallischen Wäysenhause anno 1698. vermacht hat.*[182] Dieses schicksalhafte Täschchen erwähnte Francke gleich zu Beginn seiner *Segensvollen Fußstapfen* mit folgender Geschichte: *Und da um dieselbe Zeit Printz Ludewig von Würtenberg zu Eisenach starb / ward mir berichtet / daß er eine Summe Geldes dem Wäysen-hause vermachet. Es waren aber fünf hundert Ducaten Species / die er in einem Attlassen rothen Beutelchen verwahret / und einen Zettel dabey gelegt: Dieses soll fürs Wäysen-haus zu Halle: wie mir denn auch solche fünf hundert Ducaten nach dem Willen des Testatoris nachhero zugesendet worden / und zu einer solchen Zeit kommen / da ich sie zum Bau des Wäysen-hauses höchst nöthig gehabt. Da ich nun diesen Hauffen Ducaten auf dem Tische vor mir sahe / dachte ich an das Gebet der frommen Frauen / da sie Gott gebeten: Er wolle meinen armen Wäysen einen Hauffen Ducaten wieder bescheren.*[183] Gründler ordnete das Täschchen in den Kleidungsschrank, später ging es verloren. Solche Stücke dokumentieren Franckes besonderes Geschick bei seiner frühmodernen Öffentlichkeitsarbeit. Fein aufeinander abgestimmt machte er sich die medialen Möglichkeiten seiner Zeit zunutze und schuf eine Art Medienverbund im Waisenhaus. Die Kunst- und Naturalienkammer bildete ein wesentliches Instrument dabei. Das wichtigste Element waren freilich die Druckerzeugnisse aus der Waisenhausproduktion. Facettenreich gegliedert reichte die Palette der Printmedien aus dem Waisenhaus von der Nachrichtenzeitung über periodische Berichtsreihen zu Gelegenheitsschriften, Monographien und Sammelbänden unterschiedlichster Art. Und alles wurde zur Verbreitung der eigenen Ideen und zur Förderung der Anstalten eingesetzt. Indem Francke von dieser Spende in den *Segensvollen Fußstapfen* berichtete, forderte er den Leser implizit natürlich ebenfalls zur Unterstützung auf. Zusätzlich erzählte er die Geschichte so, daß die Spende wie eine göttliche Gunst erschien. Auf diese Weise suggerierte er dem Publikum, daß seine Arbeit Gottes unmittelbare Unterstützung fand, die sich in diesem ansehnlichen Geldbetrag ausdrückte. Endgültig hochstilisiert wurde die Spende durch die Zurschaustellung des Beutels, in dem sie gesteckt hatte. Welchen anderen Zweck sollte dieser Beutel in der Kunst- und Naturali-

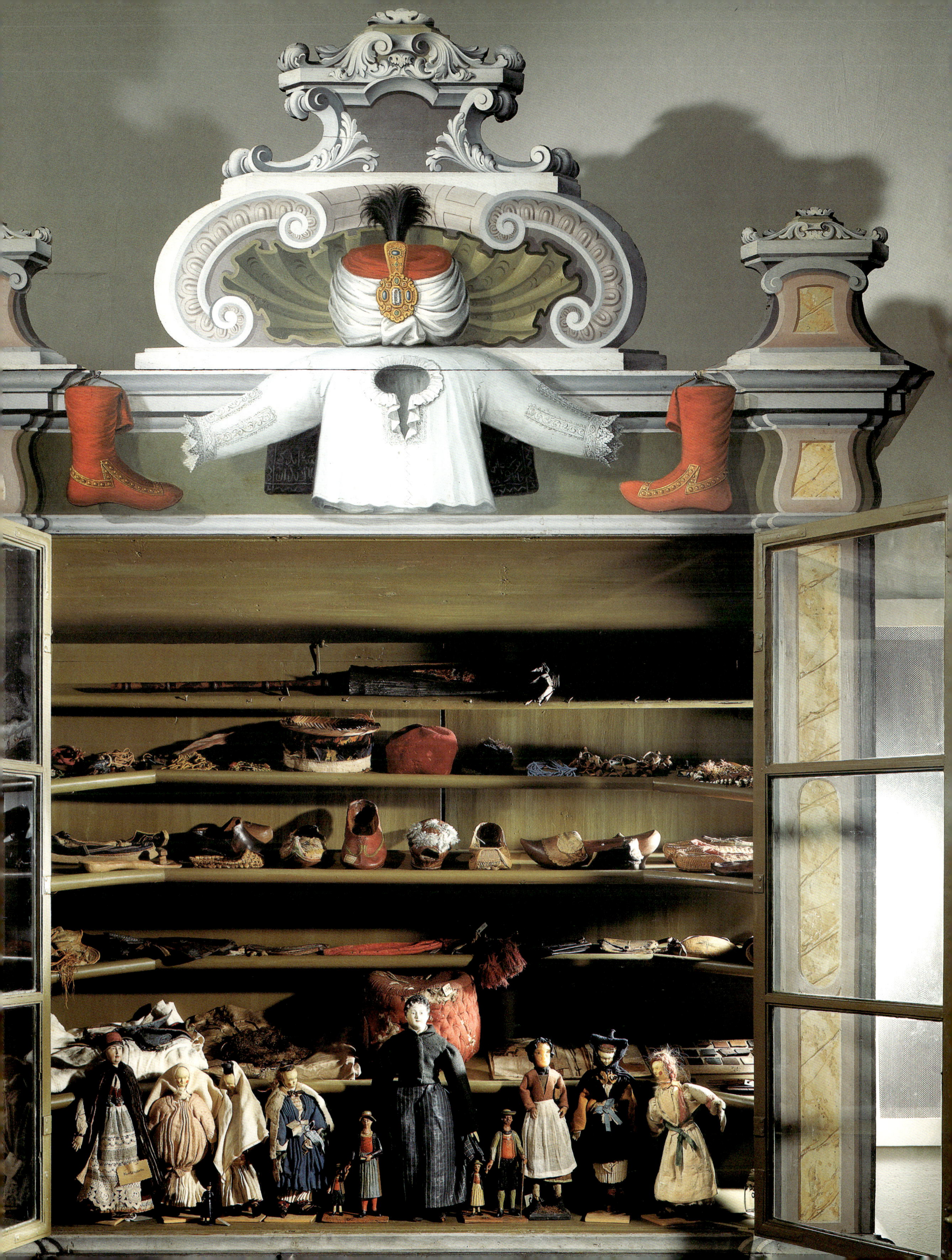

ralienkammer erfüllen als den eines sichtbaren Beweises der göttlichen Fürsorge für das hallesche Waisenhaus? Dadurch erhielt ein zunächst alltäglicher Gegenstand seine reliquienhafte Überhöhung im Dienste des Halleschen Pietismus. Die Inszenierung war perfekt. Diese Art der Selbstvermarktung findet bei einigen Objekten in dem letzten, dem Schriftenschrank, seine Vollendung. Gotthilf August Francke bediente sich, zwar etwas nüchterner, aber grundsätzlich der selben Möglichkeiten, um anhand von Sammlungsobjekten die Arbeit der Halleschen Pietisten in das rechte Licht zu rücken. Hatte er bereits in den vorhergehenden Schrank das Eßbesteck eines vergeßlichen Salzburger Exulanten hineinlegen lassen, so befinden sich in diesem Kleidungsschrank zwei geschnitzte Figurenpaare in der Salzburger Landestracht. Auch diese sollten die Erinnerung an die erfolgreiche Vermittlung der Salzburger Exulanten nach Ostpreußen und Nordamerika durch das hallesche Waisenhaus wachhalten. Wie in vielen Fällen so sind auch diese Salzburger Figuren mit einem Kropf dargestellt, einem damals weitverbreiteten Leiden in jodarmen Regionen des Binnenlandes. Sie befinden sich in einer ganzen Gruppe von Trachtenpuppen. Die meisten tragen Trachten der friesischen Inseln Föhr und Sylt. Andreas Wedell aus Dänemark übergab sie der Kammer wohl als eine Art Antrittsgeschenk, als er 1741 an die Lateinschule des Waisenhauses kam.[184] Ganz unscheinbar nimmt sich die nur wenige Zentimeter große Holzfigur im Altenburger Hochzeitshabit mit schwarzem Rock und breitkrempigem Hut aus. Möglicherweise trug Gründler sie aus seiner Heimat zu der Sammlung bei.

Neben den eher zufälligen Beiträgen zu dieser Teilsammlung enthält der Schrank auch Stücke, die sich besonders für den Anschauungsunterricht eigneten. Eine Reihe von Stoffproben ist erhalten, darunter Gewebe aus Asbest und *Zwirn, so von Thier-Sehnen von den Gronländern gemacht wird.*[185] In dem Fach hinter den Puppen ist eine Tafel mit dreißig Lederproben aus dem 18. Jahrhundert zu sehen. Zwei Fächer darüber ist die Sammlung mit Schuhen aus aller Herren Länder ausgestellt. Gründler katalogisierte Schuhe aus der Türkei, aus Grönland, Italien, Siebenbürgen, Holland, Litauen, Rußland und aus China. Die insgesamt zahlreichen chinesischen Sammlungsobjekte, die über mehrere Schränke verteilt sind, spiegeln das besondere Interesse der Zeitgenossen an dieser Weltregion wider. Diese chinesischen Stücke kamen ganz überwiegend über die pietistischen Freunde in Rußland nach Halle. Dorthin pflegte August Hermann Francke zahlreiche Kontakte. Im sibirischen Tobolsk entstand gar eine Anstalt nach dem Vorbild des halleschen Waisenhauses, errichtet von schwedischen Offizieren, die sich dort in Kriegsgefangenschaft befanden und zum Pietismus bekehrt hatten. An Material für die Kunst- und Naturalienkammer fehlte es im fernen Rußland nicht. So übersandte z. B. Johann Ulrich Herbers, ein ehemaliger Student Franckes aus Narva, eine ganze Kollektion von Merkwürdigkeiten für die hallesche Sammlung aus Rußland: *Folgende, obwohl gar geringe Stücke habe so, wie sie von einem in Tobolsky gewesenen schwedischen Officieur bey der Durch-Reise durch Peters-Burg bekommen, in aller Einfalt mitsenden wollen; ob vielleicht selbige auch möchten ein Plätzchen in der Naturalien-Kammer des lieben W[aisen] H[auses] finden können.*[186] Neben den russischen befanden sich auch zahlreiche Stücke aus China auf Herbers' ausführlicher Liste. Über den kleinen chinesischen Seidenschuh, der heute vorne rechts in dem Schrank steht, berichtete Herbers: *Ein chinesisch Frauens-Schuh des vornehmen Frauen-Zimmers, dabey folgende erzehlung von demselben Officieur hinzugetahn worden: So bald eine Tochter bey ihnen zur Welt gebohren würde, legten die Eltern ihre Füße in kleine Schuh-formen, und schnürten sie fest zu, darinn denn die Füße beständig gehalten würden, bis die Tochter ihr völliges Wachsthum verrichtet hätte, darauf sie denn solche von Zeug gemachte Schuhe anfinge zu tragen welches bey ihnen mit unter den Putz und Vorzug vor andern gerechnet würde.*[187]

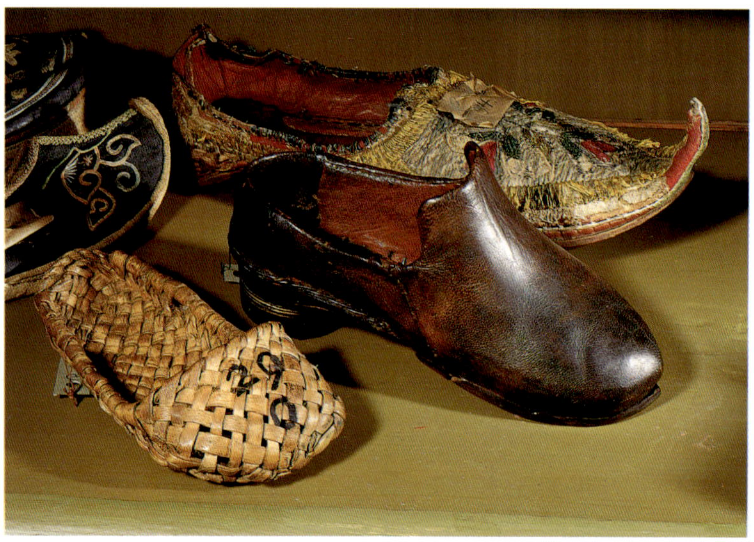

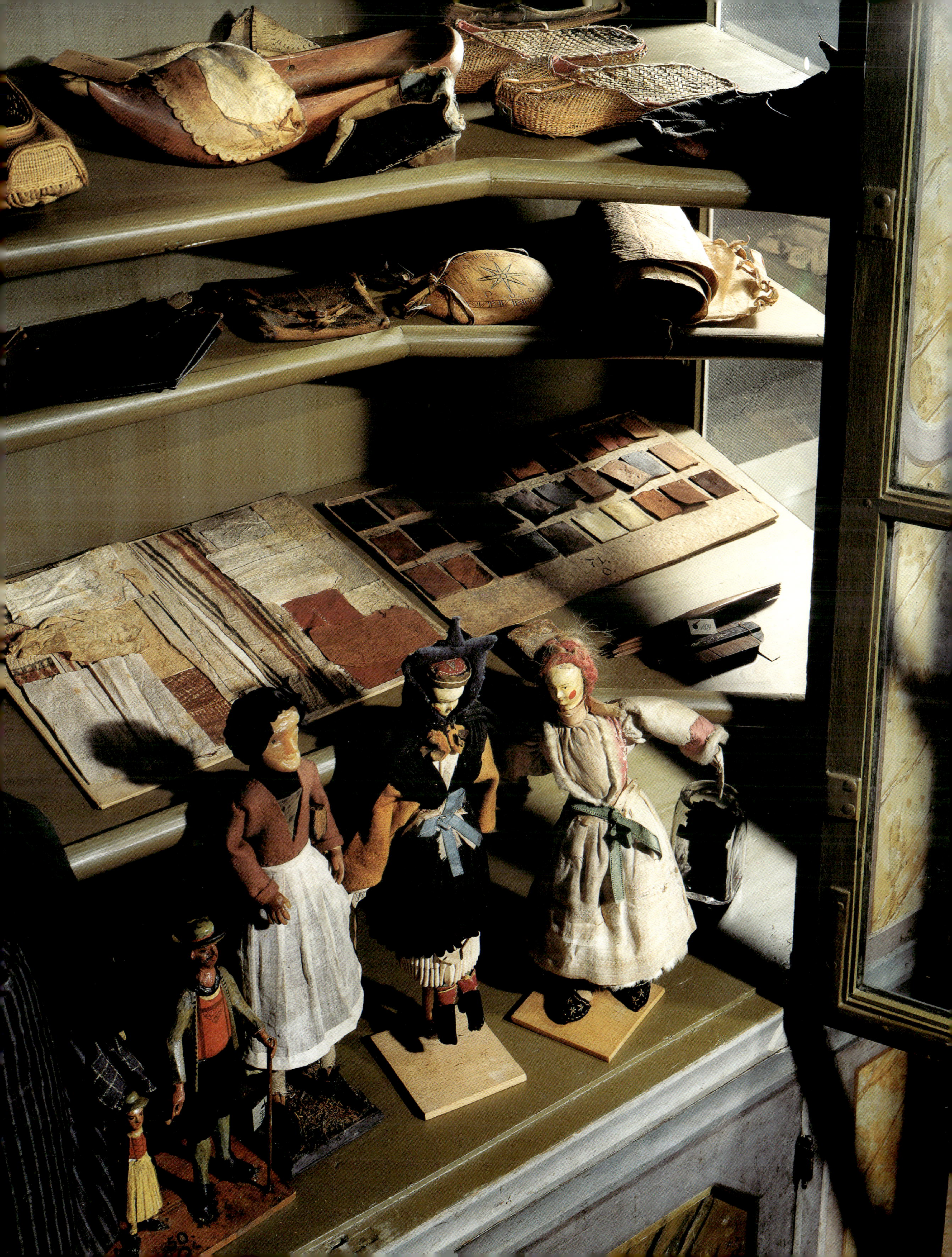

Dem einflügligen Schrank XV.P., der auch die Widmungsinschrift Gründlers trägt, sind alle Bilder in der Kammer zugeordnet. Dieser Sammlungsteil ist breit gefächert und reicht vom Kupferstich bis zum Ölgemälde, enthält aber auch Federzeichnungen und Glasmalereien. Die Themenbreite der Darstellungen ist gleichermaßen vielfältig. Natürlich stehen religiöse Inhalte im Mittelpunkt, aber auch geographische Abbildungen und historische Darstellungen fehlen nicht. Eine der Themensparten ist heute leider nur noch durch den Katalog überliefert. Es handelt sich dabei um Bilder spektakulärer Ereignisse und besonderer Merkwürdigkeiten, typische Stücke für ein Kuriositätenkabinett. So verzeichnete Gründler *Ein Gemählde von einen jungen Knaben, so im Spiele ein Meßer unversehens verschlucket hat, welches hernach durch den Magen wieder herausgeschworen ist.*[188] Zwar ist das Gemälde selbst nicht mehr erhalten, aber immerhin in Kupfer gestochene Abbildungen des corpus delicti, wie es vor dem Verschlucken und nach geglückter operativer Entfernung aussah.[189] Den chirurgischen Eingriff zur Rettung des Knaben nahm übrigens Georg Händel vor, der Vater des Komponisten Georg Friedrich Händel, der als Arzt in Halle tätig war und für diesen Kunstgriff 1696 sogar eine persönliche Belohnung vom Kurfürsten empfing. Angeblich soll einst auch das herausoperierte Messer selbst in der Naturalienkammer aufbewahrt worden sein.[190] In den Katalogen taucht es allerdings nicht auf. Auch nicht mehr vorhanden ist *Ein Rußisches Gemählde auf Pappier von einer ungestalten Mißgeburt, welche halb Mensch und halb Camel ist, so in einem Walde soll gefunden seyn,und dem Könige in Spanien geschenckt worden, da es nach einigen Unterricht wäre catolisch worden, laut der Rußischen Unterschrift, so dabey stehet.*[191] Ulrich Johann Herbers übersandte es zusammen mit einer Reihe anderer Kuriositäten 1722 aus St. Petersburg an die Naturalienkammer des Waisenhauses.[192] Die Spur mehrerer solcher merkwürdigen aber durchaus zeittypischen Bildnisse verliert sich in der Hauptbibliothek, an die sie noch im 18. Jahrhundert abgegeben wurden. Weitere Gemälde sind im Laufe der Zeit verschwunden, darunter *Zwei gemahlte Portraite, so Christum vorstellen.*[193] Sie hingen ursprünglich an der Ostwand und bildeten das Zentrum der Bildergalerie. Erst 1910 wurde das vielleicht wertvollste Gemälde, ein Lutherporträt aus der Cranach-Werkstatt, entnommen und kehrte bis heute nicht wieder zurück. Andererseits wuchs gerade der Bestand der Porträtgemälde auch nach 1741 kontinuierlich weiter. Von allen Stiftungsdirektoren sowie von herausragenden Lehrern entstanden Ölgemälde. Aber im 19. Jahrhundert gelangten diese nicht mehr in die Kammer. Heute hängen sie im Freylinghausen-Saal. Von zahlreichen Missionaren ließ man ebenfalls Ölporträts anfertigen. Gründler inventarisierte erst zwei, heute aber sind Gemälde von insgesamt sieben vorhanden, wenn auch nicht im Raum zu sehen. Es entsprach dem Zeitgeschmack, über den Sammlungsschränken Gemälde aufzuhängen. Zumindest für die spätere Zeit, bei Zunahme der Gemäldegalerie, läßt sich diese Handhabung auch hier in der Kammer nachweisen. Im Schrank selbst fallen vor allem das Reliefporträt Martin Luthers und das Holzrelief mit der Darstellung des Heiligen Abendmahls ins Auge. Das Lutherportät ist offenbar einem Relief aus dem Jahr 1553 nachgebildet, das sich heute noch im Besitz der Marktgemeinde in Halle befindet. Ein weiteres Bildnis dieser Art ließ die Bruderschaft der halleschen Salzwirker im 16. Jahrhundert für ihre Parochialkirche St. Moritz anfertigen. Heute ist es im Salinemuseum der Stadt ausgestellt.[194] Das aus Lindenholz gefertigte Relief im Vordergrund des Schrankes stammt wohl aus dem frühen 16. Jahrhundert, gelangte aber erst nach Gründlers Fortgang in die Sammlung. In einem gotischen Kirchenraum sitzen die Jünger um eine Tafel mit Jesus und Johannes in der Mitte. Dieses besonders schöne Stück ist erst im Zuge der Wiedereinrichtung der Kammer nach über achtzig Jahren in die Franckeschen Stiftungen zurückgekehrt.[195]

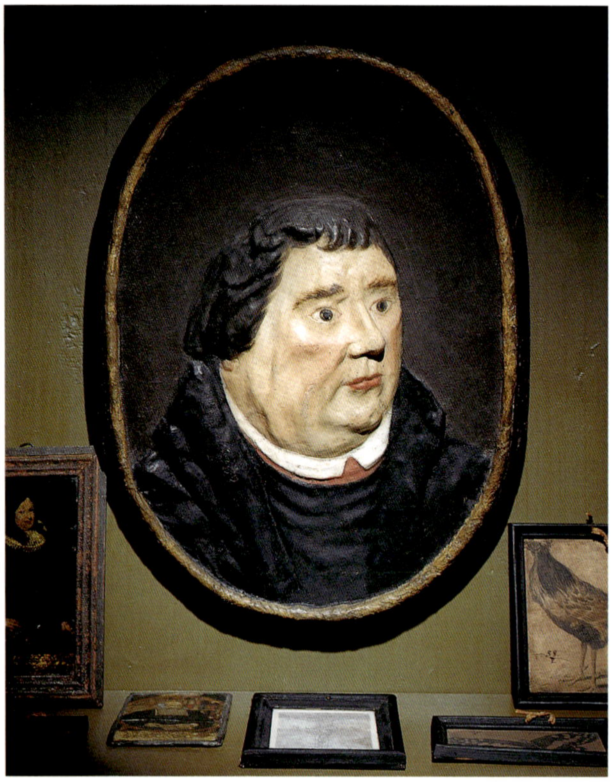

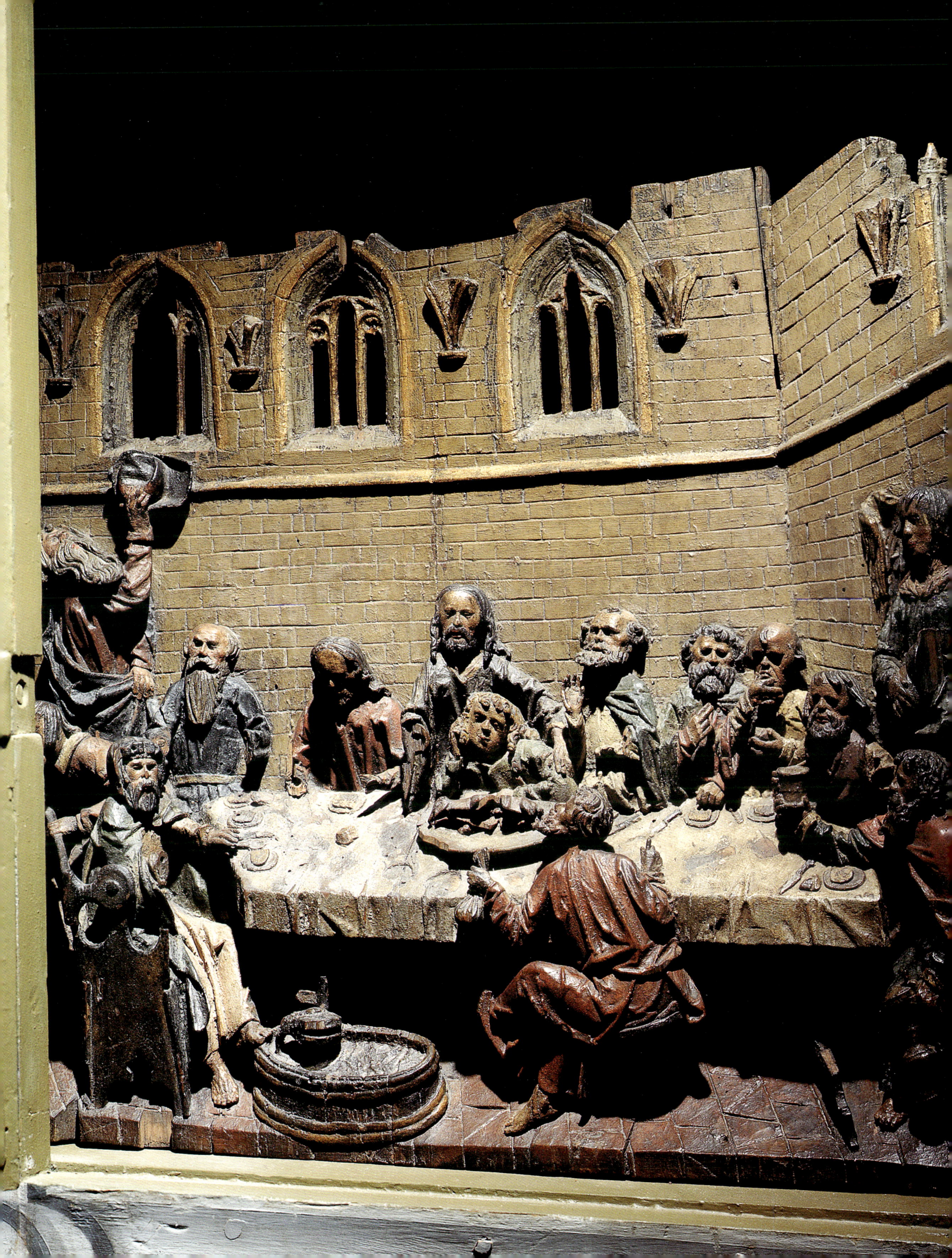

Der letzte Schrank XVI.Q. ist dem Thema Schreibkunst gewidmet. Vielleicht macht erst dieser Schrank die ganze Kammer zu einer unverwechselbar pietistischen Sammlung. Kein anderes Sammlungsthema in diesem Raum ist so eng mit der besonderen Lebenspraxis des lutherischen Pietismus verknüpft wie das der Schriftlichkeit. Hatte das Luthertum das Wort ganz in den Mittelpunkt der eigenen Ausdrucksform gestellt, so verstärkte der lutherische Pietismus diese Tradition noch, indem er andere Ausdrucksformen, wie etwa das Bild, das Theaterspiel oder die Musik als etwas Weltliches in Zweifel zog. Die Schreibkunst dagegen war grundsätzlich erst einmal frei von irritierenden Nebeneffekten. Der Pietismus pflegte das geschriebene Wort in besonderem Maße. Tagebücher, schriftliche Reflexionen und ausführliche Korrespondenzen dienten als Mittel der gedanklichen Einkehr, der Selbstprüfung und des Austausches mit Glaubensfreunden, letztendlich mit dem Ziel, die eigene Frömmigkeit zu steigern und eine bessere Beziehung zu Gott zu finden. Dieses besondere Verhältnis des Pietismus zur Schriftlichkeit entwickelte man in Halle – in typischer Manier – für eigene sehr pragmatische Zwecke fort. Es ist sicher kein Zufall, daß August Hermann Francke nicht nur ein Meister des geschriebenen und gesprochenen Wortes war, sondern auch die sozusagen technische Verwaltung des Wortes zu neuer Perfektion trieb. Seine Anstalten verfügten schon früh über die Möglichkeit einer gezielten und massenweisen Verbreitung des gedruckten Wortes. Von der eigenen Papiermühle bis hin zu Filialbuchhandlungen und Buchagenten an den wichtigsten Umschlagplätzen Europas baute Francke einen umfassenden Herstellungs- und Distributionsbetrieb für Druckerzeugnisse aus dem Waisenhaus auf. Ohne Übertreibung wird man die Anstalten Franckes als frühneuzeitlichen Medienkonzern beschreiben können. Vom mehrmals wöchentlich erscheinenden Nachrichtenblatt über Berichtsreihen der Tranquebar-Mission bis hin zu weitgefächerter monographischer Literatur reichte die Palette des Waisenhausverlags. Hinzu kam ab 1712 die Massenproduktion von preiswerten Bibeln in der sogenannten Cansteinschen Bibelanstalt, die vom stehenden Satz, auf billigem Papier und in handlichem Format erfolgte. Dahinter steckten stets jene pietistischen Motive, die auf eine christliche Besserung des Menschen und der Welt abzielten.

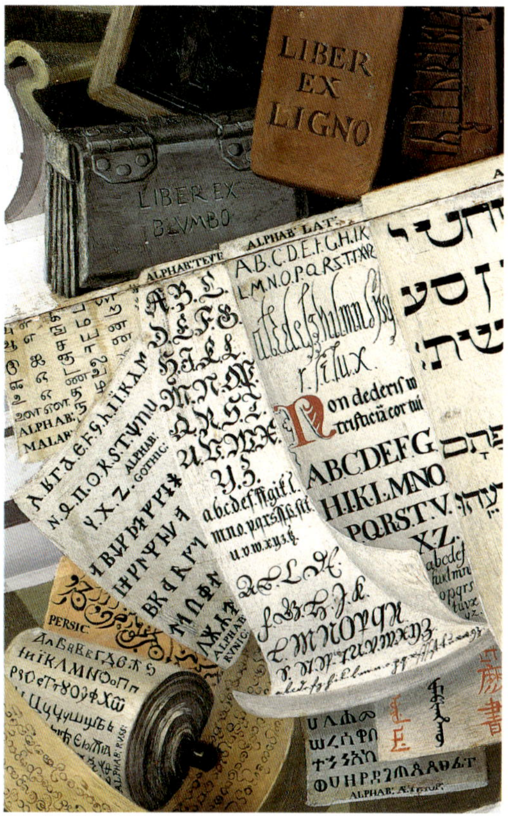

Vor diesem Hintergrund ist es verständlich, daß die Schreibkunst in der Kammer als ein eigenständiger Sammlungsbereich erscheint. Vermutlich war sich Gründler der besonderen Bedeutung bewußt. Er wählte diesen Schrank als Abschluß der insgesamt 16 Abteilungen, in die er das Kabinett gegliedert hatte. Es handelt sich wieder um einen zweiflügligen Schrank. Das Innenleben des Unterschrankes besteht aus zwei Fächern und fünf Schubladen unterschiedlicher Größe. Der Schauteil ist mit fünf umlaufenden Böden ausgestattet. Im Zentrum der Bekrönung ist ein Runenkalender abgebildet. Eben solche Holztafeln sind im Schrank selbst ausgestellt, so daß der Künstler auf diese Weise erneut die enge Verknüpfung zwischen den ausgestellten Objekten und der Bekrönungsbemalung als Fortsetzung der Sammlung mit anderen Mitteln erreichte. Um die Abbildung des Runenkalenders sind weitere Materialien dargestellt, die neben Papier zu Beschriftungszwecken dienen können, wie Blei, Holz, Metall und Schiefer. Darunter malte Gründler ein Bild mit etwa 25 verschiedenen Schriftproben, die wie ein loser Haufen Zettel über die Brüstung zu hängen scheinen. Neben den klassischen Sprachen Griechisch, Hebräisch und Latein sind Beispiele aus dem Armenischen, Persischen, Russischen, Äthiopischen, Syrischen und Chinesischen wiedergegeben, um nur einige aufzuzählen. An beiden Enden sind schließlich unterschiedliche Schreibgeräte zu sehen, die gebündelt an einer imaginären Schnur baumeln. Ganz im Mittelpunkt des Blickfeldes ist auf die Bibelstelle in Genesis XI, 7 verwiesen. Gründler deutet damit das babylonische Sprachengewirr an, mit dem Gott die Menschen für ihr eitles Projekt des Turmbaus zu Babel strafte. Die Textstelle lautet in moderner Übersetzung: *Wohlauf, laßt uns herniederfahren und dort ihre Sprache verwirren, daß keiner des andern Sprache verstehe!*

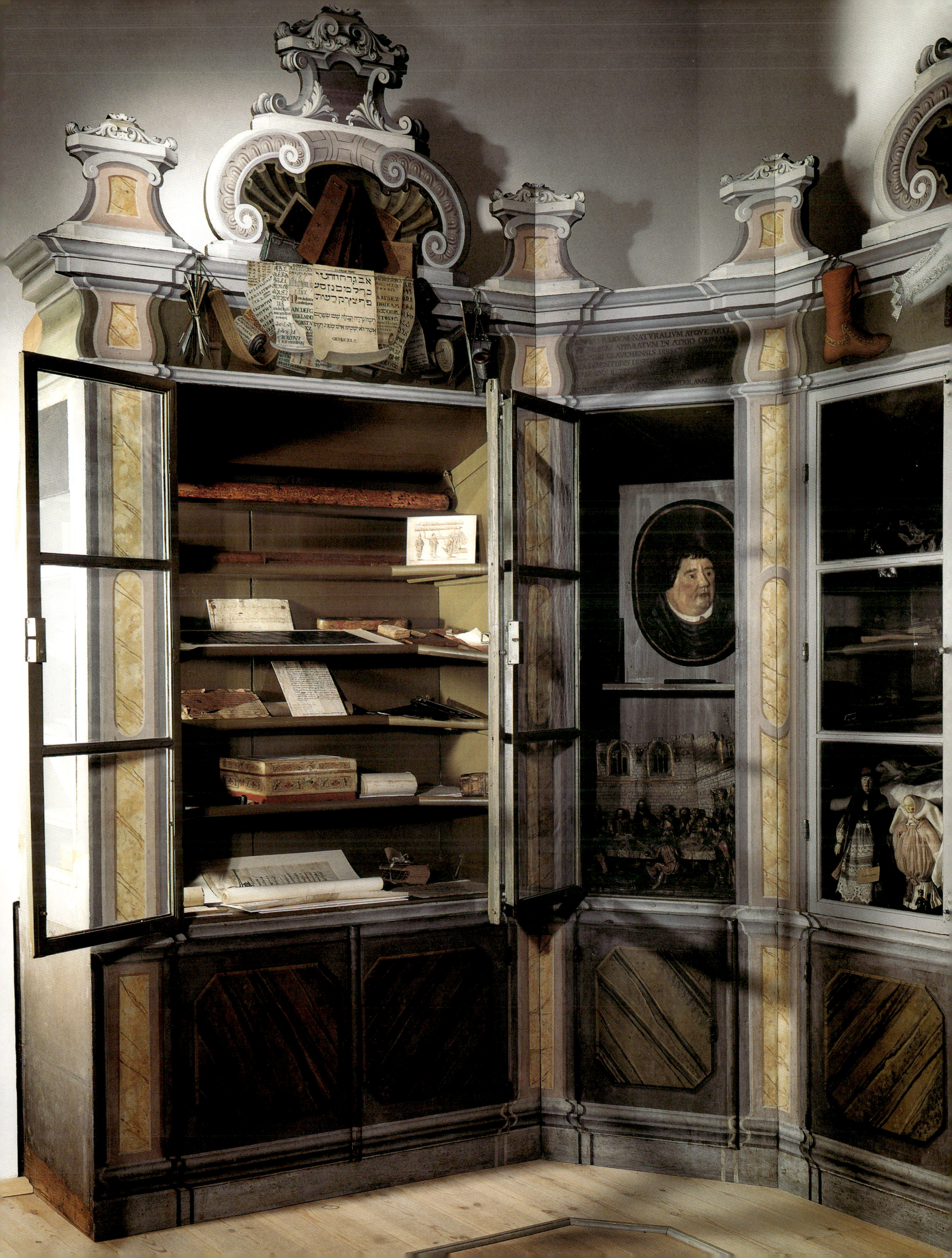

NATVRALIVM ATQVE
APPARATVM IN ATRIO

Wie in der Bekrönungsmalerei angedeutet, erstreckte sich das Interesse auf alle Bereiche der Schreibkunst über die reine Sprachenfülle hinaus. Diese steht natürlich auch im Inneren des Schrankes an vorderster Stelle. Schriftbeispiele unterschiedlichster Art in einer Vielfalt, die der Bekrönungsmalerei in nichts nachsteht, sind hier zu sehen. Der lateinische Brief eines Tartarenfürsten erscheint fast noch gewöhnlich neben dem türkischen Pass mit der Unterschrift eines Großsultans, einem syrischen Alphabetbüchlein mit kurzen Gebetformeln oder zahlreichen tibetischen und ugurischen Schriften. In dem langen rot bemalten Rohr, das quer im obersten Fach liegt, steckt ein Privileg des einst mächtigen Königs von Pegu für einen Kaufmann in Madras als das Zeugnis einer längst untergegangenen Herrschaft, das sich im 18. Jahrhundert noch weit über Burma erstreckte.[196] Weiter unten im Schrank fällt eine elfenbeinfarbene Schatulle ins Auge, die Gründler so beschreibt: *Ein von weißen Speckstein u. sauber gemahltes nach Teutscher Art gemachtes Schreib-Kästchen, so in China gemacht ist.*[197] Die eigenen Fertigkeiten der Halleschen Pietisten im Umgang mit fremden Sprachen sind hier ebenfalls zu besehen. Aus der halleschen Missionsdruckerei in Indien stammt das Exemplar einer portugiesischen Grammatik. Einen weiteren Beleg für die weitgespannten Verbindungen der Halleschen Pietisten bietet jener Druck, den man schlicht als Vermißtenanzeige beschreiben kann und dessen Geschichte Gründler so erzählt: *Ein großes Chinesisches gedrucktes Patent d. d. Qvantung, den 31. Octobr. 1716 welches mit der Rußischen Caravane aus China nach Moscau geschicket worden, verehrte der Königl. Preuß. Legations-Secretarius H. Vockerodt, aus Petersburg d. 9. Jan. 1725. Anno 1706 und 1708 wurden einige Patres Soc. Jesu von der Mission aus China nach Europa geschicket, diese gingen verloren, und man konte sie nach vielen und langen herumschreiben nicht ausfragen. So wurde dieser öffentliche Nachfrage-Brief durch 3. Chinesische Mandarins Anno 1716. den 31. Octobr. expediret, mit des Vice-Roy von Qvantang seinem Siegel bekräftiget, von 16. Jesuiten unterschrieben und dann in Chinesischer, Tartarischer, (die sonst bald die Tangetische, bald die Mangalische, bald Kalmuckische heißt, weil dis alles Tartarische Völker und der Chineser Nachbarn sind,) und Lateinischer Sprache auf einen großen Bogen sehr schön, mit vielen Randzierrathen abgedruckt, und vielen abreisenden Europäischen Schiffen mitgegeben. Davon ist dis ein Exemplar, und eine schöne Probe der Chinesischen Druckerey.*[198] Das Blatt wurde erst vor kurzer Zeit in der Hauptbibliothek wiederentdeckt.

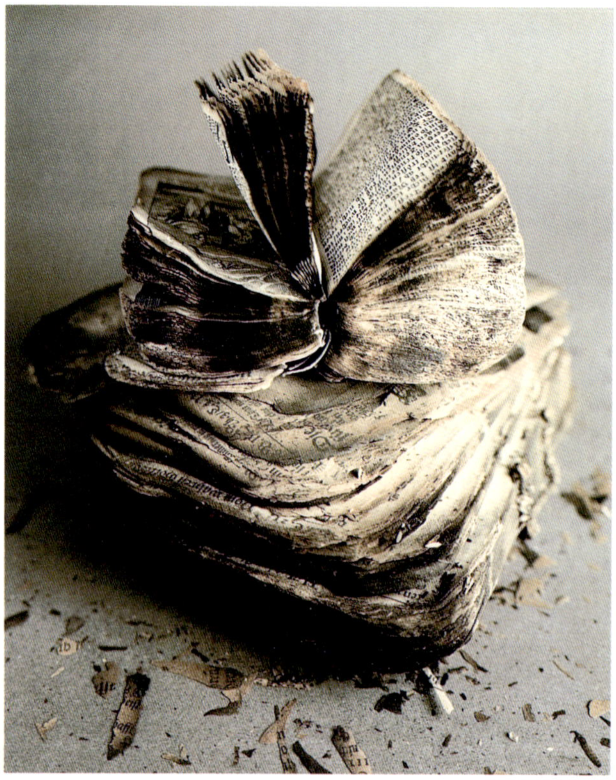

Freilich finden sich im Schriftenschrank auch noch Merkwürdigkeiten ganz anderer Art. In den vorangegangenen Schränken waren schon mancherlei Memorabilien enthalten. Bei den Schriften katalogisierte Gründler dann *Etliche Zettel. worinnen einige Wohlthäter bey Anfang des hiesigen Wäysenhauses ihre milde Beysteuer eingesendet haben.*[199] Es wirft ein eigenartiges Licht auf die Kammer der Halleschen Pietisten, daß sie diese Mosaiksteine der eigenen Erfolgsgeschichte in ihre universale Sammlung einreihten. Auch sind mehrere halbverbrannte Exemplare pietistischer Standardliteratur ausgestellt, die mit begleitenden Bemerkungen, wie dieser, versehen sind: *Johann Arnds Wahres Christenthum, so im Feuer erhalten worden, die dabey stehenden Bücher aber alle verbrant sind.*[200] Hier wird besonders deutlich, daß die Kammer auch dazu diente, der Öffentlichkeit die besondere göttliche Fürsorge für den Halleschen Pietismus vor Augen zu führen. Eine ganz andere Sparte dieser Schriftensammlung führt uns wieder zu den Bildern an den Wänden außerhalb der Schränke. So ist z. B. die Darstellung des Königs David, die neben dem Indienschrank XI.L. hängt, dem Thema Schriftlichkeit zugeordnet, weil die Abbildung aus Texten und Buchstaben besteht: *Das Bildniß des Königs Davids, an welchen an statt der Umzüge des Kleides die Psalmen in kleiner Schrift die Umzüge ausmachen.*[201] Gründler zählte weitere Exponate dieser Art auf. Nicht mehr alle davon sind erhalten.

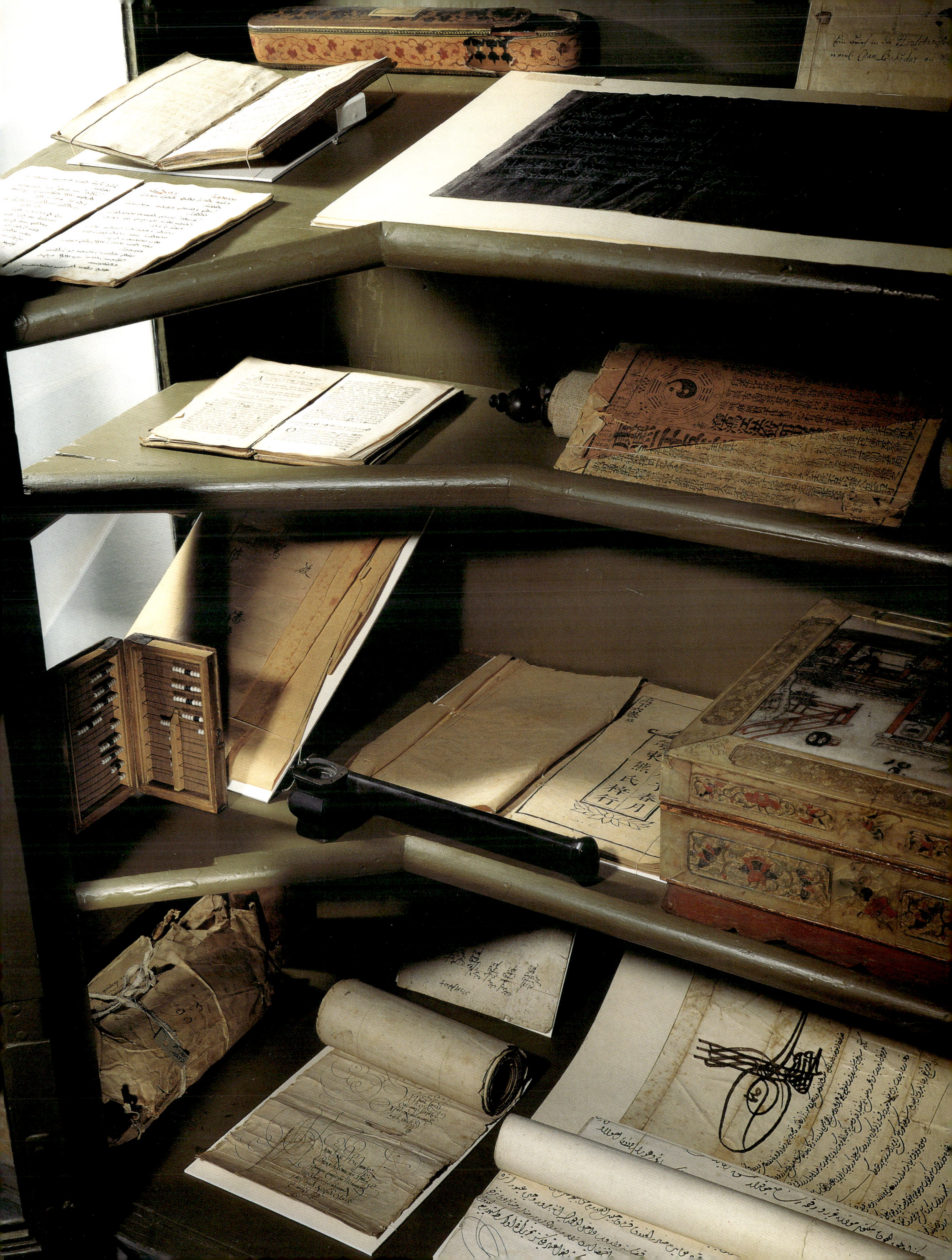
熊氏梓行
春月

Die Ausstellung setzt sich bei den meisten Sammlungsbereichen außerhalb der Schränke fort. Als Pendant zu dem ehrfurchterregenden Nil-Krokodil über dem Naturalienteil im Süden hängt quer vor den Kunstschränken ein langes Eskimo-Kajak von der Decke. Dieses ist frühestens Ende des 18. Jahrhunderts in die Kunst- und Naturalienkammer gelangt. In einem Katalog der Kammer von 1787 wird das Boot noch nicht erwähnt, vermutlich gelangte es gemeinsam mit anderen ethnographischen Objekten aus Grönland in der ersten Hälfte des 19. Jahrhunderts in zwei großen Paketen nach Halle. Das undatierte Begleitschreiben zu der Sendung ist noch vorhanden und verrät, daß die Gegenstände, die rings um das Kajak die Unterzüge zieren, gleicher Provenienz sind. In dem Begleitschreiben wurde empfohlen, das Wasserfahrzeug an der Decke so aufzuhängen, daß es zu Demonstrationszwecken herabgelassen werden konnte. Das Krokodil war ähnlich aufwendig an der Saaldecke befestigt. Ob man das Kajak dann in dieser Weise präsentiert hat, bleibt unklar. Aber es ist zu vermuten, daß ursprünglich eine Puppe in Eskimokleidung im Boot saß. Diese Form der lebensnahen Ausstellung war durchaus üblich.[202] Möglicherweise ist sogar noch das Gesicht der Puppe vorhanden. Es könnte sich um die Maske handeln, die heute in der Mitte rechts im Schrank 13 ausgestellt ist.

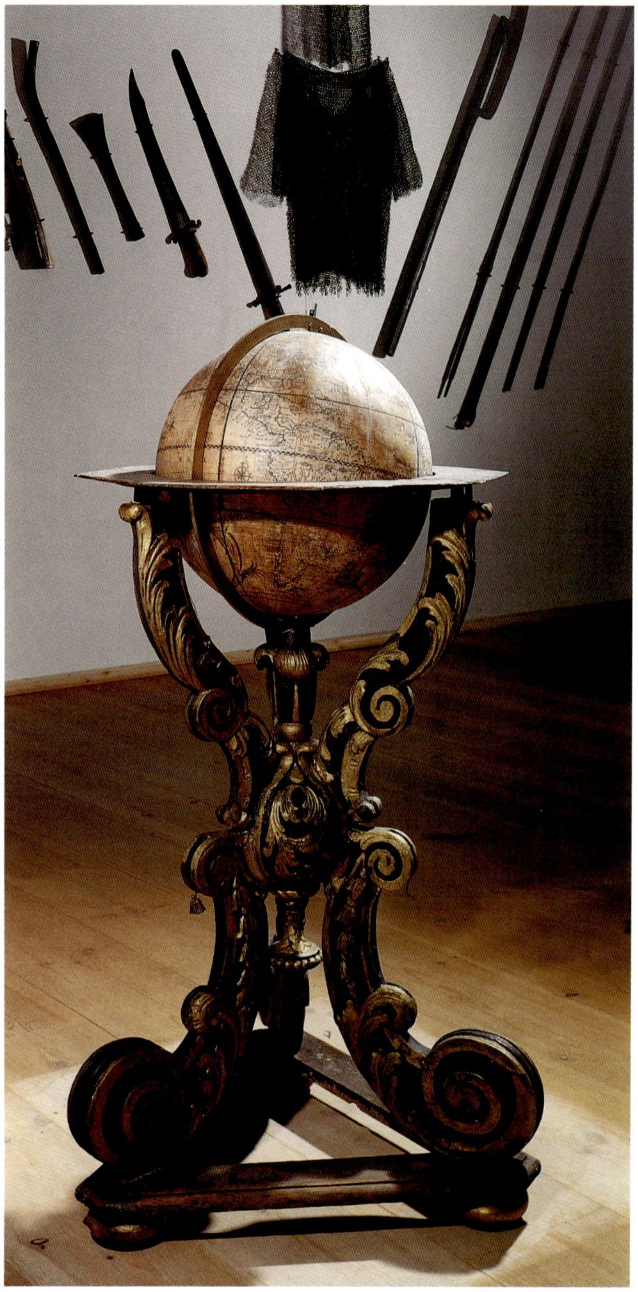

Setzt man den Rundgang entlang der Westwand fort, sieht man die Waffensammlung der Kammer, die sich, so wie bei Gründler, um das russische Panzerhemd mit dazugehöriger Haube gruppiert. Beides habe einst ein russischer General getragen, vermeldet der Katalog. Die dazugehörigen Handschuhe sind abhanden gekommen, vielleicht weil sie silberbeschlagen waren. Säbel, Messer und vielerlei Wurfgeschosse sind hier zu sehen. Rechts neben dem Panzerhemd eine Hellebarde und ein indianischer Wurfspieß. Gleich links neben der russischen Rüstung ein polnisches Schwert von über einem Meter Länge nächst einem Krummsäbel. Dieser stammt aus den Sendungen der Borneo-Missionare um die Mitte des 19. Jahrhunderts. Bei dem Stück daneben handelt es sich laut Katalogeintrag Gründlers um einen indianischen Kommandostab aus Brasilholz. Eine unscheinbare und doch recht grausame Waffe soll das malabarische Wurfholz gewesen sein, eine Art Bumerang, das die Indienmissionare mit folgender Beschreibung in die Heimat sandten: *Ein krummes Wurf-Holtz, welches man unten bey dem Knopf fasset, und auf den Feind zuwirft. Wo es trifft, da zerschemttert es Arm und Bein. Man erzehlt, daß es in Nagapadtnam geschehen, daß einem damit der Bauch zerschmissen worden, so, daß er die Gedärme verschüttet.*[203] Dieses Mordinstrument hängt neben dem Kommandostab. Der Besucher des 18. Jahrhunderts lernte hier Waffen kennen, von denen er nie zuvor gehört hatte. Der Krieg gehörte als allgegenwärtiger Bestandteil des Lebens auch in eine universale Schau. Aus den frühmodernen Kunstkabinetten sind die Kriegsinstrumente nicht wegzudenken. Gerade in den fürstlichen Sammlungen dokumentierte man gerne die eigene Familiengeschichte, indem man kostbare Rüstungen und geschichtsträchtige Waffen der Altvordern herzeigte. In der pietistischen Schau erfüllte die Waffenecke durchaus auch einen schulischen Zweck. In der halleschen Realschule Christoph Semlers, der auf diesem Gebiet eng mit Francke zusammenarbeitete und ihm manche Vorlage für den Anschauungsunterricht lieferte, nahm die

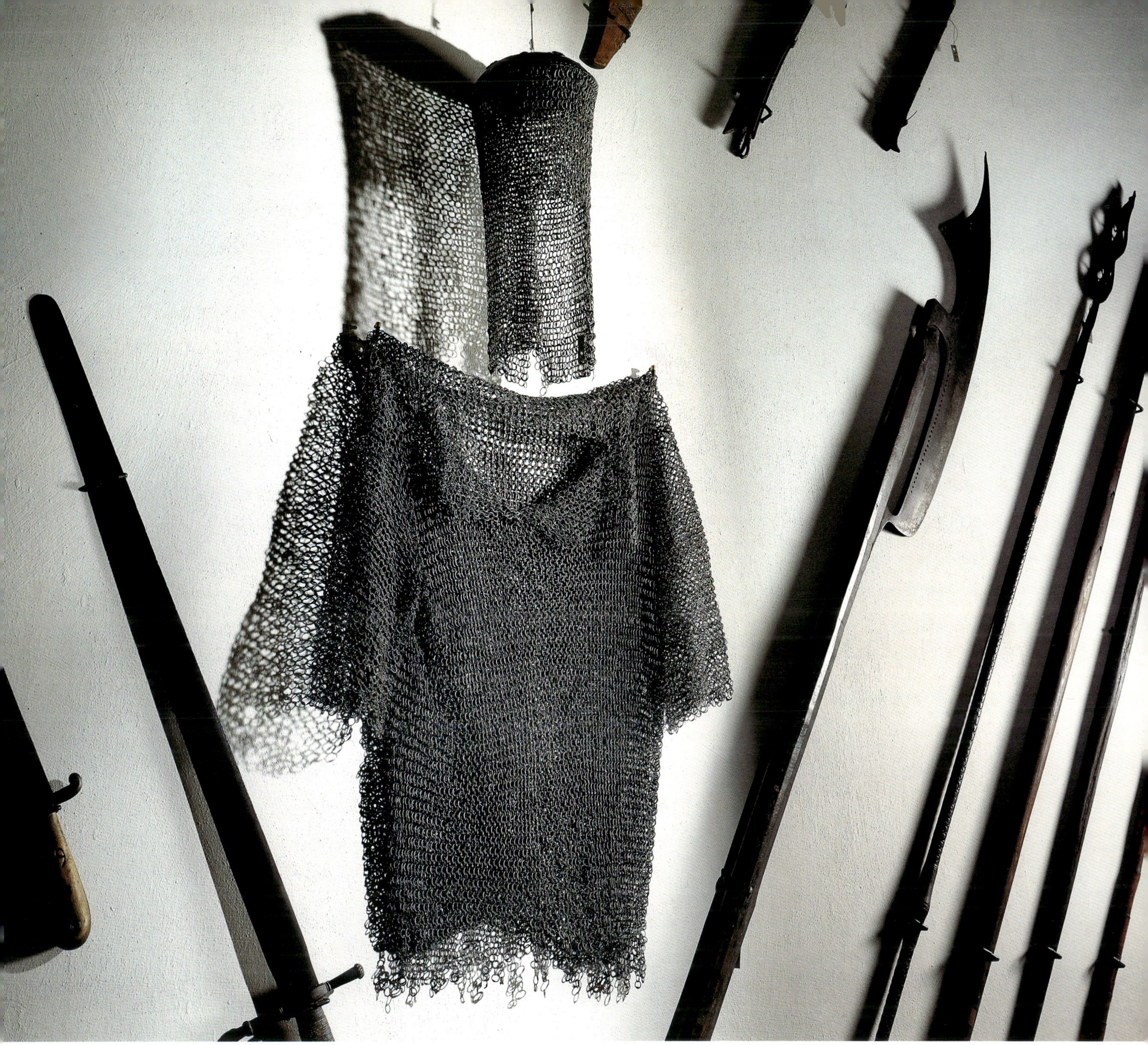

Kriegskunst und die Lehre von den Kriegsinstrumenten einen speziellen Raum ein. Die entsprechende Unterrichtseinheit trug den Titel *Von der Belägerung und einigen Instrumentis bellicis.* Sie begann mit einer einleitenden Frage für den Lehrer, der erwarteten Schülerantwort sowie weiterführendenden Erläuterungen:

1. *Wie sich die Belagerer verhalten?*
   Wenn der Feind einen Ort belagern will, schicket er zuvor Spionen aus. Die nehmen die Festung und die herumliegende Gegend in Augenschein, und sehen sonderl. wo sie am schwächsten ist, und ob sie mit Munition und Proviant genugsam versehen.
2. *Attaquiren heißt an einen Ort heranrücken, und sich einen Eingang machen.*
3. *Der Feind rückt erstlich nur so weit an der Festung, daß er mit dem Geschoß nicht kan getroffen werden.*
4. *Der Feind berennet die Festung…*

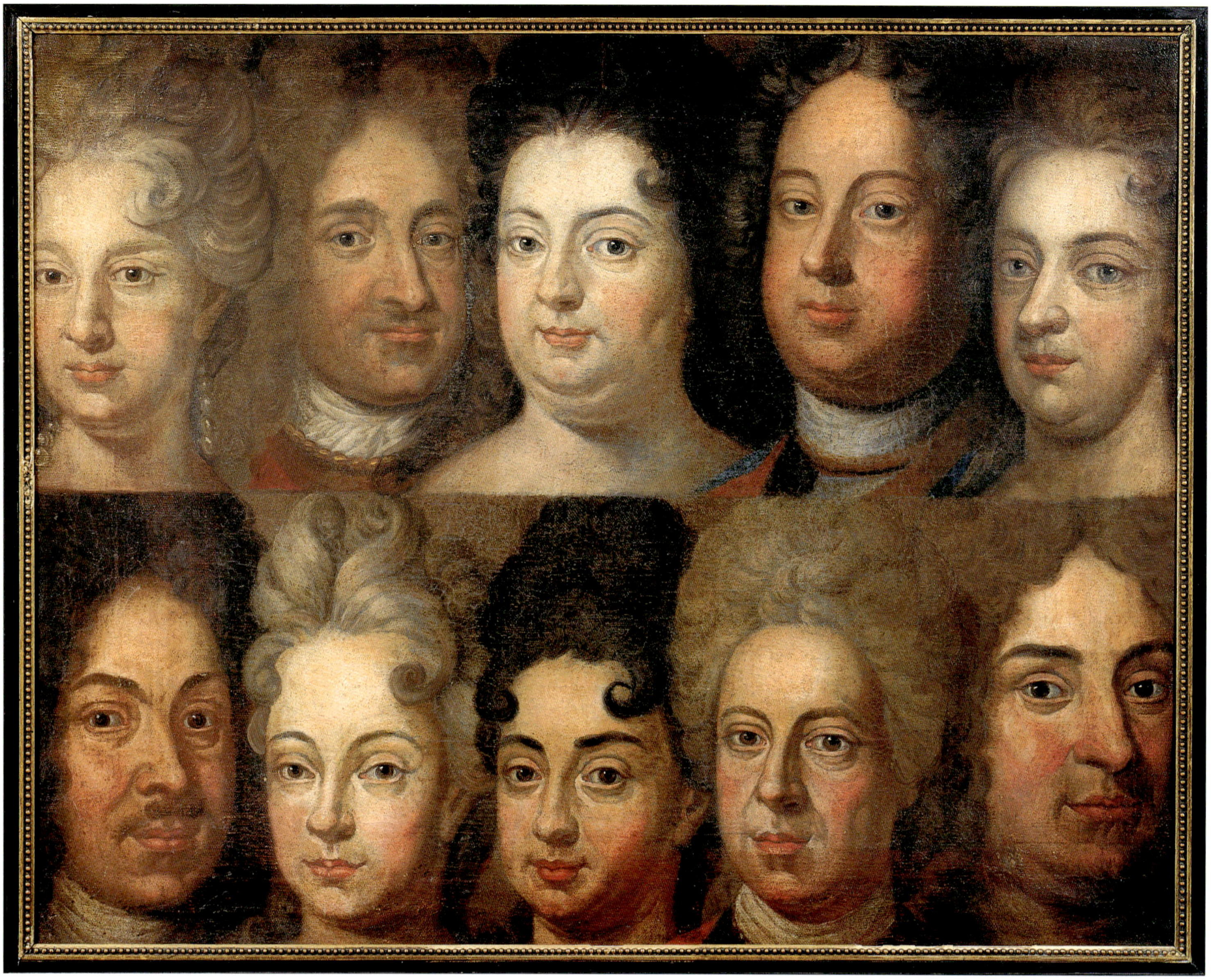

Im Zentrum der Westwand, gegenüber der Eingangstür befindet sich ein Teil der Gemäldesammlung, die zur Kunst- und Naturalienkammer gehört. Rechts ist ein Ölgemälde zu sehen, das die nächtliche Unterredung zwischen Christus und Nikodemus zeigt. Dieses Gemälde fand nicht zufällig seinen Platz in der universalen Schau des Halleschen Pietismus. Aus der Bibelstelle im Johannes-Evangelium, in der dieses Gespräch wiedergegeben wird, leitet sich die Vorstellung von der geistlichen Wiedergeburt des gläubigen Christen ab, die einen zentralen Stellenwert in der pietistischen Theologie einnahm. So bedeutete auch für August Hermann Francke das Datum seiner eigenen geistlichen Wiedergeburt, das er auf Ort und Stunde genau festmachen konnte, den entscheidenden Wendepunkt in seinem Leben. Neben einem weiteren kleineren Gemälde, das bei Gründler den Titel *Die Einweihung der Tochter Jephthae* trägt, ist ein Kupferstich vom Grundriß der Stiftshütte zu sehen. Dies ist eine der wenigen Reminiszenzen in der Kammer an die vier gewaltigen Landschaftsmodelle, die einst die ganze Kammer dominierten. Der benachbarte Einblattdruck trägt den Titel *Geographisch-Historisch und Politischer Spiegel Worinnen Europa mit seinen vornehmsten Landen, Stätten, Festungen, Handelschafften, Universitäten, Flüssen, Insulen, Bergen, Wappen, Einwohnern, auch deren Regenten Zahl und Conduite, accurat entworffen,allen Curiosen Augen vorgestellet wird durch J. M. Ermeltraut Franc.* Dieses Blatt birgt auf engstem Raum eine Fülle von Informationen und stammt aus dem ersten Drittel des 18. Jahrhunderts. Das nächste Bild ist um 1650 entstanden und trägt den Titel *Die Vorstellung des Traums, welchen*

der gottselige Churfürst Friedrich zu Sachsen vor der Reformation gehabt, so in Versen erkläret ist.[204] Umrahmt von einer langen Ode ist die metaphorische Darstellung dieses Traums zu sehen, in welchem Friedrich der Weise in der Nacht vor dem Wittenberger Thesenanschlag eine Vision von dem bevorstehenden Ereignis hatte. Daneben ist ein kleinformatiges Ölgemälde von Samuel Stryk, dem ersten Rektor der halleschen Universität, zu sehen. Stryk spielte eine schicksalhafte Rolle im Leben August Hermann Franckes. Als einen der renommiertesten Juristen Deutschlands wollte ihn der brandenburgische Kurfürst unbedingt an die neue Universität in Halle verpflichten. Aber erst nach langem Zögern war er dazu bereit, denn er hegte große Vorbehalte gegen Francke und wollte nicht mit ihm zusammen in Halle antreten. Nachdem er sich schließlich doch zu einem Wechsel von Wittenberg in die Saalestadt entschlossen hatte, verwandelte sich die Gegnerschaft zu Francke binnen kurzem in Freundschaft. Ganz außen hängt schließlich ein Gemälde von Heinrich Wilhelm Ludolph, einem außerordentlich wichtigen Mittelsmann des Halleschen Pietismus. Als Diplomat viel auf Reisen, korrespondierte er mit August Hermann Francke aus unterschiedlichen Weltgegenden. Er engagierte sich nach Kräften für die Ideen der Halleschen Pietisten im Dienste einer universalen Reform der Welt und des Christentums. Die Identität der abgebildeten Person war lange Zeit ungeklärt. Erst die Tätowierung mit der Jahreszahl 1699 am Unterarm des Mannes führte vor wenigen Jahren auf die richtige Spur.[205] Ludolph wird hier als Jerusalempilger gezeigt. In der rechten Hand hält er ein Fläschchen mit Jordanwasser. Hoch über den anderen Bildern hängt schließlich ein Gemälde mit zehn Porträts von Mitgliedern der Hohenzollerndynastie zum Gedenken daran, daß Kurfürst Friedrich III. einst zur Gründung dieser Kunst- und Naturalienkammer beigetragen hatte. Genauer gesagt zeigt dieses Gruppenportrait alle lebenden Mitglieder der kurfürstlich-brandenburgischen bzw. königlich-preußischen Familie um das Jahr 1701, allerdings ohne die Schwäger und Schwiegersöhne, aber mit der einzigen Schwägerin in der Familie zu dieser Zeit. Der Reihenfolge nach handelt es sich um folgende Personen:[206]

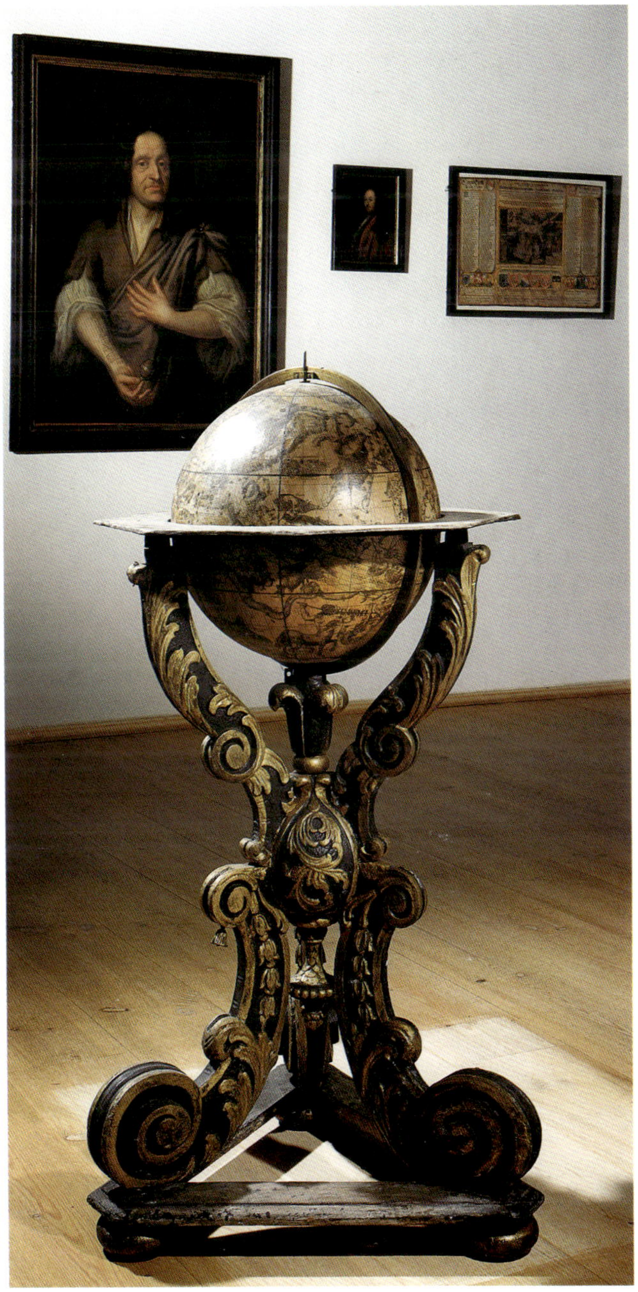

Oben von links:

Elisabeth Sophie (1674–1748), Halbschwester des Königs, 1698 verwitwet, zweite Heirat 1703.

Friedrich I. (1657–1713), Kurfürst von Brandenburg und König in Preußen.

Sophie Charlotte von Hannover (1668–1705), zweite Ehefrau des Königs seit 1684.

Albrecht Friedrich (1672–1731), Halbbruder des Königs, bis 1703 ledig.

Maria Amalie (1670–1739), Halbschwester des Königs, verheiratet seit 1689.

Unten von links:

Philipp Wilhelm (1669–1711), Halbbruder des Königs, verheiratet seit 1699 mit

Johanna Charlotte von Anhalt-Dessau (1682–1750).

Luise Dorothea Sophie (1680–1705), Tochter des Königs aus erster Ehe, verheiratet seit 1700.

Friedrich Wilhelm (I.) (1688–1740), Sohn des Königs aus zweiter Ehe, bis 1706 ledig.

Christian Ludwig (1677–1734), Halbbruder des Königs, ledig.

Der Rundgang endet bei dem mächtigen Weltensystem, das von einem Himmelsglobus auf der südlichen und einem Erdglobus auf der nördlichen Seite flankiert wird. Beide sind ganz ähnlich konstruiert. In den Anstalten selbst gab es zeitweise eine Werkstatt, die solche Globen herstellte. Die Unterlagen darüber sind allerdings so dürftig, daß über Art und Ausgestaltung dieser Modelle nichts bekannt ist. Es gibt keinen Hinweis darauf, daß diese beiden Exemplare aus der waisenhauseigenen Fabrikation stammen. Die Herkunft des großen Weltensystems dagegen ist bekannt. Dieses Modell, dessen drahtgeflochtener Körper von mehreren Metern Durchmesser in einem stabilen Holzgestell ruht, getragen von sechs doppelstöckigen Säulen, stammt auch aus der Werkstatt Christoph Semlers. Erst in diesem Jahrhundert ging der Kammer ein zweites ebenso mächtiges Weltensystem verloren. Beide Apparate, deren Konstruktion drei Jahre lang dauerte, wurden offensichtlich für den Schul-, genauer gesagt für den Realienunterricht eingesetzt. Bei dem einen befand sich die Sonne in der Mitte des Drahtkorbes, es stellte das Universum nach den Erkenntnissen des Nikolaus Kopernikus vor. Das zweite Modell demonstrierte die Theorie Tycho Brahes mit der Erde in der Mitte des Universums. Zumindest wies Semler selbst es als tychonisches Modell aus, und Gründler stützte sich später darauf. Bei beiden Modellen konnte man mittels einer Kurbel eine aufwendige Mechanik in Bewegung setzen, die den Korb und die darin befindlichen Planeten in jeweils unterschiedlicher Geschwindigkeit kreisen ließ. Francke gab für die Anschaffung der beiden Systeme die astronomische Summe von über 1000 Talern aus, und die Quellen belegen, daß die Instandhaltung in der Folgezeit dauernde Kosten verursachte.[207] Es ist bemerkenswert, daß bis weit in das 18. Jahrhundert hinein, im Schulunterricht sowohl die geozentrische als auch die heliozentrische Universumstheorie nebeneinander Geltung besaßen. Immerhin lagen die kopernikanischen Entdeckungen zu jener Zeit bereits etwa 200, die Tycho Brahes weit über 100 Jahre zurück.

Ironischerweise ist von den beiden Modellen das veraltete, mit der Erde im Mittelpunkt des Universums, erhalten geblieben, während das heute gültige kopernikanische Modell verschwunden ist. Lediglich ein Bündel Drähte und ein Stück Papier, bemalt mit dem Sternbild der Waage, sind von dem heliozentrischen Apparat übrig geblieben. Das erhaltene tychonische Weltensystem wurde aufwendig restauriert, freilich war die Entscheidung dazu nicht ohne Risiko. In den letzten Jahren der DDR lagerte es vor der heutigen Naturalienkammer im Treppenhaus. Es befand sich in einem beklagenswerten Zustand, war mit einer grauen Farbschicht überzogen und von Taubenkot verklebt. So wurde es 1990 von Restauratoren geborgen und abgebaut. Für kurze Zeit stand es dann noch einmal im heutigen Freylinghausen-Saal, bevor es in Einzelteile zerlegt für mehrere Jahre im Magazin verschwand. Erst Mitte 1995 fiel die Entscheidung für eine umfassende Restaurierung. Schon nach kurzer Zeit stellte sich heraus, daß unter dem grauen Anstrich die originale nachtblaue Fassung mit goldenen Verzierungen vorhanden war. Auch die Restaurierung des Metallkorbes gelang. Die Instandsetzung der Mechanik war insofern schwierig, als im Laufe der Jahrhunderte vielfache Änderungen stattgefunden hatten. So läßt sich heute nicht mehr zweifelsfrei feststellen, ob Semler selbst schon, möglicherweise aus technischen Gründen, beim Bau des Modells die Darstellung der tychonische Universumstheorie stark vereinfachte, oder ob diese Vereinfachung durch die dauernden späteren Veränderungen zustandegekommen ist. Jedenfalls gleicht, trotz durchgängig anderslautender Bezeichnungen im 18. Jahrhundert, das Modell, so wie wir es heute vor uns haben, mehr den ptolemäischen Vorstellungen als den tychonischen, denn alle Planeten, auch die Sonne kreisen hier um die Erdkugel. Wäre es aber tatsächlich eng an die tychonischen Theorien angelehnt, müßten sich die Planeten um die Sonne drehen und diese sich wiederum um die Erde. Allerdings kann man sich bei allem Zutrauen in Semlers Fähigkeiten nur schwer vorstellen, wie er das als Funktionsmodell hätte umsetzen sollen. Auch wenn noch längst nicht alle Fragen um dieses Modell beantwortet sind, lassen sich die mechanischen Funktionen des mächtigen Instrumentes, die noch erkennbar waren, heute wieder nachvollziehen. Alle fehlenden Planeten und die Sonne sind durch Attrappen angedeutet. Als einziger originaler Planet ist die hölzerne Erdkugel erhalten geblieben, die nun wieder im Zentrum des Modells steht und so auf sehr ursprüngliche und beziehungsreiche Weise den Mittelpunkt der Kunst- und Naturalienkammer in den Franckeschen Stiftungen bildet.

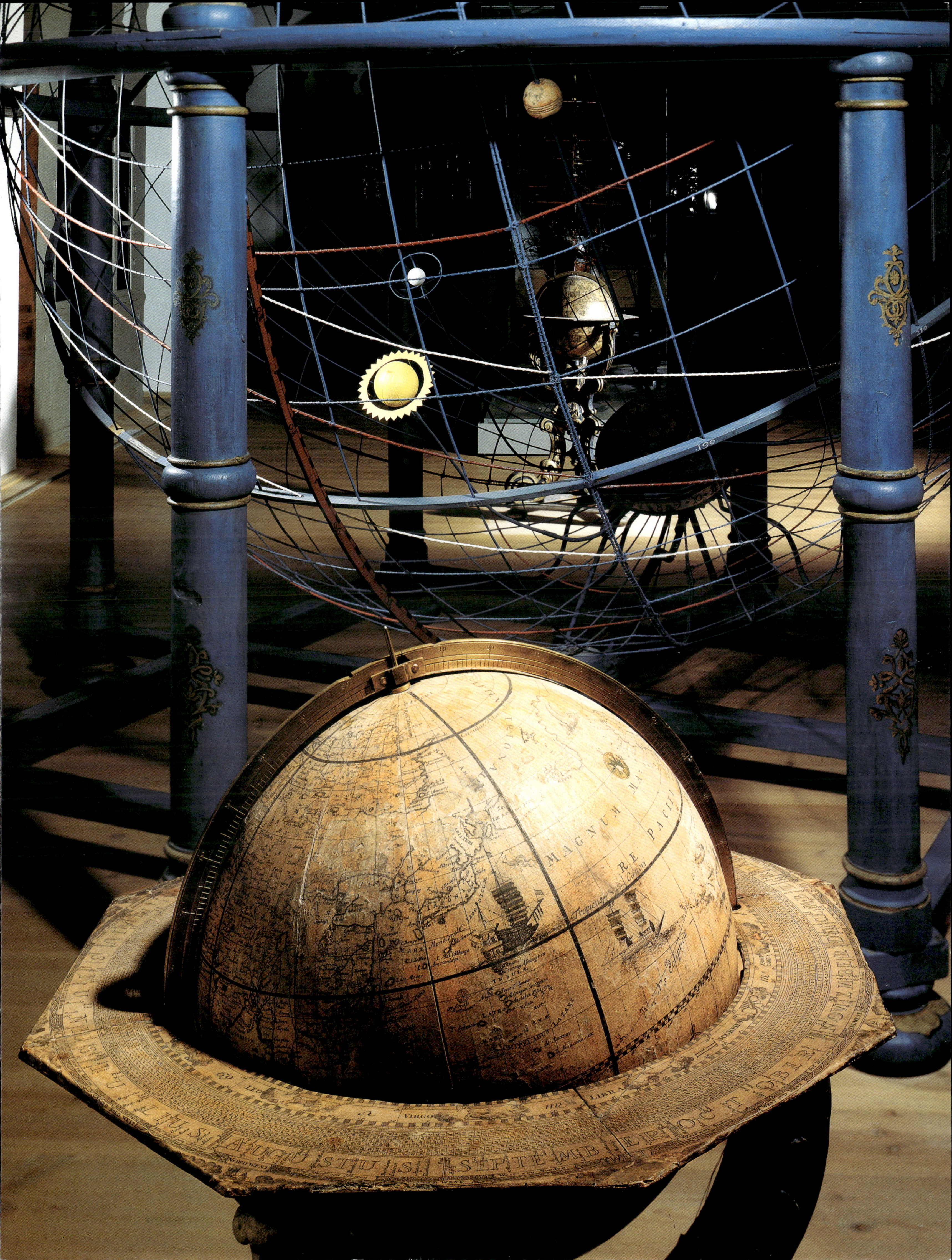
MAGNUM
VIRGO
LIBRA
AUGUSTUS

Die Kunst- und Naturalienkammer der Franckeschen Stiftungen

[1698]	Schreiben August Hermann Franckes an den brandenburgischen Kurfürsten Friedrich III. mit der Bitte um Unterstützung beim Aufbau einer Naturalienkammer.
1698	Erstes Inventarverzeichnis der Sammlung mit über fünfzig Objekten. Unterbringung der Sammlung in einer Stube bei dem Pädagogium in Glaucha.
9.6.1698	Bau eines Schranks für die Naturalienkammer (erster Beleg für die Existenz der Sammlung).
10.8.1698	Erste Unterrichtsstunde in der Naturalienkammer für die Zöglinge des Pädagogiums.
[1701]	Erster gedruckter Katalog der Naturalienkammer, der bereits 153 Sammlungsstücke umfaßte.
1701	Umzug der Kammer in eine Dachkammer des neuen Waisenhauses.
Nach 1700	Steter Zuwachs der Sammlung vornehmlich durch Geschenke aus aller Welt.
1718	Erwerbung einer großen Modellsammlung von Christoph Semler für den Realienunterricht.
1734	Umzug in den ehemaligen Schlafsaal der Waisenknaben im Unterdach des Vordergebäudes.
1736	Gottfried August Gründler wird beauftragt, die Sammlung zu ordnen, Ausstellungsschränke anzufertigen und einen Katalog zu erstellen.
5.8.1741	Einweihung der Kunst- und Naturalienkammer, die nun in 16 eigens für diesen Standort gefertigten Barockschränken nach einer strengen äußeren Symmetrie und inneren Systematik angeordnet und unter modernsten museumstheoretischen Gesichtspunkten aufgestellt wird. Fertigstellung eines vollständigen Katalogs mit insgesamt 4696 Objekten.
1745	Der andauernde Zuwachs der Sammlung macht den Bau zusätzlicher Schränke notwendig.
1787	Erstellung eines neuen Katalogs.
1835/36	Verkleinerung des Saals. Umbau der Naturalienschränke. Umgruppierung der Schränke und Auflösung der ursprünglichen klaren Anordnung der Kammer. Die großen Landschaftsmodelle verschwinden und werden teils zu Einlegeböden für die Schränke verarbeitet.
Nach 1835	Entnahme von Sammlungsteilen durch die Stiftungsschulen.
1840/47	Erneuter Zuwachs der Sammlung durch völkerkundliche Gegenstände aus Borneo.
1910	»Wiederentdeckung« der Kunst- und Naturalienkammer durch Max Sauerlandt und Würdigung als einmaliges museumskundliches Denkmal. Entstehung der einzigen fotografischen Aufnahmen im ursprünglichen Ausstellungsraum.
1929	Pläne zur Umgestaltung der Sammlung zu einem völkerkundlichen Stiftungsmuseum.
1939	Pläne zur Aufstellung der Sammlung im Eingangsgeschoß des Hauptgebäudes.
2. Weltkrieg	Überstürzte Räumung der Kunst- und Naturalienkammer aus dem Unterdach.
1952	Wiedereröffnung der Sammlung.
1960	Beengte Unterbringung im zweiten Stockwerk des Hauptgebäudes.
Nach 1985	Akute Gefährdung der Sammlung durch zunehmende Gebäudeschäden.
Ab 1993	Restaurierung der Sammlungsschränke mit Rückbau in ihren ursprünglichen Zustand.
1995	Neuinventarisierung der Sammlung, restauratorische Bearbeitung der Exponate, Anordnung der Kunst- und Naturalienkammer nach originalen Vorlagen am ursprünglichen Standort.
13.10.1995	Wiedereröffnung der Kunst- und Natruralienkammer als öffentliches Museum.
Seit 1995	Wissenschaftliche Erschließung der Sammlung und ihrer Geschichte.

Grundriß der Kunst- und Naturalienkammer

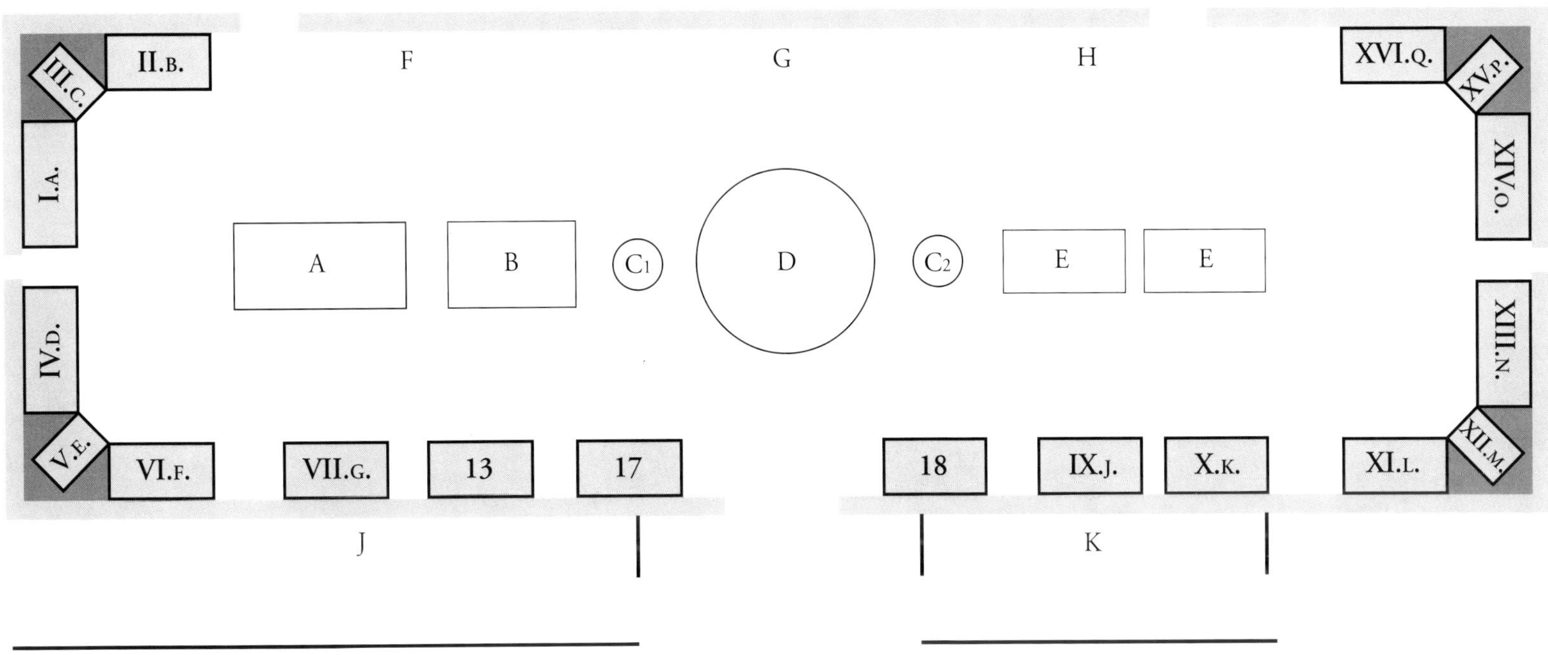

A	Apothekentisch
B	Vitrine mit Schiffsmodell
C 1	Himmelsglobus
C 2	Erdglobus
D	geozentrisches Weltensystem
E	Vitrinen mit Gebäudemodellen
F	Unterkieferknochen eines Bartenwals und andere Walknochen
G	Gemäldesammlung
H	Waffensammlung
J	Fotografische Abbildungen bedeutender frühmoderner Sammlungen und ihrer Gründer
K	Dokumentation zur Geschichte dieser Kunst- und Naturalienkammer

Schrank I.A.	Steine
Schrank II.B.	Landpflanzen
Schrank III.C.	Seepflanzen
Schrank IV.D.	Animalien
Schrank V.E.	Conchylien
Schrank VI.F.	Conchylien
Schrank VII.G.	früher: mathematische Instrumente, heute: Handbibliothek der Sammlung
Schrank 13	Münzen und Wachsmasken (nachträglich gebaut)
Schrank 17	Exponate aus Borneo (19. Jahrhundert) (nachträglich gebaut)
Schrank 18	Porzellan (19. Jahrhundert) (nachträglich gebaut)
Schrank IX.J.	Modellsammlung
Schrank X.K.	Modellsammlung
Schrank XI.L.	Exponate aus Indien
Schrank XII.M.	Exponate verschiedener Religionen
Schrank XIII.N.	Exponate der Alltagskultur
Schrank XIV.O.	Kleidung
Schrank XV.P.	Exponate der bildenden Kunst
Schrank XVI.Q.	Exponate der Schreibkunst

Anmerkungen

1 C. F. Neickel: Museographia Oder Anleitung Zum rechten Begriff und nützlicher Anlegung der Museorum oder Raritäten-Kammern... In beliebter Kürtze zusammen getragen, und curiösen Gemüthern dargestellet. Auf Verlangen mit einigen Zusätzen und dreyfachem Anhang vermehret von D. Johann Kanold. Leipzig 1727, S. 409. (Im folgenden zitiert als Neickel: Museographia).

2 Die Rechnungsbücher des königlichen Pädagogiums belegen dies. Einschlägige Sammlungsgegenstände, Geräte und Arbeitsentgelte wurden hier verbucht. Bezeichnend eine Eintragung von 1707: *Auf die repositoria in der camera curiosorum sind gewendet 2 thl.* AFSt/W Rep. 2 Nr. 245 [Specification der Einnahmen und Ausgaben wegen der Mechanischen Disciplinen 1704–1723], S. 14.

3 Nachzulesen z.B. in dem Einblattdruck: Kurtzer Entwurff Der Einrichtung des Paedagogii Regii zu Glaucha an Halle. Halle 1705.

4 AFSt/W XI/-/14 [Acta die An- und Einrichtung der Naturalien-Cammer des Waisenhauses betr.] Vol. 1, S. 1.

5 AFSt/S A I 200 [Historische Nachricht von dem ersten Anfange des Paedagogii], S. 7.

6 Kurzer Bericht von des Pädagogii regii zu Glaucha vor Halle gegenwärtiger Verfassung, nebst einem Verzeichnisse der Kosten nach verschiedenen Fällen. Halle 1774, § 1. (Im folgenden zitiert als Kurzer Bericht)

7 AFSt/S A I 200 [Historische Nachricht von dem ersten Anfange des Paedagogii], S. 8.

8 Ebenda.

9 August Hermann Francke: Ordnung und Lehr-Art / Wie selbige in dem Paedagogio zu Glaucha an Halle eingeführet ist... Halle 1702, S. 3. (Im folgenden zitiert als Francke: Ordnung und Lehrart).

10 AFSt/S A I 200 [Historische Nachricht von dem ersten Anfange des Paedagogii], S. 8.

11 August Hermann Francke: Die I. Fortsetzung Der Wahrhaften und umständlichen Nachricht Vom Waysen-Hause und übrigen Anstalten ... Bis zu Ende des Jahres 1701. Halle 1708, S. 43.

12 August Hermann Francke: Die III. Fortsetzung Der Wahrhaften und umständlichen Nachricht Vom Waysen=Hause und übrigen Anstalten ... Bis zu Ende des Junii A. 1707. Halle 1708, S. 84. (Im folgenden zitiert als Francke: Die III. Fortsetzung).

13 Zu der ersten Realschulgründung s. Christoph Semler: Neueröffnete Mathematische und Mechanische Real-Schule / In welcher praesenter gezeiget und nach allen Theilen erkläret wird Das Uhrwerck / das Modell eines Hauses / das Kriegs-Schiff / die Vestung... Halle 1709, unpag. Vorwort; Johann Christoph von Dreyhaupt, Ausführliche diplomatisch-historische Beschreibung des ... Saal=Creyses... 2 Bde., Halle 1755, hier Bd. 2, S. 215 f. (Im folgenden zitiert als Dreyhaupt: Beschreibung). Ausführliches zu den Anfängen des Realschulwesens in Halle s. Thomas J. Müller: Der Realienunterricht in den Schulen August Hermann Franckes. In: Schulen machen Geschichte. 300 Jahre Erziehung in den Franckeschen Stiftungen. Ausstellungskatalog der Franckeschen Stiftungen 1997, S. 43–65.

14 In einem Bericht über die Anstalten von 1726 heißt es: *Zu Herum Führung der Fremden ist ein besonderer Studiosus bestelt, der da bey die Naturalien Kammer in Aufsicht hat, u. bey dem Hausgesinde morgens und abends das Gebet verrichtet.* AFSt/ W II/-/15 [Kurzgefaßte Nachricht vom Anfang und Fortgang des Waisenhauses], S. 14.

15 Die Stiftungen August Hermann Francke's in Halle. Festschrift zur zweiten Säcularfeier seines Geburtstages, Hrsg.: Directorium der Franckeschen Stiftungen. Halle 1863, S. 222. (Im folgenden zitiert als Die Stiftungen August Hermann Franckes).

16 Neickel: Museographia, S. 56.

17 Johann Anton Niemeyer: Chronologischer Abriß der Hauptveränderungen und Erweiterungen der Anstalten des Pädagogii regii und Waisenhauses 1695 bis 1768 in einer Einladungsschrift zu geneigter Gegenwart bey dem öffentlichen Examine welches im Königlichen Pädagogio den 12. und 13. April 1764 gehalten werden soll... Halle 1764, S. 23.

18 Erich Hintzsche: Albrecht Hallers Tagebücher seiner Reisen nach Deutschland, Holland und England 1723–1727. Neue verbesserte und Vermehrte Auflage mit Anmerkungen. Bern/Stuttgart/Wien 1971, S. 62.

19 Franz Ernst Brückmann: Epistola Itineraria. LXXIX. Sistens Museum Orphanotrophii Halensis... in: Ders.: Centuria Secunda Epistolarum Itinerariarum. Accedit Museum Closterianum, Wolfenbüttel 1749, S. 1011–1025.

20 Projecte wie die Anführung Herren-Standes / Adelicher und anderer führnehmen Jugend veranstaltet / Und guten Theils wircklich eingerichtet und angefangen. Halle 1698, § X.

21 Ausgaben für die Anatomiestube finden sich z. B. im Rechnungsbuch des königlichen Pädagogiums AFSt/W Rep. 2 Fach 245 Nr. 1, unpag. Eintrag vom 22. 2. 1699.

22 Francke: Ordnung und Lehrart, S. 73.

23 Kein geringerer als der hallesche Gelehrte Friedrich Hoffmann beschrieb die Anstalten in eben dieser Weise. Dies ist nachzulesen in seinem Vorwort zu Johannes Julius Hecker: Einleitung in die Botanic / Worinnen die Nöthigste Stücke dieser Wissenschaft kürtzlich abgehandelt werden, mit einer Vorrede Herrn Friedrich Hoffmanns ... von der Rechten Anführung der Jugend auf Schulen zu Erlernung reeller Wissenschaften und der wahren Weisheit. Halle 1734, unpaginiert.

24 Vgl. z. B. eine Grundsatzschrift hierzu von [Johann Daniel Major]: Unvorgreiffliches Bedencken von Kunst- und Naturalien-Kammern insgemein. [Kiel 1674]. In: Michael Bernhard Valentini: Museum Museorum,oder Vollständige Schau-Bühne aller Materialien und Specereyen nebst deren natürlicher Beschreibung... Bd. 1 Frankfurt/M 1704, § 4 S. 13 f und passim. (Im folgenden zitiert als Valentini: Museum Museorum Bd. 1).

25 *...es ist auch der ehemalige Bett Saal auf welchen die Waysen Knaben geschlafen dazu aptiret worden, daß man die Globos und alle Naturalien und Machinen dahin zusammen gebracht, so daß auf selbigen nun mehro alles zusammen gar bequemlich gezeiget werden kan.* AFSt/M III M 1 : 4 [Relation von den merkwürdigsten Begebenheiten 1736], Bl. 4v.

26 Beschäftigungen der Berlinischen Gesellschaft Naturforschender Freunde I (1775), S. 456 f. (Im folgenden zitiert als Beschäftigungen)

27 AFSt/W Rep. 2 Fach 271 Nr. 15 [Hauptkassenrechnung 1736], S. 42.

28 AFSt/W XI/-/14 [Acta die An- und Einrichtung der Naturalien-Cammer des Waisenhauses betr.] Vol. 1, S. 3.

29 AFSt/W XI/-/14 [Acta die An- und Einrichtung der Naturalien-Cammer des Waisenhauses betr.] Vol. 1, S. 4.

30 Dieses Verzeichnis wird heute als Katalog B der Kunst- und Naturalienkammer bezeichnet (im folgenden zitiert als Katalog B). Bei Übergabe der Kammer im August 1741 war dieses Gesamtverzeichnis wohl noch nicht fertig. Jedenfalls tauchen darin noch Datumsangaben von einem kurzen Zeitraum danach auf (s. z. B. S. 345). Es spricht vieles dafür, daß er die Einzelhefte eilig bis zu dem gesetzten Übergabetermin fertigstellte und in den Monaten danach den Gesamtkatalog zusammenschrieb.

31 AFSt/S A I 204 [Hausbuch des königlichen Pädagogiums Feb. 1752–Dez. 1753], S. 1.

32 AFSt/S A I 206 [Hausbuch des königlichen Pädagogiums 1755–1759], S. 221–223. Kurzer Bericht, S. 8.

33 AFSt: Unverzeichnetes Konferenzbuch des königlichen Pädagogiums 1740–1753, S. 113.

34 Auszug aus dem Berichte von der Verfassung des Paedagogii Regii zu Glaucha vor Halle. Halle 1756, § 11; Kurzer Bericht, S. 9 f.

35 Schallers entomologischen Arbeiten fanden höchste Anerkennung in Wissenschaftskreisen, sogar Carl von Linné benannte eine Blattwicklerart nach ihm *Tortrix Schalleriana*. Wolfram Kaiser/Werner Piechocki: Medizinisch-botanischer Unterricht im 18. Jahrhundert an der Universität Halle, in : Hercynia 5 (1968), S. 218. Wolfram Kaiser/Werner Piechocki: Medizinisch-zoologischer Unterricht im 18. Jahrhundert an der Universität Halle, in : Hercynia 6 (1969), S. 271. (Im folgenden zitiert als Kaiser/Piechocki: Medizinisch-zoologischer Unterricht).

36 AFSt/W XI/-/14 [Acta die An- und Einrichtung der Naturalien-Cammer des Waisenhauses betr.] Vol. 1, S. 55.
37 Katalog B, S. 375.
38 Die Stiftungen August Hermann Franckes, S. 223.
39 AFSt/W XI/-/14 [Acta die An- und Einrichtung der Naturalien-Cammer des Waisenhauses betr.] Vol. 2, S. 5.
40 Die Stiftungen August Hermann Franckes, S. 140–150.
41 AFSt/A Mappe II C.
42 Die Stiftungen August Hermann Franckes, S. 222.
43 Max Sauerlandt: Die Naturalienkammer des Halleschen Waisenhauses. In: Museumskunde VII (1911), S. 133.
44 Francke: Die III. Fortsetzung, S. 70.
45 AFSt/W Neues Repertorium XI/-/6 : 12 [Dr. Stierling an das Direktorium der Franckeschen Stiftungen am 12.11.1931].
46 Alexander Delhaes: Die Verwaltungs- und Finanzgeschichte der Franckeschen Stiftungen in den 32 Jahren von 1914 bis 1946. Masch. Ms. Halle 1955, S. 30.
47 Der ganze Vorgang ist in einer Akte im Stadtarchiv Halle dokumentiert unter der Sig.: 24 A 4. Das Zitat entstammt einem Memorandum Schäfers vom 17.4.1929, Bl. 1r.
48 AFSt/W Neues Repertorium XI/-/6 [Dr. Konstantin Wöpke: Besichtigung des Naturalienkabinettes des Hallenser Waisenhauses der Franckeschen Stiftungen am 28. April 1937], S. 5.
49 AFSt/W Neues Repertorium XI/-/6 [Handschriftliche Notiz über ein Telefongespräch zwischen Herrn Wiegand und Stadtrat Dryander am 30.12.1937].
50 Die einschlägigen Akten befinden sich im Museum für Naturkunde der Humboldt-Universität zu Berlin. Historische Bild- und Schriftgutsammlungen. Bestand : GNF. Das Zitat s. Sig.: Tagebuch Bd. I, S. 115.
51 So lautete das Urteil Gotthilf August Franckes: *Desto mehr aber hat man Gott zu preisen, daß Seine Güte noch bis hieher den theuern Herzog von Salfeld im Leben erhalten dergl. Regenten die Evangel. Kirche seit den Zeiten d. reformation nicht aufzuweisen gehabt.* AFSt/M III M 2:5 [Relation von den merkwürdigsten Begebenheiten 1741], S. 13. Die tiefe pietistische und persönliche Verbundenheit des Herzogs mit Halle drückt sich in einem Brief an August Hermann Francke von 1726 aus. AFSt/H A 114 :35.
52 AFSt/M III M 1 : 2 [Relation von den merkwürdigsten Begebenheiten 1734], Bl. 3v.
53 Archiv der Martin-Luther-Universität Halle-Wittenberg: Handwerkermatrikel Rep. 3 Nr. 340, S. 19.
54 Beschäftigungen, S. 458.
55 *Hier in Halle befinden sich zwei dergleichen doppelte Hörner von Nashörnern, eins besitzt der hiesige berühmte Herr Geheimrath Dreyhaupt, das andere befindet sich in der Naturaliensamlung des hiesigen geschickten, und wegen seiner vorzüglichen Stärke der Naturgeschichte bekandten Mahlers und Kupferstechers Herrn Gründler. Beide sind im Jahr 1767 vom Vorgebürge der guten Hofnung, an den berühmten Herrn Hofrath von Madai alhier geschikt, und von demselben in gedachte Samlungen geschenkt worden.* Zitiert nach Kaiser/Piechocki: Medizinisch-zoologischer Unterricht, S. 269.
56 Der Verkaufspreis wird in einem Brief J. E. I. Walchs an den Verleger Johann Jacob Gebauer vom 5.2.1775 erwähnt, verbunden mit dem Rat, diese Sammlung anzukaufen. Der Brief befindet sich im unverzeichneten Firmennachlaß des Verlagshauses Gebauer-Schwetschke im Stadtarchiv Halle.
57 Dietrich Heidecke: Die Zoologischen Sammlungen. In: 300 Jahre Universität Halle 1694–1994. Schätze aus den Sammlungen und Kabinetten. Katalog zur Ausstellung anläßlich der 300-Jahr-Feier der Universität Halle, Hrsg.: Ralf-Torsten Speler. Halle/Karlsruhe 1994, S. 309. Rundes Chronik der Stadt Halle 1750–1835, Hrsg.: Thüringisch-Sächsischer Geschichtsverein, bearbeitet von Bernhard Weißenborn. Halle 1933, S. 513. Zu Goldagen s. Wolfram Kaiser/Karl-Heinz Krosch: Zur Geschichte der Medizinischen Fakultät der Universität Halle im 18. Jahrhundert (I). Johann Friedrich Gottlieb Goldhagen (1742–1788) und Friedrich Albert Karl Gren (1760–1798). In: Wissenschaftliche Zeitschrift der Martin-Luther-Universität Halle-Wittenberg. Mathematisch-Naturwissenschaftliche Reihe XIII (1964) 2, S. 141–160. Zum weiteren Schicksal des Gründlerschen Kabinetts s. auch Otto Taschenberg: Geschichte der Zoologie und der zoologischen Sammlungen an der Universität Halle 1694–1894 (Sonderabdruck aus den Abhandlungen der Naturforschenden Gesellschaft zu Halle 20). Halle 1894, S. 22–27.
58 Beschäftigungen, S. 464.
59 Abgebildet in Andreas Elias Büchner: Academiae Caesareae Leopoldino-Carolinae Naturae Curiosorum Bibliotheca Physica Medica, Miscella... Halle 1755.
60 Hallische Zeitungen (1771) 158, S. 548; ebda (1771) 165, S. 570; Neue Hallische Gelehrte Zeitungen 6 (1771) 83, S. 664; ebda 7 (1772) 9, S. 72 f.
61 AFSt/B H 54–57.
62 So z. B. für die Kirchenmusik im Herrnhuter Pietismus. Anja Wehrend: Musikanschauung, Musikpraxis, Kantatenkompositionen in der Herrnhuter Brüdergemeine: ihre musikalische und theologische Bedeutung für das Gemeindeleben von 1727 bis 1760 (Europäische Hochschulschriften: Reihe 36, Musikwissenschaft 129). Frankfurt/M u. a. 1995.
63 Eine der jüngsten Wiederholungen dieses Urteils findet sich bei Horst Weigelt: Zwischen Religion und Politik. Samuel Urlspergers Korrespondenz mit dem dänischen Außenminister Johann Hartwig Graf von Bernstorff. In: Reinhard Schwarz (Hrsg): Samuel Urlsperger (1685–1772). Augsburger Pietismus zwischen Außenwirkungen und Binnenwelt (Colloquia Augustana 4). Berlin 1996, S. 190.
64 AFSt/W Rep. 2, Fach 266 Nr. 10 [Bau- und Reparaturrechnung für das Waisenhaus und die weiteren Anstaltsgebäude 1735], Rechnungslegung vom September.
65 Im Februar 1730 wurde die endgültige Einrichtung der Hauptbibliothek verhandelt. AFSt/W V/-/13 Bd. 3 [Protokolle der Generalkonferenzen Januar 1727–Februar 1755], S. 43.
66 Der Stich ziert als Frontispiz den Sammelband der Halleschen Berichte, der nach Aarons Tod 1745 erschien: Der Königl. Dänischen Missionarien aus Ost-Indien eingesandter Ausführlichen Berichte Sechster Theil. Halle 1754.
67 Kaiser/Piechocki: Medizinisch-zoologischer Unterricht, S. 260.
68 Neickel: Museographia, S. 421–425.
69 AFSt/W Rep. 2 Fach 266 Nr. 11 [Bau- und Reparaturrechnung für das Waisenhaus und die weiteren Anstaltsgebäude 1736].
70 1745 und 1748 wird in den Rechnungsbüchern der Bau weiterer Möbel erwähnt. Vermutlich war dieser Schrank dabei. AFSt/W Rep. 2 Fach 271 Nr. 24 [Hauptkassenrechnung 1745], S. 33; Nr. 27 [Hauptkassenrechnung 1748], S. 31.
71 AFSt/A 2 E 1.
72 Katalog B, S. 158.
73 Dreyhaupt: Beschreibung Bd. 2, S. 521 f.
74 AFSt/H A 174 : 1 [Tagebuch A. H. Franckes vom Oktober 1720], S. 30.
75 Die letzte Nacht Einer grossen, aber durch Gottes Gnade wahrhafftig bekehrten, Sünderin, der Seeligen Dorothea Breitingen ... Zur allgemeinen Erbauung von einigen, welche zu ihrer Erweckung den meisten Theil der besagten letzten Nacht ihr Gesellschafft geleistet, Durch den Druck vorgestellet. Halle, 1720. Den zitierten Ausdruck s. S. 8.
76 AFSt/H A 181 :48 [Schreiben von August Hermann Francke an Heinrich Julius Elers am 19.10.1720].
77 Dreyhaupt: Beschreibung Bd. 2, S. 522.
78 AFSt/H C 65 : 3a [Brief von A. H. Francke an Friedrich Hoffmann am 19.10.1720] und 3b [Antwortschreiben Friedrich Hoffmanns an A. H. Francke undat.]. Selbst hatte Francke gerade ein Jahr zuvor übrigens dem Anstaltsarzt Leichenöffnungen an verstorbenen Anstaltsbewohnern untersagt. AFSt/H C 258 : 2 [Brief von Johann Juncker an A. H. Francke vom 4.7.1719].
79 Wolfram Kaiser/Karl-Heinz Krosch: Zur Geschichte der Medizinischen Fakultät der Universität Halle im 18. Jahrhundert (V). Georg Daniel Coschwitz (1679–1729). In: Wissenschaftliche Zeitschrift der Martin-Luther-Universität Halle-Wittenberg. Mathematisch-Naturwissenschaftliche Reihe XIII (1964) 1, S. 797.

80 AFSt/W Rep. 2 Fach 245 Nr. 5 [Specification der Einnahmen und Ausgaben wegen der Mechanischen Disciplinen 1704–1723], S. 70.
81AFSt/W VII/I/20 [Instructionen für den Herumführer 1741].
82 AFSt/W II/-/11[Protokoll des königlichen Besuchs am 12. April 1713], Bl. 13v.
83 Darauf deuten bereits die ältesten einschlägigen Rechnungsbücher hin, allerdings ist die Buchführung nicht ganz durchsichtig. AFSt/W Rep. 2, XIX, Fach 263 Nr. 1 [Rechnung über Einnahme und Außgabe bey der Naturalien-Kammer und Bibliothec 1709–1714].
84 AFSt/W VII/I/20 [Instructionen für den Herumführer 1741], § 18.
85 Diese Jahreszahl ist im Originalmanuskript noch freigelassen und dann im Druck zwei Jahre zu früh angegeben, denn der Umzug fand erst 1734 statt. Interessanterweise haben alle seitdem erschienenen Artikel über die Waisenhauskammer diese falsche Jahreszahl übernommen, die Archivalien zu diesem Thema sind also noch nie berücksichtigt worden.
86 Dreyhaupt: Beschreibung Bd. 2, S. 224–226. Der Entwurf für das Originalmanuskript liegt im Stiftungsarchiv. AFSt/W XI/-/14 [Acta die An- und Einrichtung der Naturalien-Cammer des Waisenhauses betr.] Vol. 1, S. 13–22.
87 AFSt/W VII/I/20 [Instructionen für den Herumführer 1741], § 18.
88 Kurzer Bericht, S. 8.
89 AFSt/S A I 206 [Hausbuch des königlichen Pädagogiums 1755–1759], S. 237 f.
90 AFSt/S A I 206 [Hausbuch des königlichen Pädagogiums 1755–1759], S. 221.
91 Johann Joachim Lange: Grundriß einer Anweisung, wie man sich die in und um Halle vorkommende Naturalia und Artificialia zum künftigen Nutzen im gemeinen Leben bekant machen solle... Berlin 1749.
92 Die regionale Naturkunde besaß traditionell besonderes Gewicht im Curriculum der Stiftungsschulen. Nicht zufällig legte Johann Jakob Lerche, Zögling der Anstaltsschulen, 1730 als Dissertation die erste regionalgeologische Beschreibung Halles vor. Michael Kaasch/Joachim Kaasch: Nuntiam otoisus (2). Die Leopoldina-Präsidentschaft von Andreas Elias Büchner. In: Scientia halensis. Das Wissenschaftsjournal der Martin-Luther-Universität Halle-Wittenberg 3/1996, S. 24.
93 AFSt/H C 733 : 1 [Brief von G. A. Francke an C. F. Schönberg vom 20.11.1747].
94 AFSt/H C 733 : 4 und 5 [Brief von C. F. Schönberg an G. A. Francke vom 19. 4. 1748 und dessen undat. Antwortschreiben], Bl. 2r.
95 Vgl. AFSt/W XI/-/14 [Acta die An- und Einrichtung der Naturalien-Cammer des Waisenhauses betr.] Vol. 1, 45–48.
96 AFSt/H C 483 : 8 [Brief von J. Blasius an G. A. Francke vom 15. 3. 1748], Bl. 1r/v.
97 Katalog B, S. 52.
98 Katalog B, S. 127.
99 AFSt/H C 483 : 6 [Brief von J. Blasius an Gotthilf August Francke vom 11. 8. 1747], Bl. 2r.
100 AFSt/H C 483 : 7 [Brief von G. A. Francke an J. Blasius vom 15.12.1747], Bl. 1r/v.
101 AFSt/M V A 11 : 43 [Brief von H. H. Lemke an J. A. Rüdel am 28. 2.1746], S. 182 f.
102 AFSt/M V B 1 : 35 [Brief von G. A. Francke an Johann Ludwig Mayer am 5.11.1750], S. 140.
103 AFSt/M V B 1 : 15 [Brief von G. A. Francke an H. H. Lemke am 25. 8.1749], S. 65.
104 AFSt/M V B 1 : 43 [Brief von H. H. Lemke an G. A. Francke am 31. 3.1751], S. 177.
105 AFSt/M V B 1 : 14 [Brief von H. H. Lemke an G. A. Francke am 15.12.1748], S. 61.
106 AFSt/M V B 1 : 49 [Brief von G. A. Francke an J. M. Boltzius am 10. 6.1751], S. 205.
107 AFSt/M V B 1 : 33 [Brief von G. A. Francke an H. H. Lemke am 5.11.1750], S. 139.
108 Katalog B, S. 131.
109 Katalog B, S. 157.
110 AFSt/S A I 200 [Historische Nachricht von dem ersten Anfange des Paedagogii], S. 8; Specification, derer Sachen Welche zu der für die Glauchische Anstalten angefangenen Naturalien-Cammer bis anhero verehret worden. [Halle ca. 1701], Nr. 6 und Nr. 7.
111 Katalog B, S. 159.
112 Katalog B, S. 159f.
113 AFSt/W V/-/13 Bd. 3 [Protokolle der Generalkonferenzen Januar 1727– Februar 1755], S. 206.
114 Katalog B der Kunst- und Naturalienkammer, S. 158.
115 S. zu diesem Thema Renate Germer u. a.: Die Wiederentdeckung der Lübecker Apotheken-Mumie. In: Antike Welt. Zeitschrift für Archäologie und Kulturgeschichte 26 (1995) 1, S. 17– 40.
116 Der Königl. Dänischen Missionarien aus Ost=Indien eingesandter Ausführlichen Berichten Vierter Theil. Halle 1742, S. 508–510.
117 Katalog B der Kunst- und Naturalienkammer, S. 164.
118 Michael Bernhard Valentini: Musei Museorum, oder Der vollständigen Schau Bühne frembder Naturalien Zweyter Theil..., Frankfurt/M 1714, S. 180. (Im folgenden zitiert als Valentini: Musei Museorum Bd. 2).
119 Neickel: Museographia, S. 77.
120 Adam Olearius: Gottorffische Kunst-Kammer / Worinnen Allerhand ungemeine Sachen / So theils die Natur / theils die künstliche Hände hervor geracht und bereitet... 2. Auflage, Schleswig 1674, S. 53 f. Erneut abgedruckt bei Valentini: Musei Museorum Bd. 2, S. 189 f. (Im folgenden zitiert als Olearius: Gottorffische Kunstkammer).
121 Die Stiftungen August Hermann Franckes, S. 223.
122 Katalog B, S. 200.
123 Katalog B, S. 163.
124 Valentini: Museum Museorum Bd. 1, S. 424.
125 Katalog B, S. 169.
126 Valentini: Museum Museorum Bd. 1, S. 472.
127 Der Königl. Dänischen Missionarien aus Ost-Indien eingesandter Ausführlichen Berichten Anderer Theil. Halle 1729, S. 729.
128 Valentini: Museum Museorum Bd. 1, S. 490.
129 Valentini: Museum Museorum Bd. 1, S. 485.
130 Conrad Forer: Fischbuch. Das ist eine kurtze / doch vollkommne beschreybung aller fischen... Erstlich in Latein durch ... Cunradt Gaeßner beschriben... Zürich 1575, S. CVII verso.
131 Valentini: Museum Museorum Bd. 1, S. 485.
132 Olearius: Gottorffische Kunstkammer, S. 1 f.
133 Katalog B, S. 175.
134 Johann Heinrich Zedler: Grosses vollständiges Universal-Lexicon... Bd. 52, Leipzig/Halle 1747, S. 1655.
135 AFSt/W Rep. 2 Fach 263 (XIX) Nr. 1 [Ausgaben für die Naturalienkammer 1713], Rechnungslegung vom August.
136 Diese Anregung verdanke ich dem Pharmaziehistoriker Dr. Hans-Joachim Poeckern, dem die Erforschung dieses Möbelstücks mit zu verdanken ist.
137 Hans Tintelnot: Die barocke Freskomalerei in Deutschland. Ihre Entwicklung und europäische Wirkung. München 1951, S. 55. Für diesen Hinweis danke ich dem Restaurator Herrn Horst-Dieter Jach, durch dessen Freilegung der originalen Beschriftungen und Muster erst die richtige Zweckbestimmung des Tisches möglich wurde.
138 AFSt/W Rep. 2 Fach 263 (XIX) Nr. 1 [Ausgaben für die Naturalienkammer 1713], Rechnungslegung vom August.
139 Notiz auf einer unverzeichneten *Specification der Mineralis*, die 1729 aus Teschen übersandt wurde.
140 Katalog B, S. 337.
141 Katalog B, S. 158.
142 Valentini: Museum Museorum Bd. 1, S. 417.
143 Daniel Gottfried Schreber (Hrsg.): Schauplatz der Künste und Handwerke, oder vollständige Beschreibung derselben... Bd. 8, Leipzig/Königsberg 1769, S. 15.
144 Martin Brecht u. a. (Hrsg.): Geschichte des Pietismus. Bd. 1: Der Pietismus vom siebzehnten bis zum frühen achtzehnten Jahrhundert. Göttingen 1993, S. 355 f.
145 Die Beschreibung der Figur bildet den Abschluß der Modellerläuterungen. [Christoph Semler]: Der Tempel Salomonis / Nach all seinen Vorhöfen / Mauren / Thoren... Halle 1718, S. 91–96.
146 AFSt/M I G 4 : 38 [H. A. Niemeyer an J. Berger am 19.10.1838], Bl. 1r.
147 Die Stiftungen August Hermann Franckes, S. 226.
148 Heinrich Melchior Mühlenberg: Selbstbiographie, 1711–1743. Patriarch der Lutherischen

Kirche Nordamerika's. Aus dem Missionsarchive der Franckeschen Stiftungen zu Halle. Mit Zusätzen und Erläuterungen von W. Germann. Allentown, Pa. 1881, S. 52f.
149 Katalog B, S. 270.
150 Klaus Herrmann: Meilensteine der Landtechnik. Landtechnik (1988) 3, S. 132.
151 Alessandro del Borro: Ausführliche Beschreibung des sogenannten grossen Oeconomischen Acker-Messers, oder nützlichen Pflug-Schaars... [Leipzig 1721].
152 Katalog B, S. 270.
153 Katalog B, S. 276.
154 Katalog B, S. 291.
155 Katalog B, S. 278.
156 Katalog B, S. 283f.
157 Einundzwanzigste Continuation des Berichts Der Königlichen Dänischen Missionarien in Ost-Indien... Andere Auflage, Halle 1728, S. 619–622.
158 Kunst- und Naturalienkammer, R-Nr.: 1041.
159 Kunst- und Naturalienkammer, R-Nr.: 1040. Der Leipheimer Pfarrer Conrad Daniel Kleinknecht, Verfasser dieses Gedichts, hatte schon zuvor Werbeschriften über die Dänisch-Hallesche Mission verbreitet, bei denen Aaron im Mittelpunkt stand. Mit der Abbildung Aarons erfuhren diese Schriften dann Neuauflagen. Einem Sendschreiben stellte Kleinknecht folgendes Gedicht voran: *Mein Freund ! censir nicht gleich den Titul dieser Bogen; Was geht die Schwartze Heerd Ost-Indiens mich an? Ließ sie, und merck darauf, was GOtt da Guts gethan, So wirst du diesem (Volck/Werck) in Liebe noch gewogen. Ein Braun- und Schwartzes (Schaaf/Lamm), ein armer Malabar, Steht ietzt vor dir und spricht, reich mir was gütigst dar: Dein Scherflein macht dir GOTT zum grossen Capital, Die Zinsse ziehst du dort in jenem Himmels-Saal.* Ders.: Zuverlässige nachricht Von der, Durch das Blut des erwürgten Lammes, Theur-erkaufften Schwartzen Schaaf- und Lämmer-Heerde... Ulm 1738.
160 Katalog B, S. 299.
161 Ebenda.
162 Katalog B, S. 303.
163 Katalog B, S. 306.
164 Ebenda.
165 Für diesen Hinweis danke ich Herrn Friedemann Winkler vom Naturkundemuseum Leipzig. S. dazu ders.: Eine neuzeitliche Abfallgrube aus Leipzig. In: Veröffentlichungen des Naturkundemuseums Leipzig (1987) 4, S. 49–64, bes. Abb. 7 Nr. 6.
166 Katalog B, S. 309.
167 Katalog B, S. 319.
168 Ebenda.
169 Katalog B, S. 322.
170 Die Beschreibung, die sich zu solchen Gefässen in dem zeitgenössischen Universallexikon Johann Heinrich Zedlers findet, trifft exakt auf das ausgestellte Stück zu: *Bircken-Meyer war bey denen Alten eine Art eines Trinck-Geschirrs, welches entweder aus einem Stücke Bircken-Holtz, an welchem noch die äusserste Rinde ist, oder aus einem andern Holtz, und nur von aussen mit dergleichen Rinde verkleidet, in Form eines Bechers, inwendig wohl ausgedrehet, auch wohl gar mit einem zierlichen Fuß und Deckel versehen ist. Die inwendige Höhle wurde reinlich und starck ausgepicht, auch wohl bißweilen unter dieses Pech, wegen des guten anreitzenden Geschmacks, annoch die besten Würtze gemenget. Anfangs waren solche Becher unserer Vorfahre tägliches Trinck-Geschirr, nach diesen aber musten die Bircken-Meyer bey denen grösten Gelacken ihnen zu den trefflichsten Willkommen dienen, wie sie denn dergestalt proportionirt waren, daß sich offt ein übermässiger Trunck darein schencken ließ.* Johann Heinrich Zedler: Grosses vollständiges Universal-Lexicon... Bd. 3, Leipzig/Halle 1733, Sp. 1912.
171 AFSt/M V A 11 : 43 [Brief von H. H. Lemke an J. A. Rüdel am 28. 2. 1746], S. 182f.
172 Zu diesem Urteil gelangt Joachim Feest in verschiedenen Publikationen. S. z. B. ders.: Some 18th Century Specimens from Eastern North America in Collections in the German Democratic Republic. In: Jahrbuch des Museums für Völkerkunde zu Leipzig XXXVII, Berlin 1987, S. 296–298.
173 Katalog B, S. 332.
174 Katalog B, S. 333.
175 Katalog B, S. 331.
176 AFSt/M V C 5 : 49 [Bericht über den Empfang und Aufenthalt von 900 Salzburger Emigranten in Köthen].
177 Staatsbibliothek zu Berlin – Preußischer Kulturbesitz, Nachlaß A. H. Francke: Kapsel 2a, Mappe 7, Nr. 1–7.
178 Katalog C der Kunst- und Naturalienkammer von 1787, S. 234.
179 Näheres dazu s. bei Eugen von Philippovich: Kuriositäten/Antiquitäten. Ein Handbuch für Sammler und Liebhaber (Bibliothek für Kunst- und Antiquitätenfreunde XLVI), Braunschweig 1966, 199–202.
180 Katalog B, S. 338.
181 Ebenda.
182 Katalog B, S. 343.
183 August Hermann Francke: Segensvolle Fußstapfen des noch lebenden und waltenden liebreichen und getreuen Gottes ... durch eine wahrhafte und umständliche Nachricht von dem Waysen-Hause und übrigen Anstalten zu Glaucha vor Halle; Welche Im Jahr 1701. zum Druck befördert... dritte ergänzte Auflage, Halle 1709., S. 34.
184 Katalog B, S. 345. S. auch AFSt/S L 3 [Album Scholae Latinae 1730–1747], Nr. 5390.
185 Katalog B, S. 341.
186 AFSt/W XI/-/14 [Acta die An- und Einrichtung der Naturalien-Cammer des Waisenhauses betr.] Vol. 1, S. 24.
187 AFSt/W XI/-/14 [Acta die An- und Einrichtung der Naturalien-Cammer des Waisenhauses betr.] Vol. 1, S. 24f.
188 Katalog B, S. 350.
189 Dreyhaupt: Beschreibung Bd. 1, S. 646f. Am Ende des Bandes befindet sich auf der Tafel III die fragliche Abbildung.
190 Händel-Handbuch Bd. 4. Dokumente zu Leben und Schaffen, hrsgg. von der Editionsleitung der Hallischen Händel-Ausgabe. VEB Deutscher Verlag für Musik Leipzig o. J., S. 11f.
191 Katalog B, S. 350.
192 AFSt/W XI/-/14 [Acta die An- und Einrichtung der Naturalien-Cammer des Waisenhauses betr.] Vol. 1, S. 26.
193 Katalog B, S. 349.
194 Luther mit dem Schwan. Tod und Verklärung eines großen Mannes. Katalog zur Ausstellung in der Lutherhalle Wittenberg anläßlich des 450. Todestages von Martin Luther vom 21. Februar bis 10. November 1996. Berlin 1996, Abb. 13, 14 und 16.
195 Museum für Kunst und Kunstgewerbe Halle a. S. Die Neuerwerbungen des Verwaltungsjahres 1910. Halle 1911, S. 13.
196 *Ein Peguanischer Brief auf ein Palm-Blatt geschrieben, so in einem übermahlten langen starcken holen Rohr stecket. Diesen hat ein König von Pegu an einen Madrasischen Kaufmann gesandt, als ein Privilegium in seinem Lande zu handeln.* Katalog B der Kunst- und Naturalienkammer, S. 359.
197 Katalog B, S. 355.
198 Katalog B, S. 357f.
199 Katalog B, S. 365.
200 Katalog B, S. 364.
201 Katalog B, S. 366.
202 S. dazu z. B. De wereld binnen Handbereik. Nederlandse kunst- en rariteitenverzamelingen, 1585–1735. Zwolle 1992, S. 45.
203 Der Königl. Dänischen Missionarien aus Ost-Indien eingesandter Ausführlichen Berichte Dritter Theil. Halle 1735, S. 239.
204 Katalog B, S. 363.
205 Zur eindeutigen Identifizierung s. Mordechay Lewy: Die tätowierten Pilgerzeichen aus Jerusalem. In: Von Halle nach Jerusalem. Halle – ein Zentrum der Palästinakunde im 18. und 19. Jahrhundert, hrsgg. von Hendrik Budde und Mordechay Lewy. Halle 1994, S. 75–76.
206 Die Identifizierung der Einzelpersonen nahm freundlicherweise Herr Gerd Bartoschek von der Stiftung Preussische Schlösser und Gärten Berlin-Brandenburg vor, dem an dieser Stelle recht herzlich gedankt sei.
207 Die Summe ist angegeben bei Dreyhaupt: Beschreibung Bd. 2, S. 720; zu den Folgekosten s. die nachträglichen Bemerkungen im Katalog B, S. 377–379.

Personenregister

Ortsregister